高等院校计算机类课程"十二五"规划教材

数据结构

主　编　陈　锐　于聚然
副主编　周晓燕　张　莉　郑　刚
参　编　王　悦　张新彩　李学国
　　　　张红军　卢香清

合肥工业大学出版社
HEFEI UNIVERSITY OF TECHNOLOGY PRESS

内容简介

本书共分9章,介绍了数据结构常用的基本概念,且以大量的实例分析了算法思想,具体内容有:绪论、线性表、栈和队列、串和数组、树和二叉树、图、查找、排序等。另外,在每章后面还配有适量的练习题。

本书内容全面,结构清晰,实例丰富,算法典型。每章还配有程序对算法进行剖析,这不仅便于读者理解算法,而且可以提高读者的抽象思维能力和算法设计能力。

本书可作为高等院校计算机专业及相关专业的数据结构课程教材,也可供计算机应用开发人员及相关人员参考。

图书在版编目(CIP)数据

数据结构/陈锐,于聚然主编. —合肥:合肥工业大学出版社,2012.6
ISBN 978-7-5650-0737-8

Ⅰ.①数… Ⅱ.①陈…②于… Ⅲ.①数据结构 Ⅳ.①TP311.12

中国版本图书馆 CIP 数据核字(2012)第 110361 号

数 据 结 构

陈 锐 于聚然 主编		责任编辑 汤礼广 石金桃	
出 版	合肥工业大学出版社	版 次	2012年6月第1版
地 址	合肥市屯溪路193号	印 次	2012年6月第1次印刷
邮 编	230009	开 本	787毫米×1092毫米 1/16
电 话	总编室:0551-2903038	印 张	24.75
	发行部:0551-2903198	字 数	560千字
网 址	www.hfutpress.com.cn	印 刷	安徽江淮印务有限责任公司
E-mail	hfutpress@163.com	发 行	全国新华书店

ISBN 978-7-5650-0737-8　　　　　　　　　　　　　　定价:46.00元
如果有影响阅读的印装质量问题,请与出版社发行部联系调换。

前言

当用计算机来解决实际问题时，就要涉及数据与数据之间关系的表示与处理，而这正是数据结构研究的对象。通过数据结构课程的学习，可为后续课程，特别是学习软件方面的课程打下坚实的知识基础。因此，数据结构课程在计算机及相关专业中起着举足轻重的作用。

目前，数据结构不仅是计算机专业的必修课程，而且高等工科院校的大多数非计算机专业也将数据结构作为主干课程。数据结构不仅是计算机专业考研的必考科目之一，还是全国计算机等级考试、软件资格（水平）考试的主要考试内容。

本书介绍数据结构中的线性结构、树形结构、图结构及查找、排序技术等内容。为了方便读者对知识的理解和掌握，本书还采用图和实例的形式分析了算法思想。通过对本书进行系统地学习后，读者将具备一定的抽象思维的能力和算法设计的能力。

本书的特点

1. 内容全面，讲解详细

本书涵盖了数据结构中线性结构、树形结构和图结构的所有知识点，对于每一种数据结构，都使用了所有可能的逻辑结构和存储结构进行描述，并对算法的实现尽量多地采用多种实现方式，如递归和非递归、顺序存储和链式存储，从而使读者对算法的理解更加深刻。

2. 层次清晰，结构合理

本书将数据结构按章、节划分知识点，在此基础上又对知识点进行细化。在知识点的讲解过程中，循序渐进，由浅入深，先引出概念，然后用例子说明，最后是算法描述与程序实现，这样的层次十分易于读者的理解和消化。

3. 结合图表，叙述简单

在每个概念提出后，都结合图表和例子加以说明以方便读者理解。在内容的描述上，尽量采用短句子和易于理解的语言，力图避免使用复杂句子和晦涩难懂的语言。通过以上方式的描述，目的是使读者更容易和更轻松地学习该课程知识。

4. 例子典型，深入剖析

在例子的选取上，通常都是一些最为常见且涵盖知识点的典型算法。在每章的最后，都会给出一个完整的程序，对算法进行剖析，并给出程序运行结果，以帮助读者分析、理解算法。

5. 配有习题，巩固知识

本书在每章的最后，对本章的知识点还进行了适当的总结；为了让读者熟练编写算法，在每章的最后都会配有一定数量的实践题目，学生在学完每章的内容之后，可以通过这些习题试着编写算法。这种编排形式，目的是使学生更好的巩固本章的学习内容。

本书的内容

第 1 章：如果读者刚接触数据结构，这一章将告诉您数据结构是什么，以及本书的学习目标、学习方法和学习内容；另外，还介绍了本书对算法的描述方法。

第 2 章：主要介绍了线性表。首先讲解线性表的逻辑结构，然后介绍线性表的各种常用存储结构，在每一节均给出了算法的具体应用。通过对这一章的学习，读者可以掌握顺序表、动态链表和静态链表的操作。

第 3 章：主要介绍操作受限的线性表——栈和队列。内容包括栈的定义，栈的基本操作及栈与递归的转化，队列的概念，顺序队列和链式队列的运算。

第 4 章：主要介绍一种特殊的线性表——串。首先介绍串的概念，然后介绍串的各种存储表示以及串的模式匹配算法。

第 5 章：主要介绍数组与广义表。首先介绍数组的概念，数组（矩阵）的存储结构及运算，几种特殊矩阵；然后介绍广义表的概念，广义表的两种存储方式，广义表的操作实现。

第 6 章：主要介绍非线性数据结构——树和二叉树。首先介绍树和二叉树的概念，然后介绍树和二叉树的存储表示、二叉树的性质、二叉树的遍历和线索化、树、森林与二叉树的转换及哈夫曼树。

第 7 章：主要介绍非线性数据结构——图。首先介绍图的概念和存储结构，然后介绍图的遍历、最小生成树、拓扑排序、关键路径及最短路径。

第 8 章：主要介绍数据结构的常用技术——查找。首先介绍查找的概念，然后结合具体实例介绍各种查找算法，并给出了完整程序。

第 9 章：主要介绍数据结构的常用技术——排序。首先介绍排序的相关概念，然后介绍各种排序技术，并给出了具体实现算法。

本书由陈锐（高级程序员）、于聚然担任主编，周晓燕、张莉、郑刚担任副主编，王悦、张新彩、李学国、张红军、卢香清参编。全书由陈锐统稿。

在本书的出版过程中，还得到了中原工学院的夏敏捷、山东师范大学的李忠、华中师范大学汉口分校的刘河、北京信息职业技术学院的李红、湖南娄底职业学院的刘益洪、华北水利水电学院的徐艳杰等老师的支持，在此表示衷心的感谢。

由于作者水平有限，书中难免存在一些不足之处，恳请读者批评指正。

在使用本书的过程中，若有疑惑，或想索取本书的例题代码，请从 http://blog.csdn.net/crcr 或 http://www.hfutpress.com.cn 下载，或通过电子邮件 nwuchenrui@126.com 进行联系。

编　者

目录

第1章 绪论 …………………………………………………………………… (1)
1.1 数据结构的基本概念 …………………………………………………… (1)
1.2 抽象数据类型 …………………………………………………………… (3)
1.3 数据的逻辑结构与存储结构 …………………………………………… (5)
1.4 算法的特性与算法的描述 ……………………………………………… (6)
1.5 算法分析 ………………………………………………………………… (8)
1.6 数据结构课程的地位及其学习方法 …………………………………… (13)

第2章 线性表 ………………………………………………………………… (16)
2.1 线性表的概念及运算 …………………………………………………… (16)
2.2 线性表的顺序表示与实现 ……………………………………………… (18)
2.3 线性表的链式表示与实现 ……………………………………………… (28)
2.4 静态链表 ………………………………………………………………… (47)
2.5 一元多项式的表示与相乘 ……………………………………………… (52)
小 结 ………………………………………………………………………… (58)

第3章 栈与队列 ……………………………………………………………… (63)
3.1 栈的表示与实现 ………………………………………………………… (63)
3.2 栈的应用 ………………………………………………………………… (73)
3.3 栈与递归 ………………………………………………………………… (84)
3.4 队列的表示与实现 ……………………………………………………… (90)
3.5 队列的应用 ……………………………………………………………… (101)
小 结 ………………………………………………………………………… (109)

第4章 串 ……………………………………………………………………… (113)
4.1 串 ………………………………………………………………………… (113)
4.2 串的表示与实现 ………………………………………………………… (116)

4.3 串的模式匹配 ··· (136)
小　结 ·· (149)

第 5 章　数组与广义表 ··· (152)
5.1 数组的定义与运算 ··· (152)
5.2 特殊矩阵的压缩存储 ·· (159)
5.3 稀疏矩阵的压缩存储 ·· (162)
5.4 广义表 ·· (181)
5.5 广义表的头尾链表表示与实现 ······························ (183)
5.6 广义表的扩展线性链表表示与实现 ························ (191)
小　结 ·· (197)

第 6 章　树 ··· (200)
6.1 树 ··· (200)
6.2 二叉树 ·· (204)
6.3 二叉树的遍历 ·· (215)
6.4 二叉树的线索化 ··· (222)
6.5 树、森林与二叉树 ·· (231)
6.6 哈夫曼树 ·· (238)
小　结 ·· (245)

第 7 章　图 ··· (251)
7.1 图的定义与相关概念 ·· (251)
7.2 图的存储结构 ·· (256)
7.3 图的遍历 ·· (268)
7.4 图的连通性问题 ··· (273)
7.5 有向无环图 ··· (281)
7.6 最短路径 ·· (290)
7.7 图的应用举例 ·· (299)
小　结 ·· (304)

第 8 章　查找 ·· (309)
8.1 查找的基本概念 ··· (309)
8.2 静态查找 ·· (310)

8.3 动态查找 ·· (315)
8.4 B-树与 B$^+$树 ·· (332)
8.5 哈希表 ·· (341)
小　结 ·· (349)

第 9 章　内排序 ·· (353)
9.1 排序的基本概念 ·· (353)
9.2 插入排序 ·· (354)
9.3 选择排序 ·· (360)
9.4 交换排序 ·· (367)
9.5 归并排序 ·· (375)
9.6 基数排序 ·· (377)
小　结 ·· (384)

参考文献 ·· (388)

第1章 绪论

数据结构主要研究数据的各种逻辑结构和存储结构,以及数据的各种操作,它是计算机专业的一门专业基础课程,也是继续深入学习后续课程的基础。本章主要介绍数据结构的基本概念、抽象数据类型及描述、数据的逻辑结构和物理结构、算法的性能评价等。

1.1 数据结构的基本概念

1. 数据

数据(Data)是能被计算机识别且能输入计算机中并能被处理的符号集合。换言之,数据就是计算机化的信息。

数据概念经历了与计算机发展相类似的发展过程。计算机一问世,数据作为程序的处理对象随之产生。早期的计算机主要应用于数值计算,数据量小且结构简单,数据只包括整型、实型和布尔型,仅能用于算术运算与逻辑运算。那时的程序设计人员把主要精力放在程序设计的技巧上,并不重视计算机中数据的组织。

随着计算机软件、硬件的发展与应用领域的不断扩大,计算机应用领域也发生了战略性转移,非数值运算处理所占的比例越来越大,现在几乎达到90%以上,数据的概念被大大推广了。数据不仅仅包括整型、实型等数值类型,还包括字符及声音、图像、视频等非数值数据。多种信息通过编码被归到数据的范畴,大量复杂的非数值数据需要处理,数据的组织显得越来越重要。例如,王鹏的身高是172cm,王鹏是关于一个人姓名的数据描述,172cm是关于身高的数据描述。一张照片是图像数据,一部电影是视频数据。

2. 数据元素

数据元素(Data Element)是组成数据的有一定意义的基本单位,在计算机中通常作为整体考虑和处理。例如,一个数据元素可以由若干个数据项组成,数据项是数据不可分割的最小单位。在如表1-1所示的学生情况表中,数据元素包括学号、姓名、性别、所在院系、出生日期、籍贯 6 个数据项。这里的数据元素也称为记录。

表 1-1 学生情况表

学 号	姓 名	性 别	所在院系	出生日期	籍 贯
091001	卢春俊	男	信息学院	1985.12	郑州
09002	张艳	女	数学系	1986.08	西安
09003	王欢	女	文学院	1987.11	北京

3. 数据对象

数据对象（Data Object）是具有相同性质的数据元素的集合，是数据的一个子集。例如，集合 {1，2，3，4，5，…} 是自然数的数据对象，{'A'，'B'，'C'，…，'Z'} 是英文字母的数据对象。可以看出，数据对象可以是有限的，也可以是无限的。

4. 数据结构

数据结构（Data Structure）是指相互之间存在的一种或多种特定关系的数据元素集合，是带有结构的数据元素集合，它是指数据的组织形式。计算机所处理的数据并不是孤立的、杂乱无序的，而是具有一定联系的数据集合，如表结构（表 1-1 所示的学生情况表）、树形结构（图 1-1 所示的学校组织结构图）、图结构（图 1-2 所示的城市之间的交通路线图）。

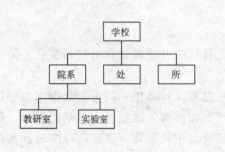

图 1-1 学校组织结构图

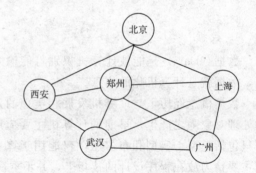

图 1-2 城市之间交通路线图

5. 数据类型

数据类型（Data Type）是用来刻画一组性质相同的数据及定义在其上的操作的总称。数据类型中定义了两个集合：数据类型的取值范围和该类型中允许的一组运算。例如，高级语言中的数据类型就是已经实现了的数据实例。在高级语言中，整型类型可能的取值范围是 $-32768 \sim 32767$，允许的运算集合是加、减、乘、除、取模；字符类型对应的 ASCII 码取值范围是 $0 \sim 255$，可进行赋值运算、比较运算等。

在高级语言中，按照取值的不同，数据类型还可以分为两类：原子类型和结构类型。原子类型是不可再分解的基本类型，如在 C 语言中，基本类型包括整型、实型、字符型和枚举类型；结构类型是可以再分解的，由若干个类型组合而成。例如：

```
typedef struct
{
    int no;
    char name[20];
    int age;
    float score;
}STUDENT;
STUDENT stu, * p;
```

1.2 抽象数据类型

在计算机处理过程中，需要把处理的对象抽象成计算机能理解的形式，即把数据信息符号转化成一定的数据类型，以方便问题的处理，这就是抽象数据类型的描述。

1.2.1 抽象数据类型的定义

抽象数据类型（Abstract Data Type，ADT）是对具有某种逻辑关系的数据类型进行描述，并在该类型上进行的一组操作。抽象数据类型描述的是一组逻辑上的特性，与在计算机内部表示无关。计算机中的"整数"类型是一个抽象数据类型，不同的处理器可能实现方法不同，但其逻辑特性相同，即加、减、乘、除等运算是一致的。

抽象数据类型通常是用户定义且用以表示应用问题的数据模型，通常由基本的数据类型组成，并包括一组相关服务的操作。本门学科将要介绍的线性表、栈、队列、串、树、图等结构就是一个个不同的抽象数据类型。以盖楼为例，直接用砖头、水泥、沙子来盖，不仅建造周期长，且建造高度规模受限。如果用公司提供符合规格的水泥预制板，则可以高速、安全地建造高楼，因为水泥预制板使高楼的接缝量大大减少，从而降低了建造高楼的复杂度。由此可见，抽象数据类型是大型软件构造的模块化方法，数据结构中的线性表、栈、队列、串、树、图等抽象数据类型就相当于设计大型软件的"水泥预制板"，用这些抽象数据类型可以安全、快速、方便地设计功能复杂的大型软件。

抽象数据类型，就是对象的数据模型，它定义了数据对象、数据对象与数据元素之间的关系及对数据元素的操作。抽象数据类型通常是指用户定义的解决应用问题的数据模型，包括数据的定义和操作。例如，C++的类就是一个抽象数据类型，它包括用户类型的定义和在用户类型上的一组操作。

抽象数据类型体现了程序设计中的问题分解、抽象和信息隐藏特性。抽象数据类型把实际生活中的问题分解为多个规模小且容易处理的问题，然后建立起一个计算机能处理的数据模型，并把每个功能模块的实现细节作为一个独立的单元，从而使具体实现过程隐藏起来。这就类似我们日常生活中盖房子。我们可以把盖房子分成几个小任务，一方面需要工程技术人员提供房子的设计图纸，另一方面需要建筑工人根据图纸打地基、盖房子，房子盖好以后还需要装修工人装修，这与抽象数据类型中的问题分解类似；工程技术人员不需要打地基和盖房子的具体过程，装修工人不需要知道怎么画图纸和怎样盖房子，这就相当于抽象数据类型中的信息隐藏。

1.2.2 抽象数据类型的描述

抽象数据类型可以用一个三元组表示：
$$ADT\ (D,\ S,\ P)$$
这里，D 是数据对象集合，S 是 D 上的关系集合，P 是 D 的基本操作集合。

本书抽象数据类型可用如下形式描述：

ADT 抽象数据类型名
{
  数据对象:〈数据对象的定义〉
  数据关系:〈数据关系的定义〉
  基本操作:〈基本操作的定义〉
}ADT 抽象数据类型名

其中，数据对象和数据关系的定义用伪代码描述，基本操作的定义格式如下。

基本操作名(参数表)
初始条件:〈初始条件描述〉
操作结果:〈操作结果描述〉

例如，线性表的抽象数据类型描述如下：

ADT List
{
  数据对象: $D = \{a_i | a_i \in ElemSet, i = 1, 2, \cdots, n, n \geqslant 0\}$
  数据关系: $R = \{\langle a_{i-1}, a_i \rangle | a_{i-1}, a_i \in D, i = 2, 3, \cdots, n\}$
  基本操作:
  (1)InitList(&L)
  初始条件:表 L 不存在。
  操作结果:构造一个空的线性表。
  (2)ClearList(&L)
  初始条件:表 L 已存在。
  操作结果:表 L 被置为空。
  (3)ListLength(L)
  初始条件:表 L 已存在。
  操作结果:返回线性表 L 的元素个数。
  …
}ADT List

> **知识点：**
>
> 在 C 语言中，参数传递可以分为两种：一种是值传递，另外一种是引用传递。前者仅仅是将数值传递给形参，而不返回结果；后者其实是把实参的地址传递给形参，实参和形参其实都是同一个变量，被调用函数通过修改该变量的值返回给调用函数，从而把结果带回。如果参数前有 &，则表示引用传递；如果参数前没有 &，则表示值传递。

1.3 数据的逻辑结构与存储结构

数据结构的主要任务就是通过分析要描述对象的结构特征，包括逻辑结构及内在联系，即数据关系，然后把逻辑结构表示成计算机可实现的物理结构，从而方便计算机处理。

1.3.1 逻辑结构

数据的逻辑结构是指在数据对象中，数据元素之间的相互关系。数据元素之间存在不同的逻辑关系，构成了以下 4 种结构：

(1) 集合。结构中的数据元素除了同属于一个集合外，数据元素之间没有其他关系。例如，在正整数集合 {1, 2, 3, 5, 6, 9} 中，数据元素除了属于正整数外，不存在其他关系。集合表示如图 1-3 所示。

(2) 线性结构。结构中的数据元素之间是一对一的关系。线性结构如图 1-4 所示。数据元素之间存在一种先后的次序关系，A、B、C、D、E、F 是一个线性表，其中，A 是 B 的前驱，B 是 A 的后继。

图 1-3 集合结构示意图　　　　　图 1-4 线性结构示意图

(3) 树形结构。结构中的数据元素之间存在一种一对多的层次关系，树形结构如图 1-5 所示。这就像学校的组织结构图，学校下面是教学的院系、行政机构的处室及一些研究所。

(4) 图结构。结构中的数据元素是多对多的关系。图结构如图 1-6 所示。城市之间的交通路线图就是多对多的关系，A、B、C、D 是 4 个城市，城市 A 和城市 B、C、D 都存在一条直达路线，而城市 B 与 A、C 也存在一条直达路线。

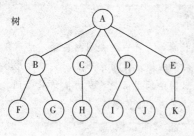
图 1-5 树形结构示意图
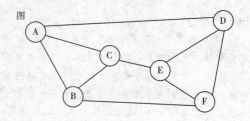
图 1-6 图结构示意图

1.3.2 存储结构

存储结构,也称为物理结构,指的是数据的逻辑结构在计算机中的存储形式。数据的存储结构应能正确反应数据元素之间的逻辑关系。

数据元素的存储结构形式有两种:顺序存储结构和链式存储结构。顺序存储是把数据元素存放在一块地址连续的存储单元里,其数据间的逻辑关系和物理关系是一致的。顺序存储结构如图 1-7 所示。链式存储是把数据元素存放在任意的存储单元里,这组存储单元可以是连续的,也可以是不连续的,数据元素的存储关系并不能反映其逻辑关系,因此需要用一个指针存放数据元素的地址,这样通过地址就可以找到相关联数据元素的位置。链式存储结构如图 1-8 所示。

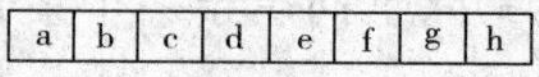

图 1-7 顺序存储结构示意图

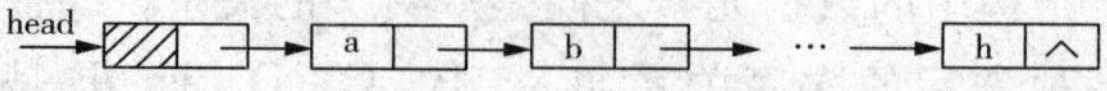

图 1-8 链式存储结构示意图

数据的逻辑结构和物理结构是数据对象的逻辑表示和物理表示,数据结构要对建立起来的逻辑结构和物理结构进行处理,就需要建立起计算机可以运行的程序集合。

1.4 算法的特性与算法的描述

在数据类型建立起来之后,就要对这些数据类型进行操作,建立起运算的集合即程序。运算的建立、方法好坏直接决定着计算机程序运行效率的高低。如何建立一个比较好的运算集合,这就是算法要研究的问题。

1.4.1 算法的定义

算法是描述解决问题的方法。为了解决某个问题或某类问题,需要用计算机表示成一定的操作序列。操作序列包括了一组操作,每一个操作都完成特定的功能。例如,求 n 个数的和的问题,其算法描述如下:

(1) 定义一个变量存放 n 个数的和,并赋初值 0 (sum=0);

(2) 把 n 个数依次加到 sum 中（假设 n 个数存放在数组 a 中，for（i=0；i<n；i++) sum=sum+a [i]）。

以上算法包括两个步骤，其中括号里是 C 语言描述。

算法的描述可以是自然语言描述、伪代码或称为类语言描述、程序流程图及程序设计语言（如 C 语言）。其中，自然语言描述可以是汉语或英语等文字描述；伪代码形式类似于程序设计语言形式，但是不能直接运行；程序流程图的优点是直观，但是不易直接转化为可运行的程序；程序设计语言形式是完全采用像 C、C++、Java 等语言描述，可以直接在计算机上运行。

1.4.2 算法的特性

算法具有以下 5 个特性：

（1）有穷性。有穷性指的是算法在执行有限的步骤之后，自动结束而不会出现无限循环，并且每一个步骤在可接受的时间内完成。

（2）确定性。算法的每一步骤都具有确定的含义，不会出现二义性。算法在一定条件下，只有一条执行路径，也就是相同的输入只能有一个唯一的输出结果，而不会出现输出结果的不确定性。

（3）可行性。算法的每一步都必须是可行的，也就是说，每一步都能够通过执行有限次数完成。

（4）输入。算法具有零个或多个输入。

（5）输出。算法至少有一个或多个输出。输出的形式可以是打印输出也可以是返回一个或多个值。

1.4.3 算法的描述

算法的描述是多样的，我们这一节通过一个例子来学习各种算法的描述。

求两个正整数 m 和 n 的最大公约数。我们利用自然语言描述最大公约数的算法如下：

（1）输入正整数 m 和 n；

（2）m 除以 n，将余数送入中间变量 r；

（3）判断 r 是否为零。如果为零，n 即所求最大公约数，算法结束。如果 r 不为零，则将 n 中的值送入 m，r 的值送入 n，返回执行步骤（2）。

因为上述算法采用自然语言描述不具有直观性和良好的可读性，采用程序流程图描述比较直观，可读性好，但是不能直接转化为计算机程序，移植性不好。最大公约数的程序流程图如图 1-9 所示。我们采用类 C 语言描述和 C 语言描述如下：

类 C 语言描述如下：

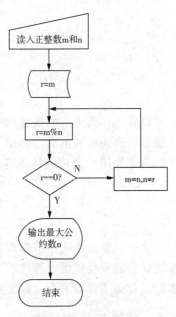

图 1-9 最大公约数的程序流程图

```
void dcf()
/*求最大公约数*/
{
    scanf(m,n);           /*输入两个正整数*/
    r = m;
    do{
        m = n;
        n = r;
        r = m%n;          /*r表示两个数的余数*/
    }while(r);
    printf(n);            /*输出最大公约数*/
}
```

C语言描述如下：

```
void dcf()
/*求最大公约数*/
{
    int m,n,r;
    printf("请输入两个正整数m和n:\n");
    scanf("%d,%d",&m,&n);
    printf("dcf(%d,%d)=",m,n);
    r = m;
    do{                   /*使用辗转相除法法求解最大公约数*/
        m = n;
        n = r;
        r = m%n;          /*r存放两个数的余数*/
    }while(r);
    printf("%d\n",n);     /*输出最大公约数*/
}
```

可以看出，类语言的描述除了没有变量的定义，输入和输出的写法之外，与程序设计语言的描述差别不大，类语言可以直接转化为可以直接运行的计算机程序。本书的算法完全采用C程序设计语言描述。

1.5 算法分析

一个好的算法往往会带来程序运行效率高的好处，算法效率和存储空间需求是衡量算法优劣的重要依据。算法的效率需要通过算法编制的程序在计算机上的运行时间来衡量，存储空间需求通过算法在执行过程中所占用的最大存储空间来衡量。

1.5.1 算法设计的要求

一个好的算法应该具备以下目标。

1. 算法的正确性

算法的正确性是指算法至少应该是输入、输出和加工处理无歧义性，并能正确反映问题的需求，能够得到问题的正确答案。通常算法的正确性应包括以下 4 个层次：a. 算法所设计的程序没有语法错误；b. 算法所设计的程序对于几组输入数据能够得到满足要求的结果；c. 算法所设计出的程序对于特殊的输入数据能够得到满足要求的结果；d. 算法所设计出的程序对于一切合法的输入都能得到满足要求的结果。对于这 4 层算法正确性的含义，层次 d 是最困难的，一般情况下，我们把层次 c 作为衡量一个程序是否正确的标准。

2. 可读性

算法设计的目的首先是供人们阅读、理解和交流，其次才是计算机执行。可读性好有助于人们对算法的理解，晦涩难懂的算法往往隐含错误不易被发现，并且调试和修改困难。

3. 健壮性

当输入数据不合法时，算法也能做出相关处理，而不是产生异常或莫名其妙的结果。例如，计算一个三角形面积的算法，正确的输入应该是三角形的 3 条边的边长，如果输入字符类型数据，不应该继续计算，而应该报告输入错误，给出提示信息。

4. 高效率和低存储量

效率指的是算法的执行时间。对于同一个问题如果有多个算法能够解决，执行时间短的算法效率高，执行时间长的效率低。存储量需求指的是算法在执行过程中需要的最大存储空间。设计算法应尽量选择高效率和低存储量需求的算法。

1.5.2 算法效率评价

衡量一个算法在计算机上的执行时间通常有以下两种方法。

1. 事后统计方法

这种方法主要是通过设计好的测试程序和数据，利用计算机的计时器对不同算法编制的程序比较各自的运行时间，从而确定算法效率的好坏。但是，这种方法有 3 个缺陷：一是必须依据算法事先编制好程序，这通常需要花费大量的时间与精力；二是时间的比较依赖计算机硬件和软件等环境因素，有时会掩盖算法本身的优劣；三是算法的测试数据设计困难，并且程序的运行时间往往还与测试数据的规模有很大的关系，效率高的算法在小的测试数据面前往往得不到体现。

2. 事前分析估算方法

这主要在计算机程序编制前，对算法依据数学中的统计方法进行估算。这主要是因为算法的程序在计算机上的运行时间取决于以下因素：

(1) 算法采用的策略、方法；

(2) 编译产生的代码质量；

(3) 问题的规模；

(4) 书写的程序语言,对于同一个算法,语言级别越高,执行效率越低;
(5) 机器执行指令的速度。

在以上 5 个因素中,算法采用不同的策略,或不同的编译系统,或不同的语言实现,或在不同的机器运行时,效率都不相同。抛开以上因素,算法效率则可以通过问题的规模来衡量。

一个算法由控制结构(顺序、分支和循环结构)和基本语句(赋值语句、声明语句和输入输出语句)构成,则算法的运行时间取决于二者执行时间的总和,所有语句的执行次数可以作为语句的执行时间的度量。语句的重复执行次数称为语句频度。

例如,斐波那契数列的算法和语句的频度如下。

每一语句的频度:

```
f0 = 0;                        1
f1 = 1;                        1
printf("%d,%d",f0,f1);         1
for(i = 2;i<= n;i++)           n
{
    fn = f0 + f1;              n-1
    printf("%d",fn);           n-1
    f0 = f1;                   n-1
    f1 = fn;                   n-1
}
```

每一语句的最右端是对应语句的频度,即语句的执行次数。上面算法总的执行次数为 $T(n) = 1+1+1+n+4(n-1) = 5n-1$。

1.5.3 算法时间复杂度

在进行算法分析时,语句总的执行次数 $T(n)$ 是关于问题规模 n 的函数,进而分析 $T(n)$ 随 n 的变化情况并确定 $T(n)$ 的数量级。算法的时间复杂度,也就是算法的时间量度,记作

$$T(n) = O(f(n))$$

它表示随问题规模 n 的增大,算法执行时间的增长率和 $f(n)$ 的增长率相同,称作算法的渐进时间复杂度,简称为时间复杂度。其中,$f(n)$ 是问题规模 n 的某个函数。

一般情况下,随 n 的增大,$T(n)$ 的增长较慢的算法为最优的算法。例如,在下列 3 段程序段中,给出原操作 $x=x+1$ 的时间复杂度分析。

```
(1) x = x+1;
(2) for(i = 1;i<= n;i++)
        x = x+1;
(3) for(i = 1;i<= n;i++)
        for(j = 1;j<= n;j++)
            x = x+1;
```

程序段（1）的时间复杂度为 $O(1)$，我们把它称为常量阶；程序段（2）的时间复杂度为 $O(n)$，我们把它称为线性阶；程序段（3）的时间复杂度为 $O(n^2)$，我们把它称为平方阶。此外算法的时间复杂度还有对数阶 $O(\log_2 n)$、指数阶 $O(2^n)$ 等。上面的斐波那契数列的时间复杂度 $T(n)=O(n)$。

常用的时间复杂度所耗费的时间从小到大依次是：$O(1) < O(\log_2 n) < O(n) < O(n^2) < O(n^3) < O(2^n) < O(n!)$。

算法的时间复杂度是衡量一个算法好坏的重要指标。一般情况下，具有指数级的时间复杂度算法只有当 n 足够小才是可使用的算法。具有常量阶、线性阶、对数阶、平方阶和立方阶的时间复杂度算法是常用的算法。一些常用的时间复杂度频率如表1-2所示。

表1-2 常用的时间复杂度频率表

阶数 大小	n	$n\log_2 n$	n^2	n^3	2^n	$n!$
1	1	0	1	1	2	1
2	2	2	4	8	4	2
3	3	4.76	9	27	8	6
4	4	8	16	64	16	24
5	5	11.61	25	125	32	120
6	6	15.51	36	216	64	720
7	7	19.65	49	343	128	5040
8	8	24	64	512	256	40320
9	9	28.53	81	729	512	362800
10	10	33.22	100	1000	1024	3628800

一些常见函数的增长率如图1-10所示。

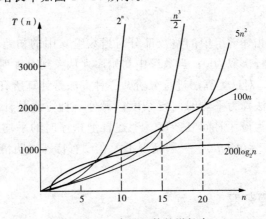

图1-10 常见函数的增长率

一般情况下，算法的时间复杂度只需要考虑关于问题规模 n 的增长率或阶数。例如，在以下程序段：

```
for(i = 2;i< = n;i + +)
    for(j = 2;j< = i-1;j + +)
    {
        x + + ;
        a[i][j] = x;
    }
```

语句 $x++$ 的执行次数关于 n 的增长率为 n^2，它是语句频度 $(n-1)(n-2)/2$ 中增长最快的项。

在有些情况下，算法的基本操作的重复执行次数还依赖于输入的数据集。例如，在以下的冒泡排序算法中：

```
void bubble(int a[],int n)
{
    int i,j,t;
    change = TRUE;
    for(i = 1;i< = n-1&&change;i + +)
    {
        change = FALSE;
        for(j = 1;j< = n-i;j + +)
            if(a[j]>a[j+1])
            {
                t = a[j];
                a[j] = a[j+1];
                a[j+1] = t;
                change = TRUE;
            }
    }
}
```

基本操作是交换相邻数组中的整数部分。当数组 a 中的初始序列从小到大有序排列时，基本操作的执行次数为 0；当数组中初始序列从大到小排列时，基本操作的执行次数为 $n(n-1)/2$。对这类算法进行分析，一种方法是计算所有情况的平均值，这种时间复杂度的计算方法称为平均时间复杂度；另外一种方法是计算最坏情况下的时间复杂度，这种方法称为最坏时间复杂度。上述冒泡排序时的平均时间复杂度和最坏时间复杂度都为 $T(n) = O(n^2)$。一般情况下，在没有特殊说明情况下，都指的是最坏时间复杂度。

1.5.4　算法空间复杂度

算法的空间复杂度通过计算算法所需的存储空间实现。算法空间复杂度的计算公

式记作

$$S(n) = O(f(n))$$

其中，n 为问题的规模，$f(n)$ 为语句关于 n 的所占存储空间的函数。一般情况下，一个程序在机器上执行时，除了需要存储程序本身的指令、常数、变量和输入数据外，还需要存储对数据操作的存储单元。若输入数据所占空间只取决于问题本身，和算法无关，这样我们只需要分析该算法在实现时所需的辅助单元即可。若算法执行时所需的辅助空间相对于输入数据量而言是个常数，则此算法在原地执行，空间复杂度为 $O(1)$。

1.6 数据结构课程的地位及其学习方法

数据结构是计算机理论与技术的重要基石，是计算机科学的核心课程。作为专业基础课程，数据结构作为一门独立的课程在国外是从 1968 年才开始设立的。在这之前，它的某些内容曾在其他课程，如表处理语言中有所阐述。1968 年在美国一些大学计算机系的教学计划中，虽然把数据结构规定为一门课程，但对课程的范围仍没有作明确规定。当时，数据结构几乎是与图论（特别是表、树的理论）互为同义词。随后，数据结构这个概念被扩充到包括网络、集合代数论、格、关系等方面，从而变成了现在称之为离散数学的内容。然而，由于数据必须在计算机中处理，因此，不仅考虑数据本身的数学性质，而且还必须考虑数据的存储结构，这就进一步扩大了数据结构的内容。近年来，随着数据库系统的不断发展，在数据结构课程中又增加了文件管理的内容。

1968 年，美国的 Donald E. Knuth 开创了数据结构的最初体系，他所著的《基本算法》(《计算机程序设计艺术》第一卷) 是第一本较系统地阐述数据的逻辑结构和存储结构及其操作的著作。从 20 世纪 60 年代末到 70 年代初，出现了大型程序，软件也相对独立，结构化程序设计成为程序设计方法学的主要内容，人们就越来越重视数据结构，认为程序设计的实质是对确定的问题选择一种好的结构，加上设计一种好的算法。从 20 世纪 70 年代中期到 80 年代初，各种版本的数据结构著作相继出现。

目前在我国，数据结构已经不仅仅是计算机专业的核心课程之一和计算机考研的专业基础课程之一，也是非计算机专业的主要选修课程之一。

数据结构在计算机科学与技术中是一门综合性的专业基础课。数据结构的研究不仅涉及计算机硬件，特别是编码理论、存储装置和存取方法，而且和计算机软件的研究有着更为密切的联系，无论是编译程序还是操作系统，都涉及数据元素在存储器中的分配问题。可以说数据结构是介于计算机硬件、计算机软件和数学三者之间的一门核心课程。数据结构课程还是操作系统、数据库原理、编译原理、人工智能、算法设计与分析等课程的基础。

数据结构的教学目标是培养学生学会分析数据对象的特征，掌握数据的组织方法和计算机的表示方法，以便为应用所涉及的数据选择适当的逻辑结构、存储结构及相应算法，掌握算法的时间、空间分析技巧，提高分析和解决复杂问题的能力。

数据结构课程的学习是一项把实际问题和复杂程序设计抽象化的工程。它要求学生不仅具备 C 语言等高级程序设计语言的基础，而且还要学会掌握把复杂问题抽象成计算机能够解决的离散的数学模型的能力。这需要我们在学习数据结构的过程中多实践、多思考，这样才能真正掌握好数据结构。

练 习 题

选择题

1. 研究数据结构就是研究（　　）。
   A. 数据的逻辑结构　　　　　　B. 数据的存储结构
   C. 数据的逻辑结构和存储结构　D. 数据的逻辑结构、存储结构及其基本操作
2. 算法分析的两个主要方面是（　　）。
   A. 空间复杂度和时间复杂度　　B. 正确性和简单性
   C. 可读性和文档性　　　　　　D. 数据复杂性和程序复杂性
3. 具有线性结构的数据结构是（　　）。
   A. 图　　B. 树　　C. 广义表　　D. 栈
4. 计算机中的算法指的是解决某一个问题的有限运算序列，它必须具备输入、输出、（　　）5 个特性。
   A. 可执行性、可移植性和可扩充性　B. 可执行性、有穷性和确定性
   C. 确定性、有穷性和稳定性　　　　D. 易读性、稳定性和确定性
5. 下面程序段的时间复杂度是（　　）。
   ```
   for (i=0; i<m; i++)
   for (j=0; j<n; j++)
   a [i] [j] =i*j;
   ```
   A. $O(m^2)$　　B. $O(n^2)$　　C. $O(m \times n)$　　D. $O(m+n)$
6. 算法是（　　）。
   A. 计算机程序　B. 解决问题的计算方法　C. 排序算法　D. 解决问题的有限运算序列
7. 某算法的语句执行频度为 $(3n+n\log_2 n+n^2+8)$，其时间复杂度表示（　　）。
   A. $O(n)$　　B. $O(n\log_2 n)$　　C. $O(n^2)$　　D. $O(\log_2 n)$
8. 下面程序段的时间复杂度为（　　）。
   ```
   i=1;
   while (i<=n)
   i=i*3;
   ```
   A. $O(n)$　　B. $O(3n)$　　C. $O(\log_3 n)$　　D. $O(n^3)$
9. 数据结构是一门研究非数值计算的程序设计问题中计算机的数据元素，以及它们之间的（　　）和运算等的学科。
   A. 结构　　B. 关系　　C. 运算　　D. 算法
10. 下面程序段的时间复杂度是（　　）。
    ```
    i=s=0;
    while (s<n)
    ```

```
{
    i++; s+=i;
}
```
    A. $O(n)$ B. $O(n^2)$ C. $O(\log_2 n)$ D. $O(n^3)$

11. 抽象数据类型的 3 个组成部分分别为（　　）。
    A. 数据对象、数据关系和基本操作   B. 数据元素、逻辑结构和存储结构
    C. 数据项、数据元素和数据类型   D. 数据元素、数据结构和数据类型

12. 通常从正确性、易读性、健壮性、高效性等 4 个方面评价算法的质量，以下解释错误的是（　　）。
    A. 正确性算法应能正确地实现预定的功能
    B. 易读性算法应易于阅读和理解，以便调试、修改和扩充
    C. 健壮性当环境发生变化时，算法能适当地做出反应或进行处理，不会产生不需要的运行结果
    D. 高效性即达到所需要的时间性能

13. 下列程序段的时间复杂度为（　　）。
```
x=n; y=0;
while (x>=(y+1)*(y+1))
    y=y+1;
```
    A. $O(n)$ B. $O(\sqrt{n})$ C. $O(1)$ D. $O(n^2)$

第 2 章 线 性 表

线性结构的特点是在非空的有限集合中,只有唯一的第 1 个元素和唯一的最后一个元素。第 1 个元素没有直接前驱元素,最后一个元素没有直接后继元素。其他元素都有唯一的前驱元素和唯一的后继元素。线性表是一种最简单的线性结构。线性表可以用顺序存储结构和链式存储结构存储,可以在线性表的任意位置进行插入和删除操作。

2.1 线性表的概念及运算

线性表(Linear_List)是一种最简单且最常用的线性结构。本节主要介绍线性表的逻辑结构及在线性表上的运算。

2.1.1 线性表的逻辑结构

线性表是由 n 个类型相同的数据元素组成的有限序列,记为 $(a_1, a_2, \cdots, a_{i-1}, a_i, a_{i+1}, \cdots, a_n)$。这里的数据元素可以是原子类型也可以是结构类型。线性表的数据元素存在着序偶关系,即数据元素之间具有一定的次序。在线性表中,数据元素 a_{i-1} 在 a_i 的前面,a_i 又在 a_{i+1} 的前面,我们把 a_{i-1} 称为 a_i 的直接前驱元素,a_i 称为 a_{i+1} 的直接前驱元素,a_i 称为 a_{i-1} 的直接后继元素,a_{i+1} 称为 a_i 的直接后继元素。

> 📖 知识点:
>
> 在线性表中,除了第 1 个元素 a_1,每个元素有且仅有一个直接前驱元素,除了最后一个元素 a_n,每个元素有且仅有一个直接后继元素。

线性表的逻辑结构如图 2-1 所示。

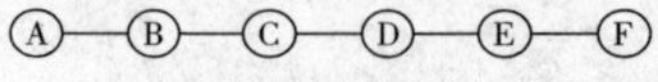

Ⓐ─Ⓑ─Ⓒ─Ⓓ─Ⓔ─Ⓕ

图 2-1 线性表的逻辑结构

例如，英文单词"China"、"Science"、"Structure"等就属于线性结构。可以把每一个英文单词看成是一个线性表，其中的每一个英文字母就是一个数据元素，每个数据元素之间存在着唯一的顺序关系。如"China"中字母'C'后面是字母'h'，字母'h'后面是字母'i'。

在较复杂的线性表中，一个数据元素可以由若干个数据项组成，如图2-2所示的一个学校的教职工情况表中，一个数据元素由姓名、性别、出生年月、籍贯、学历、职称及任职时间7个数据项组成。数据元素也称为记录。

姓名	性别	出生年月	籍贯	学历	职称	任职时间
王欢	女	1957年10月	河南	本科	教授	2000年10月
康全宝	男	1967年5月	陕西	研究生	副教授	2002年10月
冯筠	女	1978年12月	四川	研究生	讲师	2006年11月
⋮	⋮	⋮	⋮	⋮	⋮	⋮

图2-2 教职工情况表

2.1.2 线性表的抽象数据类型

线性表的抽象数据类型定义了线性表中数据对象、数据关系和基本操作。线性表的抽象数据类型定义如下：

ADT List
{
数据对象：$D = \{a_i | a_i \in ElemSet, i = 1, 2, \cdots, n, n \geq 0\}$
数据关系：$R = \{\langle a_{i-1}, a_i \rangle | a_{i-1}, a_i \in D, i = 2, 3, \cdots, n\}$
基本操作：
(1) InitList(&L)
初始条件：表L不存在。
操作结果：建立一个空的线性表L。
这就像日常生活中，新生入学刚建立一个学生情况表，准备登记学生信息。
(2) ListEmpty(L)
初始条件：表L存在。
操作结果：若表L为空，返回1，否则返回0。
这就像日常生活中，刚刚建立了学生情况表，还没有学生来登记。
(3) GetElem(L, i, &e)
初始条件：表L存在，且i值合法，即$1 \leq i \leq ListLength(L)$。
操作结果：用e返回表L的第i个位置元素值。
这就像在学生情况表查找一个学生，将查到的学生情况报告给老师。
(4) LocateElem(L, e)
初始条件：表L存在，且e为合法元素值。
操作结果：在表L中查找与给定值e相等的元素。如果查找成功，则返回该元素在表中的序号；如果这样的元素不存在，则返回0。
这就像在学生情况表查找一个学生，只报告是否找到这个学生，并不报告这个学生的基本情况。

(5) `InsertList(&L,i,e)`

初始条件:表 L 存在,e 为合法元素且 1≤i≤ListLength(L)。

操作结果:在表 L 中的第 i 个位置插入新元素 e。

这就像新来了一个学生报到,被登记到学生情况表中。

(6) `DeleteList(&L,i,&e)`

初始条件:表 L 存在且 1≤i≤ListLength(L)。

操作结果:删除表 L 中的第 i 个位置元素,并用 e 返回其值。

这就像一个学生违反了校规,被学校开除,需要把该学生从学生情况表中删除。

(7) `ListLength(L)`

初始条件:表 L 存在。

操作结果:返回表 L 的元素个数。

这就像学校招了新生之后,需要统计下学生的总人数,查找下学生情况表,看有多少个学生。

(8) `ClearList(&L)`

初始条件:表 L 存在。

操作结果:将表 L 清空。

这就像学生已经毕业,不再需要保留这些学生信息,将这些学生信息全部清空。

}ADT List

2.2 线性表的顺序表示与实现

要想将线性表在计算机上表示,必须先将其逻辑结构转化为存储结构,存放在计算机中。线性表的存储结构主要有两种:顺序存储和链式存储。

2.2.1 线性表的顺序存储

线性表的顺序存储指的是将线性表中的各个元素依次存放在一组地址连续的存储单元中。线性表的这种机内表示称为线性表的顺序映像或线性表的顺序存储结构,用这种方法存储的线性表称为顺序表。顺序表具有以下特征:逻辑上相邻的元素,在物理上也是相邻的。

假设线性表有 n 个元素,每个元素占用 m 个存储单元,如果第 1 个元素的存储位置为 $LOC(a_1)$,第 i 个元素的存储位置为 $LOC(a_i)$,第 $i+1$ 个元素的存储位置为 $LOC(a_{i+1})$。则线性表的第 $i+1$ 个元素的存储位置与第 i 个元素的存储位置满足以下关系:

$$LOC(a_{i+1}) = LOC(a_i) + m$$

线性表的第 i 个元素的存储位置与第 1 个元素 a_1 的存储位置满足以下关系:

$$LOC(a_i) = LOC(a_1) + (i-1) \times m$$

其中,第 1 个元素的位置 $LOC(a_1)$ 称为起始地址或基地址。

线性表的顺序存储结构是一种随机存取的存储结构。只要知道其中一个元素的存储地址,就可以得到线性表中任何一个元素的存储地址。线性表的顺序存储结构如图 2-3 所示。

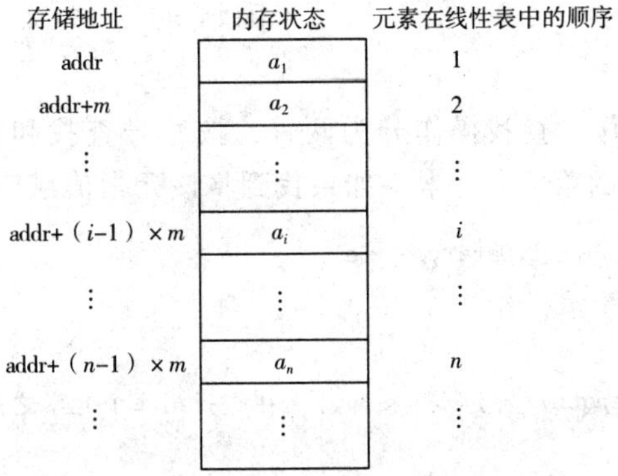

存储地址	内存状态	元素在线性表中的顺序
addr	a_1	1
addr+m	a_2	2
⋮	⋮	⋮
addr+$(i-1) \times m$	a_i	i
⋮	⋮	⋮
addr+$(n-1) \times m$	a_n	n
⋮	⋮	⋮

图 2-3 线性表存储结构

由于在 C 语言中,数组具有随机存取特点,且数组中的元素依次存放在连续的存储空间中,因此,可以采用数组来描述顺序表。顺序表的存储结构描述如下:

```
typedef int DataType
#define ListSize 100
typedef struct
{
    DataType list[ListSize];
    int length;
}SeqList;
```

其中,SeqList 是结构体类型名,list 用于存储顺序表中的数据元素,length 表示顺序表当前的数据元素个数。

2.2.2 顺序表的基本运算

顺序表的基本运算如下(以下算法的实现保存在文件"SeqList.h"中):
(1) 顺序表的初始化。

```
void InitList(SeqList * L)
/*顺序表初始化*/
{
    L->length = 0;          /*将顺序表的长度置为0*/
}
```

(2) 判断顺序表是否为空。

```
int ListEmpty(SeqList L)
/*判断顺序表是否为空*/
```

```
    if(L.length = = 0)              /* 如果顺序表的长度为0 */
        return 1;                   /* 返回1 */
    else                            /* 否则 */
        return 0;                   /* 返回0 */
}
```

(3) 按序号查找操作。查找操作分为两种：按序号查找和按内容查找。按序号查找就是查找顺序表 L 中的第 i 个元素，如果找到将该元素值赋值为 e。

```
int GetElem(SeqList L,int i,DataType * e)
/* 查找顺序表中第 i 个元素 */
{
    if(i<1||i>L.length)             /* 在查找第 i 个元素之前,判断该序号是否合法 */
        return -1;
    *e = L.list[i-1];               /* 将第 i 个元素的值赋值为 e */
    return 1;
}
```

(4) 按内容查找操作。

```
int LocateElem(SeqList L,DataType e)
/* 查找顺序表中元素值为 e 的元素 */
{
    int i;
    for(i = 0;i<L.length;i + +)     /* 从第1个元素开始比较 */
        if(L.list[i] = = e)
            return i + 1;
    return 0;
}
```

(5) 插入操作。插入操作就是在顺序表 L 中的第 i 个位置插入新元素 e，使顺序表 $\{a_1, a_2, \cdots, a_{i-1}, a_i, \cdots, a_n\}$ 变为 $\{a_1, a_2, \cdots, a_{i-1}, e, a_i\cdots, a_n\}$，顺序表的长度也由 n 变成 $n+1$。

【算法思想】 要在顺序表中的第 i 个位置上插入元素 e，首先需将表中位置为 n，$n-1, \cdots, i$ 上的元素依次后移一个位置，将第 i 个位置空出，然后在该位置插入新元素 e。当 $i=n+1$ 时，是指在顺序表的末尾插入元素，无需移动元素，直接将 e 插入表的末尾即可。

例如，要在顺序表 $\{3, 15, 49, 20, 23, 44, 18, 36\}$ 的第5个元素之前插入一个元素22，需要将元素为36、18、44、23依次向后移动一个位置，然后在第5号位置插入元素22，顺序表就变成了 $\{3, 15, 49, 20, 22, 23, 44, 18, 36\}$，如图 2-4 所示。

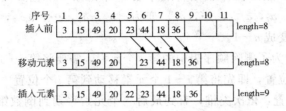

图 2-4 在顺序表中插入元素 22 的过程

```
int InsertList(SeqList *L,int i,DataType e)
/*在顺序表的第 i 个位置插入元素 e*/
{
    int j;
    if(i<1||i>L->length+1)          /*在插入元素前,判断插入位置是否合法*/
    {
        printf("插入位置 i 不合法!\n");
        return -1;
    }
    else if(L->length>=ListSize)    /*在插入元素前,判断顺序表是否已经满,不能
                                       插入元素*/
    {
        printf("顺序表已满,不能插入元素。\n");
        return 0;
    }
    else
    {
        for(j=L->length;j>=i;j--)   /*将第 i 个位置以后的元素依次后移*/
            L->list[j]=L->list[j-1];
        L->list[i-1]=e;             /*插入元素到第 i 个位置*/
        L->length=L->length+1;      /*将顺序表长增 1*/
        return 1;
    }
}
```

在执行插入操作时,插入元素的位置 i 的合法范围应该是 $1 \leqslant i \leqslant L->length+1$。当 $i=1$ 时,插入位置是在第 1 个元素之前,对应 C 语言数组中的第 0 个元素;当 $i=L->length+1$ 时,插入位置是最后一个元素之后,对应 C 语言数组中的最后一个元素之后的位置。当插入位置是 $i=L->length+1$ 时,不需要移动元素;当插入位置是 $i=0$ 时,则需要移动所有元素。

> 📢 **注意:**
> 插入元素之前要判断插入位置是否合法,另外还要判断顺序表的存储空间是否已满,在插入元素后要说明表长增加 1。

（6）删除操作。删除操作就是将顺序表 L 中的第 i 个位置元素删除，使顺序表 $\{a_1, a_2, \cdots, a_{i-1}, a_i, a_{i+1}, \cdots, a_n\}$ 变为 $\{a_1, a_2, \cdots, a_{i-1}, a_{i+1}, \cdots, a_n\}$，顺序表的长度也由 n 变成 $n-1$。

【算法思想】 为了删除顺序表中的第 i 个元素，需要将第 $i+1$ 个位置之后的元素依次向前移动一个位置，即先将第 $i+1$ 个元素移动到第 i 个位置，再将第 $i+2$ 个元素移动到第 $i+1$ 个位置，依次类推，直到最后一个元素移动到倒数第 2 个位置。最后将顺序表的长度减 1。

例如，要删除顺序表 $\{3, 15, 49, 20, 22, 23, 44, 18, 36\}$ 的第 4 个元素，需要将序号为 5，6，7，8，9 的元素依次向前移动一个位置，这样就删除了第 4 个元素，最后将表长减 1。如图 2-5 所示。

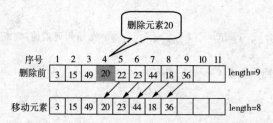

图 2-5 在顺序表中删除元素 20 的过程

```
int DeleteList(SeqList *L,int i,DataType *e)
/*删除顺序表的第 i 个位置上的元素*/
{
int j;
    if(L->length<=0)
    {
        printf("顺序表已空不能进行删除！\n");
        return 0;
    }
    else if(i<1||i>L->length)
    {
        printf("删除位置不合适！\n");
        return -1;
    }
    else
    {
        *e=L->list[i-1];
        for(j=i;j<=L->length-1;j++)
            L->list[j-1]=L->list[j];
        L->length=L->length-1;
        return 1;
    }
}
```

删除元素的位置 i 的合法范围应该是 $1\leqslant i\leqslant$ L->length。当 $i=1$ 时，表示要删除第 1 个元素（对应 C 语言数组中下标为 0 的元素）；当 $i=$ L->length 时，表示要删除的是最后一个元素。

> **注意：**
> 在删除元素时，首先要判断顺序表中是否还有元素；另外，还需要判断删除的序号是否合法。删除成功后，将顺序表的长度减 1。

（7）求顺序表的长度。

```
int ListLength(SeqList L)
/*求顺序表的长度*/
{
    return L.length;
}
```

（8）清空顺序表。

```
void ClearList(SeqList *L)
/*清空顺序表中的元素*/
{
    L->length = 0;
}
```

2.2.3 基本操作算法分析

在以上顺序表的基本操作算法中，除了按内容查找、插入和删除操作外，算法的时间复杂度都为 $O(1)$。

在按内容查找的算法中，如果要查找的元素在第 1 个位置，则需要比较一次；如果要查找的元素在最后一个位置，则需要比较 n 次（n 为线性表的长度）。设 p_i 为在第 i 个位置上找到与 e 相等元素的概率，假设在任何位置上找到元素的概率相等，即 $p_i = 1/n$，则查找过程中需要比较的平均次数为

$$E_{loc} = \sum_{i=1}^{n} p_i \times i = \frac{1}{n}\sum_{i=1}^{n} i = \frac{n+1}{2}$$

因此，按内容查找的平均时间复杂度为 $O(n)$。

在顺序表的插入算法中，时间的耗费主要集中在移动元素上。如果要插入的元素在第 1 个位置，则需要移动元素的次数为 n 次；如果要插入的元素在最后一个位置，则需要移动元素的次数为 1 次；如果插入位置在最后一个元素之后，即第 $n+1$ 个位置，则需要移动的次数为 0 次。设 p_i 为在第 i 个位置上插入元素的概率，假设在任何位置上找到元素的概率都相等，即 $p_i = 1/(n+1)$，则顺序表的插入操作需要移动元素的平均次数为

$$E_{ins} = \sum_{i=1}^{n+1} p_i(n-i+1) = \frac{1}{n+1}\sum_{i=1}^{n+1}(n-i+1) = \frac{n}{2}$$

因此，插入操作的平均时间复杂度为 $O(n)$。

在顺序表的删除算法中，时间的耗费同样在移动元素上。如果要删除的是第 1 个元素，则需要移动元素次数为 $n-1$ 次；如果要删除的是最后一个元素，则需要移动 0 次。设 p_i 表示删除第 i 个位置上的元素的概率，假设在任何位置上找到元素的概率相等，即 $p_i = 1/n$，则顺序表的删除操作需要移动元素的平均次数为

$$E_{del} = \sum_{i=1}^{n} p_i(n-i) = \frac{1}{n}\sum_{i=1}^{n}(n-i) = \frac{n-1}{2}$$

因此，删除操作的平均时间复杂度为 $O(n)$。

2.2.4 顺序表的应用举例

【例 2-1】 利用线性表的基本运算，实现如下操作：如果在线性表 A 中出现的元素，在线性表 B 中也出现，则将 A 中该元素删除。

分析：其实这是求两个表的差集，即 A－B。依次检查线性表 B 中的每一元素，如果在线性表 A 中也出现，则在 A 中删除该元素。

求 A－B 的差集算法如下：

```
void DelElem(SeqList * A,SeqList B)
/* 求 A－B,即删除 A 中 B 的元素 */
{
    int i,flag,pos;
    DataType e;
    for(i = 1;i<= B.length;i++)
    {
        flag = GetElem(B,i,&e);          /* 依次把 B 中每个元素取出给 e */
        if(flag = = 1)
        {
            pos = LocateElem(*A,e);      /* 在 A 中查找元素 e */
            if(pos>0)                    /* 如果该元素存在 */
                DeleteList(A,pos,&e);    /* 则将其从 A 中删除 */
        }
    }
}
```

测试程序如下：

```
#include<stdio.h>
#define ListSize 100
typedef int DataType;
/* 顺序表类型定义 */
```

```c
typedef struct
{
    DataType list[ListSize];
    int length;
}SeqList;
#include"SeqList.h"                    /*包含顺序表实现文件*/
void DelElem(SeqList *A,SeqList B);    /*删除A中出现B的元素的函数声明*/
void main()
{
    int i,j,flag;
    DataType e;
    SeqList A,B;                       /*声明顺序表A和B*/
    InitList(&A);                      /*初始化顺序表A*/
    InitList(&B);                      /*初始化顺序表B*/
    for(i=1;i<=10;i++)                 /*将1-10插入到顺序表A中*/
    {
        if(InsertList(&A,i,i+10)==0)
        {
            printf("位置不合法");
            return;
        }
    }
    for(i=1,j=1;j<=6;i=i+2,j++)        /*插入顺序表B中6个数*/
    {
        if(InsertList(&B,j,i*2)==0)
        {
            printf("位置不合法");
            return;
        }
    }
    printf("顺序表A中的元素:\n");
    for(i=1;i<=A.length;i++)           /*输出顺序表A中的每个元素*/
    {
        flag=GetElem(A,i,&e);          /*返回顺序表A中的每个元素到e中*/
        if(flag==1)
            printf("%4d",e);
    }
    printf("\n");
    printf("顺序表B中的元素:\n");
    for(i=1;i<=B.length;i++)           /*输出顺序表B中的每个元素*/
    {
        flag=GetElem(B,i,&e);          /*返回顺序表B中的每个元素到e中*/
```

```
            if(flag = = 1)
                printf(" %4d",e);
    }
    printf("\n");
    printf("将在 A 中出现 B 的元素删除后,A 中的元素(即 A－B):\n");
    DelElem(&A,B);                    /*将在顺序表 A 中出现的 B 的元素删除*/
    for(i = 1;i< = A.length;i + + )   /*显示输出删除后 A 中所有元素*/
    {
        flag = GetElem(A,i,&e);
        if(flag = = 1)
            printf(" %4d",e);
    }
    printf("\n");
}
```

程序运行结果如图 2-6 所示。

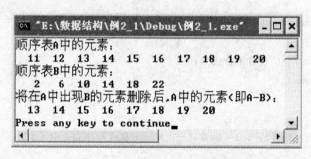

图 2-6　线性表 A－B 程序运行结果

【例 2-2】　编写一个算法，把一个顺序表分拆成两个部分，使顺序表中小于等于 0 的元素位于左端，大于 0 的元素位于右端。要求不占用额外的存储空间。例如，顺序表（－12，3，－6，－10，20，－7，9，－20）经过分拆调整后变为（－12，－20，－6，－10，－7，20，9，3）。

分析：设置两个指示器 i 和 j，分别扫描顺序表中的元素，i 和 j 分别从顺序表的左端和右端开始扫描。如果 i 遇到小于等于 0 的元素，略过不处理，继续向前扫描；如果遇到大于 0 的元素，暂停扫描。如果 j 遇到大于 0 的元素，略过不处理，继续向前扫描；如果遇到小于等于 0 的元素，暂停扫描。如果 i 和 j 都停下来，则交换 i 和 j 指向的元素。重复执行直到 $i \geqslant j$ 为止。

算法描述如下：

```
void SplitSeqList(SeqList * L)
/*将顺序表 L 分成两个部分:左边是小于等于 0 的元素,右边是大于 0 的元素*/
{
    int i,j;                         /*定义两个指示器 i 和 j*/
    DataType e;
```

```
    i = 0,j = ( * L). length - 1;        /*指示器 i 和 j 分别指示顺序表的左端和右端元素*/
    while(i<j)
    {
        while(L->list[i]<= 0)    /*i 遇到小于等于 0 的元素*/
            i++;                 /*略过*/
        while(L->list[j]>0)      /*j 遇到大于 0 的元素*/
            j--;                 /*略过*/
        if(i<j)                  /*交换 i 和 j 指向的元素*/
        {
            e = L->list[i];
            L->list[i] = L->list[j];
            L->list[j] = e;
        }
    }
}
```

测试程序如下：

```
#include<stdio.h>
#include"SeqList.h"
void SplitSeqList(SeqList * L);
void main()
{
    int i,flag,n;
    DataType e;
    SeqList L;
    int a[] = {-12,3,-6,-10,20,-7,9,-20};
    InitList(&L);                /*初始化顺序表 L*/
    n = sizeof(a)/sizeof(a[0]);
    for(i = 1;i<= n;i++)         /*将数组 a 的元素插入到顺序表 L 中*/
    {
        if(InsertList(&L,i,a[i-1]) == 0)
        {
            printf("位置不合法");
            return;
        }
    }
    printf("顺序表 L 中的元素:\n");
    for(i = 1;i<= L.length;i++)  /*输出顺序表 L 中的每个元素*/
    {
        flag = GetElem(L,i,&e);  /*返回顺序表 L 中的每个元素到 e 中*/
        if(flag == 1)
            printf(" %4d",e);
```

```
        }
        printf("\n");
        printf("顺序表 L 调整后(左边元素<=0,右边元素>0):\n");
        SplitSeqList(&L);              /* 调整顺序表 */
        for(i=1;i<=L.length;i++)       /* 输出调整后顺序表 L 中所有元素 */
        {
            flag=GetElem(L,i,&e);
            if(flag==1)
                printf("%4d",e);
        }
        printf("\n");
    }
```

程序运行结果如图 2-7 所示。

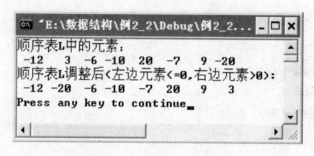

图 2-7 程序运行结果

2.3 线性表的链式表示与实现

在顺序表中,由于逻辑上相邻的元素其物理位置也相邻,因此可以随机存取顺序表中的任何一个元素。但是,顺序表也存在着这样的缺点:

(1) 插入和删除运算需要移动大量的元素;

(2) 顺序表中的存储空间必须事先分配好,而事先分配的存储单元大小可能不适合问题的需要。

采用链式存储的线性表称为链表,链表可以分为单链表、双向链表、循环链表。

2.3.1 单链表的存储结构

所谓线性表的链式存储,是指采用一组任意的存储单元存放线性表中的元素。这组存储单元可以是连续的,也可以是不连续的。为了表示这些元素之间的逻辑关系,除了需要存储元素本身的信息外,还需要存储指示其后继元素的地址信息。这两部分组成的存储结构,称为结点。结点包括两个域:数据域和指针域。其中,数据域存放数据元素的信息,指针域存放元素的直接后继的存储地址。如图 2-8 所示。

图 2-8 结点结构

通过指针域把 n 个结点根据线性表中元素的逻辑顺序链接在一起，就构成了链表。由于链表中的每个结点的指针域只有一个，这样的链表称为线性链表或者单链表。

例如，一个采用链式存储结构的线性表（Yang,Zheng, Feng, Xu, Wu, Wang, Geng）的存储结构如图 2-9 所示。

存取链表中的元素时，必须从头指针 head 出发，头指针 head 指向链表的第 1 个结点，从头指针 head 可以找到链表中的每一个元素。

单链表的每个结点的地址存放在其直接前驱结点的指针域中，而第 1 个结点没有直接前驱结点，因此需要一个头指针指向第 1 个结点。同时，由于表中的最后一个元素没有直接后继，需要将单链表的最后一个结点的指针域置为"空"（NULL）。

存储地址	数据域	指针域
6	Xu	36
19	Feng	6
25	Yang	51
36	Wu	47
43	Geng	NULL
47	Wang	43
51	Zheng	19

头指针 head: 25

图 2-9　线性表的链式存储结构

一般情况下，我们只关心链表的逻辑顺序，而不关心链表的实际存储位置。通常用箭头代替指针来连接结点序列。因此，图 2-9 所示的线性表可以形象化为如图 2-10 的序列。

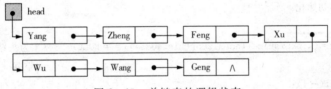

图 2-10　单链表的逻辑状态

有时为了操作上的方便，在单链表的第 1 个结点之前增加一个结点，称为头结点。头结点的数据域可以存放线性表的附加信息，如线性表的长度；头结点的指针域存放第 1 个结点的地址信息，即指向第 1 个结点。头指针指向头结点，不再指向链表的第 1 个结点。带头结点的单链表如图 2-11 所示。

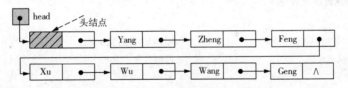

图 2-11　带头结点的单链表的逻辑状态

若带头结点的链表为空链表，则头结点的指针域为"空"，如图 2-12 所示。

单链表的存储结构用 C 语言描述如下：

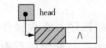

图 2-12　带头结点的单链表

```
typedef struct Node
{
    DataType data;
    struct Node * next;
}ListNode, * LinkList;
```

其中，ListNode 为链表的结点类型，LinkList 为指向链表结点的指针类型。如果有定义：

```
LinkList L;
```

则定义了一个链表，L 指向该链表的第 1 个结点。它和下面的定义含义相同：

```
ListNode *L;
```

对于不带头结点的链表来说，如果链表为空，则有 L=NULL；对于带头结点的链表，如果链表为空，则 L->next=NULL。

2.3.2 单链表上的基本运算

单链表上的基本运算包括单链表的建立、单链表的插入、单链表的删除、单链表的长度等。带头结点的单链表的运算具体实现如下（以下算法实现文件保存在"LinkList.h"中）。

(1) 单链表的初始化操作。

```
void InitList(LinkList *h)
/*单链表的初始化*/
{
    if((*h=(LinkList)malloc(sizeof(ListNode)))==NULL)    /*为头结点分配一个存储
                                                           空间*/
        exit(-1);
    (*h)->next=NULL;             /*将单链表的头结点指针域置为空*/
}
```

(2) 判断单链表是否为空。

```
int ListEmpty(LinkList h)
/*判断单链表是否为空*/
{
    if(h->next==NULL)            /*如果链表为空*/
        return 1;                /*返回1*/
    else                         /*否则*/
        return 0;                /*返回0*/
}
```

(3) 按序号查找操作。

链表是一种随机存取结构，只能从头指针开始存取元素。因此，要查找单链表中的第 i 个元素，需要从单链表的头指针 h 出发，利用结点的 next 域依次访问链表的结点，并进行比较操作。利用计数器从 0 开始计数，直到计数器为 i，就找到了第 i 个结点。

```
ListNode *Get(LinkList h,int i)
/*查找单链表中第i个结点。查找成功返回该结点的指针,否则返回 NULL*/
```

```
{
    ListNode * p;
    int j;
    if(ListEmpty(h))              /* 查找第 i 个元素之前,判断链表是否为空 */
        return NULL;
    if(i<1)                        /* 判断该序号是否合法 */
        return NULL;
    j = 0;
    p = h;
    while(p->next! = NULL&&j<i)
    {
        p = p->next;
        j + + ;
    }
    if(j = = i)                    /* 如果找到第 i 个结点 */
        return p;                  /* 返回指针 p */
    else                           /* 否则 */
        return NULL;               /* 返回 NULL */
}
```

(4) 按内容查找操作。

```
ListNode * LocateElem(LinkList h,DataType e)
/* 查找线性表中元素值为 e 的元素,查找成功返回对应元素的结点指针,否则返回 NULL */
{
    ListNode * p;
    p = h->next;                   /* 指针 p 指向第 1 个结点 */
    while(p)
    {
        if(p->data! = e)           /* 如果当前元素值与 e 不相等 */
            p = p->next;           /* 则继续查找 */
        else                       /* 否则 */
            break;                 /* 退出循环,停止查找 */
    }
    return p;                      /* 返回结点的指针 */
}
```

(5) 定位操作。定位操作是指按内容查找并返回结点的序号的操作。从单链表的头指针出发,依次访问每个结点,并将结点的值与 e 比较,如果相等,返回该序号表示成功;如果没有与 e 值相等的元素,返回 0 表示失败。

```
int LocatePos(LinkList h,DataType e)
/* 查找线性表中元素值为 e 的元素,查找成功返回对应元素的序号,否则返回 0 */
{
```

```
    ListNode *p;
    int i;
    if(ListEmpty(h))              /*查找第i个元素之前,判断链表是否为空*/
        return 0;
    p = h->next;                  /*从第1个结点开始查找*/
    i = 1;
    while(p)
    {
        if(p->data = = e)         /*找到与e相等的元素*/
            return i;             /*返回该序号*/
        else                      /*否则*/
        {
            p = p->next;          /*继续查找*/
            i++;
        }
    }
    if(!p)                        /*如果没有找到与e相等的元素,返回0,表示失败*/
        return 0;
}
```

(6) 插入操作。插入操作就是将元素 e 插入到链表中指定的位置 i,插入成功返回 1,否则返回 0。

```
int InsertList(LinkList h,int i,DataType e)
/*在单链表中第i个位置插入值为e的结点。插入成功返回1,失败返回0*/
{
    ListNode *p,*pre;
    int j;
    pre = h;                      /*指针pre指向头结点*/
    j = 0;
    while(pre->next! = NULL&&j<i-1)   /*找到第i-1个结点,即第i个结点的前驱
                                                结点*/
    {
        pre = pre->next;
        j++;
    }
    if(j! = i-1)                  /*如果没找到,说明插入位置错误*/
    {
        printf("插入位置错");
        return 0;
    }
    if((p = (ListNode *)malloc(sizeof(ListNode))) = = NULL)  /*新生成一个结点,并将e赋
                                                        值给该结点的数据域*/
```

```
        exit(-1);
    p->data = e;
                        /* 插入结点操作 */
    p->next = pre->next;
    pre->next = p;
    return 1;
}
```

在单链表的第 i 个位置插入一个新元素 e 可分为以下 3 个步骤进行：

① 在链表中找到其直接前驱结点，即第 $i-1$ 个结点，并由指针 pre 指向该结点，如图 2-13 所示。

② 动态申请一个新的结点，并由 p 指向该结点，将值 e 赋值给 p 指向结点的数据域，如图 2-14 所示。

③ 修改 pre 和 p 指向结点的指针域，如图 2-15 所示。这样就完成了在第 i 个位置插入结点的操作。

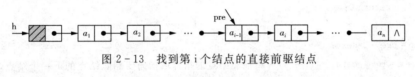

图 2-13 找到第 i 个结点的直接前驱结点

图 2-14 p 指向生成的新结点

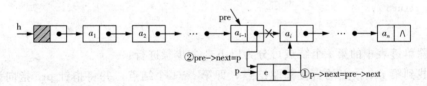

图 2-15 在单链表中插入新结点的过程

在单链表中插入将新结点可分为以下两个步骤进行：
①将新结点的指针域指向第 i 个结点，即 p->next=pre->next。
②将直接前驱结点的指针域指向新结点，即 pre->next=p。

> **注意：**
> 插入结点的操作步骤不能反过来，即先执行 pre->next=p 操作，后执行 p->next=pre->next 操作是错误的。

（7）删除操作。删除操作就是将单链表中的第 i 个结点删除，其他结点仍然构成一个单链表。删除成功返回 1，否则返回 0。

```
int DeleteList(LinkList h,int i,DataType * e)
/* 删除单链表中的第 i 个位置的结点。删除成功返回 1,失败返回 0 */
```

```
{
    ListNode *pre, *p;
    int j;
    pre = h;
    j = 0;
    while(pre->next! = NULL&&pre->next->next! = NULL&&j<i-1)   /*在寻找的过程中
                                                                  确保被删除结点
                                                                  存在*/
    {
        pre = pre->next;
        j++;
    }
    if(j! = i-1)              /*如果没找到要删除的结点位置,说明删除位置错误*/
    {
        printf("删除位置错误");
        return 0;
    }
    p = pre->next;
    *e = p->data;             /*将前驱结点的指针域指向要删除结点的下一个结点,也就是将
                                 p指向的结点与单链表断开*/
    pre->next = p->next;
    free(p);                  /*释放p指向的结点*/
    return 1;
}
```

删除单链表中的第 i 个结点可分为以下 3 个步骤进行:

①找到第 i 个结点的直接前驱结点,即第 $i-1$ 个结点,并将指针 pre 指向该结点,指针 p 指向第 i 个结点,如图 2-16 所示。

②修改 pre 和 p 指向结点的指针域,使 p 指向的结点与原链表断开,即 pre->next =p->next。

③动态释放指针 p 指向的结点。如图 2-17 所示。

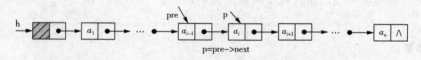

图 2-16 找到第 $i-1$ 个结点和第 i 个结点

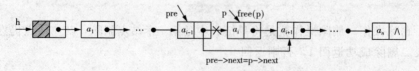

图 2-17 删除第 i 个结点

> **注意:**
> 在寻找第 $i-1$ 个结点（被删除结点的前驱结点）时，要保证被删除结点存在，即 pre->next->next! =NULL。如果没有该判断条件，而要删除的结点在链表中不存在，就会执行循环后出现 p 指向 NULL 指针域，从而造成错误。

(8) 求表长。

```
int ListLength(LinkList h)
/*求线性表的表长*/
{
    ListNode *p;
    int count = 0;
    p = h;
    while(p->next! = NULL)
    {
        p = p->next;
        count + + ;
    }
    return count;
}
```

(9) 销毁链表。

```
void DestroyList(LinkList h)
/*销毁链表*/
{
    ListNode *p,*q;
    p = h;
    while(p! = NULL)
    {
        q = p;
        p = p->next;
        free(q);
    }
}
```

2.3.3 单链表应用举例

【例 2-3】 利用单链表的基本运算，求 A-B。即删除单链表 A 中在 B 中出现的元素。

分析：对于单链表 A 中的每个元素 e，在单链表 B 中进行查找，如果在 B 中存在与 A 相同的元素，则将元素从 A 中删除。

算法描述如下：

```
void DelElem(LinkList A,LinkList B)
/* A-B的算法实现 */
{
    int i,pos;
    DataType e;
    ListNode *p;                              /* 取出链表B中的每个元素与单链表A中的元
                                                 素比较,如果相等则删除A中对应的结点 */
    for(i=1;i<=ListLength(B);i++)
    {
        p=Get(B,i);                           /* 取出B中的结点,将指针返回给p */
        if(p)
        {
            pos=LocatePos(A,p->data);         /* 比较B中的元素是否与A中的元素相等 */
            if(pos>0)
                DeleteList(A,pos,&e);         /* 如果相等,将其从A中删除 */
        }
    }
}
```

测试程序如下：

```
#include<stdio.h>
#include<malloc.h>
#include<stdlib.h>
typedef int DataType;                         /* 单链表类型定义 */
typedef struct Node
{
    DataType data;
    struct Node *next;
}ListNode,*LinkList;
#include"LinkList.h"                          /* 包含单链表实现文件 */
void DelElem(LinkList A,LinkList B);          /* 求A-B的函数声明 */
void main()
{
    int i;
    DataType a[]={5,7,9,11,15,18,23,35,42,66};
    DataType b[]={2,4,7,9,13,18,45,66};
    LinkList A,B;                             /* 声明单链表A和B */
    ListNode *p;
    InitList(&A);                             /* 初始化单链表A */
    InitList(&B);                             /* 初始化单链表B */
    for(i=1;i<=sizeof(a)/sizeof(a[0]);i++)    /* 把数组a中的元素插入到单链表A */
```

```c
{
    if(InsertList(A,i,a[i-1]) = = 0)
    {
        printf("位置不合法");
        return 0;
    }
}
for(i = 1;i< = sizeof(b)/sizeof(b[0]);i + + )    /* 把数组 b 中的元素插入单链表 B 中 */
{
    if(InsertList(B,i,b[i-1]) = = 0)
    {
        printf("位置不合法");
        return 0;
    }
}
printf("单链表 A 中的元素有 %d 个:\n",ListLength(A));
for(i = 1;i< = ListLength(A);i + + )    /* 输出单链表 A 中的元素 */
{
    p = Get(A,i);                    /* 返回单链表 A 中结点的指针 */
    if(p)
        printf(" % 4d",p - >data);   /* 输出单链表 A 中的元素 */
}
printf("\n");
printf("单链表 B 中的元素有 %d 个:\n",ListLength(B));
for(i = 1;i< = ListLength(B);i + + )
{
    p = Get(B,i);                    /* 返回单链表 B 中结点的指针 */
    if(p)
        printf(" % 4d",p - >data);   /* 输出单链表 B 中的元素 */
}
printf("\n");
DelElem(A,B);                        /* 将在单链表 A 中出现的 B 的元素删除,即 A - B */
printf("执行(A - B)后,A 中的元素还有 %d 个:\n",ListLength(A));
for(i = 1;i< = ListLength(A);i + + )
{
    p = Get(A,i);                    /* 返回单链表 A 中结点的指针 */
    if(p)
        printf(" % 4d",p - >data);   /* 输出删除后 A 中的元素 */
}
printf("\n");
}
```

程序的运行结果如图 2 - 18 所示。

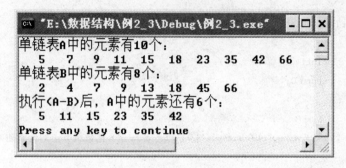

图 2-18 程序运行结果

在具体实现算法 A−B 时,利用 p＝Get(B, i) 依次取出单链表 B 中的元素,然后通过 pos＝LocatePos(A, p−>data) 在链表 A 中查找与该值相等的元素,并调用函数 DeleteList(A, pos, &e) 将 A 中对应的结点删除。

在该算法中,假设单链表 A 的长度为 m,单链表 B 的长度为 n,时间主要耗费在 A 和 B 中对元素的查找上,算法的时间复杂度为 $O(m×n)$。

上面的算法是通过单链表的基本运算实现,也可以不用单链表的基本运算实现该算法。

```
void DelElem2(LinkList A,LinkList B)
/* A−B 的算法实现 */
{
    ListNode *pre,*p,*q,*r;
    pre = A;
    p = A->next;      /* 取出 B 中的每个元素依次与单链表 A 中的元素比较,如果相等则删除
                         A 中元素对应的结点 */
    while(p! = NULL)
    {
        q = B->next;                    /* 取出 B 中的元素 */
        while(q! = NULL&&q->data! = p->data)  /* 依次与 A 中的元素进行比较 */
            q = q->next;
        if(q! = NULL)                   /* 如果 B 中存在与 A 中元素相等的结点 */
        {
            r = p;                      /* 指针 r 指向要删除的结点 */
            pre->next = p->next;        /* 将 p 指向的结点与链表断开 */
            p = r->next;                /* 将 p 指向 A 中下一个待比较的结点 */
            free(r);                    /* 释放结点 r */
        }
        else                            /* 如果 B 中不存在与 A 中元素相等的结点 */
        {
            pre = p;                    /* 将 pre 指向刚比较过的结点 */
            p = p->next;                /* 指针 p 指向下一个待比较的结点 */
```

    }
   }
  }

上面算法中,在单链表 A 中,指针 p 指向单链表 A 中与单链表 B 中要比较的结点,pre 指向 p 的前驱结点。在单链表 B 中,利用指针 q 指向 B 中的第 1 个结点,依次与 A 中 p 指向结点的元素比较。如图 2-19 所示。

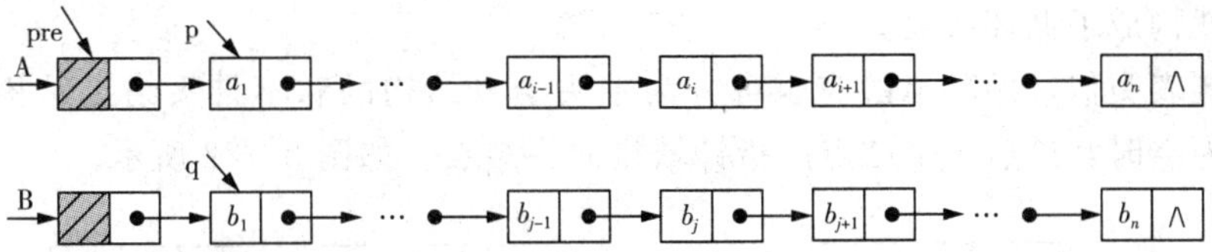

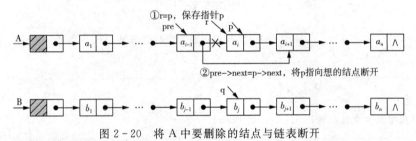

图 2-19 初始时,p 指向第 1 个要比较的结点

如果当前 A 中要比较的是元素 a_i,指针 p 指向 a_i 所在结点,在 B 中,如果 q 指向元素 b_j 所在结点,而 $b_j = a_i$,则指针 q 停止向前比较。在 A 中,利用指针 r 指向要删除的结点 p,令 pre 指向 p 的后继结点,从而使 p 指向的结点与链表断开,即 r=p,pre->next=p->next。如图 2-20 所示。

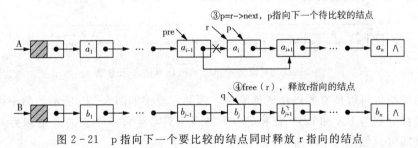

图 2-20 将 A 中要删除的结点与链表断开

然后,p 指向链表 A 中下一个要比较的结点,最后释放 r 指向的结点。如图 2-21 所示。

图 2-21 p 指向下一个要比较的结点同时释放 r 指向的结点

DelElem2 算法的时间复杂度也是 $O(m \times n)$。

> 📖 **说明:**
> 在 DelElem2 算法的实现过程中,隐藏了查找元素结点与删除元素结点的实现细节,而在 DelElem2 算法中,将整个查找过程和删除过程展现得淋漓尽致。

2.3.4 循环单链表

1. 循环单链表的存储

循环单链表（Circular Linked List）是一种首尾相连的单链表。在线性链表中，每个结点的指针都指向它的下一个结点，最后一个结点的指针域为空，不指向任何结点，仅表示链表结束。若把这种结构改变一下，使最后一个结点的指针域指向链表的第 1 个结点，就构成了循环链表。

与单链表类似，循环单链表也可分为带头结点结构的和不带头结点结构的。循环单链表不为空时，最后一个结点的指针域指向头结点。如图 2-22 所示。

图 2-22　带头结点的循环单链表

循环单链表为空时，头结点的指针域指向头结点本身。如图 2-23 所示。

图 2-23　循环单链表为空时的情况

> **注意：**
> 带头结点为空时，有 head->next=head。

有时为了操作上的方便，在循环单链表中只设置尾指针 rear 而不设置头指针，利用 rear 指向循环单链表的最后一个结点。如图 2-24 所示。

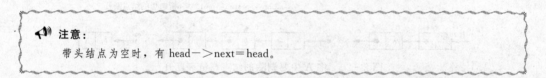

图 2-24　只设置尾指针的循环单链表示意图

利用尾指针可以使有些操作变得简单，例如，要将如图 2-25 所示的两个循环单链表（尾指针分别为 LA 和 LB）合并成一个链表，只需要将一个表的表尾和另一个表的表头连接即可。如图 2-26 所示。

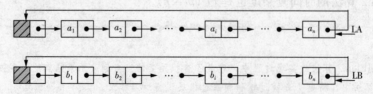

图 2-25　设置尾指针的循环单链表 LA 和 LB

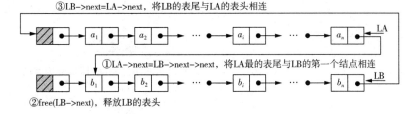

图 2.26 两个设置尾指针的循环单链表合并后的示意图

合并两个设置尾指针的循环单链表需要 3 步操作：
(1) 把 LA 的表尾与 LB 的第一个结点相连接，即 LA->next=LB->next->next；
(2) 释放 LB 的头结点，即 $free$（LB->next）；
(3) 把 LB 的表尾与 LA 的表头相连接，即 LB->next=LA->next。

2. 循环单链表的应用

【例 2-4】 约瑟夫问题。有 n 个人，编号为 $1,2,\cdots,n$，围成一个圆圈，按照顺时针方向从编号为 k 的人从 1 开始报数，报数为 m 的人出列，他的下一个人重新开始从 1 报数，数到 m 的人出列，一直这样重复下去，直到所有的人都出列。要求编写一个算法，输入 n、k 和 m，依次输出每次出列人的编号。

分析：解决约瑟夫问题可以分为 3 个步骤：
(1) 建立一个具有 n 个结点的不带头结点的循环单链表，编号从 1 到 n，代表 n 个人；
(2) 找到第 k 个结点，即第 1 个开始报数的人；
(3) 编号为 k 的人从 1 开始报数，并开始计数，报数为 m 的人出列即删除该结点。从下一个结点开始继续开始报数，重复执行步骤（2）和（3），直到最后一个结点被删除。

约瑟夫问题算法描述如下：

```
void Josephus(LinkList h,int n,int m,int k)
/*在由n个人围成的圆圈中,从第k个人开始报数,数到m的人出列*/
{
    ListNode *p,*q;
    int i;
    p = h;
    for(i = 1;i<k;i++)                /*从第k个人开始报数*/
    {
        q = p;
        p = p->next;
    }
    while(p->next! = p)
    {
        for(i = 1;i<m;i++)            /*数到m的人出列*/
```

```
            {
                q = p;
                p = p->next;
            }
            q->next = p->next;         /*将p指向的结点删除,即报数为m的人出列*/
            printf("%4d",p->data);
            free(p);
            p = q->next;               /*p指向下一个结点,重新开始报数*/
        }
        printf("%4d\n",p->data);
}
```

测试程序如下:

```
#include<stdio.h>
#include<malloc.h>
#include<stdlib.h>
#define ListSize 100
typedef int DataType;                  /*单链表类型定义*/
typedef struct Node
{
    DataType data;
    struct Node *next;
}ListNode, *LinkList;
LinkList CreateCycList(int n);         /*创建一个长度为n的循环单链表*/
void Josephus(LinkList head,int n,int m,int k);   /*在n个人围成的圆圈中,从第k个人开
                                                    始报数,数到m的人出列*/
void DisplayCycList(LinkList head);    /*输出循环单链表*/
void main()
{

    LinkList head;
    int n,k,m;
    printf("输入圈中人的个数 n:");
    scanf("%d",&n);
    printf("输入开始报数的序号 k:");
    scanf("%d",&k);
    printf("报数为m的人出列 m:");
    scanf("%d",&m);
    head = CreateCycList(n);
    Josephus(head,n,m,k);
}
LinkList CreateCycList(int n)          /*创建循环单链表*/
```

```
{
    LinkList head = NULL;
    ListNode * s, * r;
    int i;
    for(i = 1;i<= n;i++)
    {
        s = (ListNode * )malloc(sizeof(ListNode));
        s->data = i;
        s->next = NULL;
        if(head == NULL)
            head = s;
        else
            r->next = s;
        r = s;
    }
    r->next = head;
    return head;
}
```

程序运行结果如图 2-27 所示。

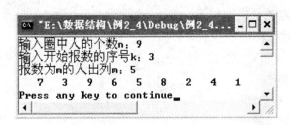

图 2-27 程序运行结果

2.3.5 双向链表

在前面讨论过的单链表和循环链表中，每个结点的指针域只有一个，用来存放后继结点的指针，而没有关于前驱结点的信息。因此，从某个结点出发，只能顺着指针往后查找其他结点。若要查找结点的前驱，这需要从表头结点开始，顺着指针寻找，显然，使用单链表处理不够方便。同样，从单链表中删除一个结点也会遇到类似的问题。为了克服单链表的这种缺点，可以使用双向链表。

1. 双向链表的存储结构

双向链表中，每个结点有两个指针域：一个指向直接前驱结点，另一个指向直接后继结点。双向链表的结点结构如图 2-28 所示。

图 2-28 双向链表的结点结构

在双向链表中，每个结点包括 3 个域：data 域、

prior 域和 next 域。其中，data 域为数据域，存放数据元素；prior 域为前驱结点指针域，指向直接前驱结点；next 域为后继结点域，指向直接后继结点。

双向链表也分带头结点的和不带头结点的，带头结点的使某些操作更加方便。另外，双向链表也有循环结构，称为双向循环链表。带头结点的双向循环链表如图 2-29 所示。

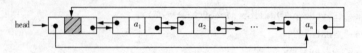

图 2-29　带头结点的双向循环链表

双向循环链表为空的情况如图 2-30 所示，判断带头结点的双循环链表为空的条件是 head->prior==head 或 head->next==head。

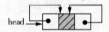

图 2-30　带头结点的双向循环链表为空时的情况

在双向链表中，每个结点既有前驱结点的指针域，又有后继结点的指针域，因此查找结点非常方便。如果 p 是指向链表中某个结点的指针，则有 p=p->prior->next=p->next->prior。

双向链表的结点类型描述如下：

```
typedef struct Node
{
    DataType data;
    struct Node * prior;
    struct Node * next;
}DListNode, * DLinkList;
```

2. 双向链表的插入操作和删除操作

对于双向链表的某些操作，如求链表的长度、查找链表的第 i 个结点等，与单链表中的算法实现基本没什么差异。但是，对于双向循环链表的插入和删除操作，因为涉及的是前驱结点指针和后继结点指针，所以需要修改两个方向的指针。

(1) 插入操作。

插入操作就是要在双向循环链表的第 i 个位置插入一个元素值为 e 的结点。插入成功返回 1，否则返回 0。

【算法思想】　首先找到第 i 个结点，用 p 指向该结点。再申请一个新结点，由 s 指向该结点，将 e 放入到数据域。然后开始修改 p 和 s 指向的结点的指针域：修改 s 的 prior 域，使其指向 p 的直接前驱结点，即 s->prior=p->prior；修改 p 的直接前驱结点的 next 域，使其指向 s 指向的结点，即 p->prior->next=s；修改 s 的 next 域，使其指向 p 指向的结点，即 s->next=p；修改 p 的 prior 域，使其指向 s 指向的结点，即 p->prior=s。插入操作指针修改情况如图 2-31 所示。

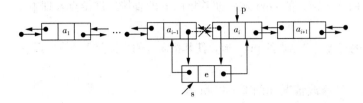

图 2-31 双向循环链表的插入操作过程

插入操作算法实现如下所示。

```
int InsertDList(DListLink head,int i,DataType e)
{
    DListNode *p,*s;
    int j;
    p = head->next;
    j = 0;
    while(p! = head&&j<i)
    {
        p = p->next;
        j++;
    }
    if(j! = i)
    {
        printf("插入位置不正确");
        return 0;
    }
    s = (DListNode *)malloc(sizeof(DListNode));
    if(!s)
        return -1;
    s->data = e;
    s->prior = p->prior;
    p->prior->next = s;
    s->next = p;
    p->prior = s;
    return 1;
}
```

(2) 删除操作。

删除操作就是将带头结点的双向循环链表中的第 i 个结点删除。删除成功返回 1，否则返回 0。

【算法思想】 首先找到第 i 个结点，用 p 指向该结点。然后开始修改 p 指向的结点的直接前驱结点和直接后继结点的指针域，从而将 p 与链表断开。将 p 指向的结点与链表断开需要两步：

①修改 p 的前驱结点的 next 域,使其指向 p 的直接后继结点,即 p->prior->next = p->next;

②修改 p 的直接后继结点的 prior 域,使其指向 p 的直接前驱结点,即 p->next->prior = p->prior。

删除操作指针修改情况如图 2-32 所示。

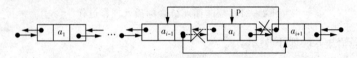

图 2-32 双向循环链表删除操作过程

删除操作算法实现如下所示。

```
int DeleteDList(DListLink head,int i,DataType *e)
{
    DListNode *p;
    int j;
    p = head->next;
    j = 0;
    while(p! = head&&j<i)
    {
        p = p->next;
        j++;
    }
    if(j! = i)
    {
        printf("删除位置不正确");
        return 0;
    }
    p->prior->next = p->next;
    p->next->prior = p->prior;
    free(p);
    return 1;
}
```

插入和删除操作的时间耗费主要在查找结点上,二者的时间复杂度都为 $O(n)$。

> **注意:**
> 双向链表的插入和删除操作需要修改结点的 prior 域和 next 域,因此要注意修改结点指针域的顺序。

2.4 静态链表

前面介绍的各种链表如单链表、循环链表等结点的分配与释放都是由函数 malloc 和 free 动态实现，因此称为动态链表。动态链表中结点之间的关系都是由指针实现的，但是，有的高级程序设计语言没有指针类型，如 Basic、Fortran 等，那就需要用静态链表来实现动态链表的功能。

2.4.1 静态链表的存储结构

静态链表可通过一维数组来描述，用游标模拟指针。游标的作用就是指示元素的直接后继。这里的游标的数据类型不再是指针类型，而是一个整型。

要实现静态链表，通过一个结构体数组描述结点，结点包括两个域：数据域和指针域。数据域用来存放结点的数据信息，指针域指向直接后继元素。静态链表的类型描述如下。

```
#define ListSize 100
typedef struct
{
    DataType data;
    int cur;
}SListNode;
typedef struct
{
    SListNode list[ListSize];
    int av;
}SLinkList;
```

在以上静态链表的类型定义中，SListNode 是一个结点类型，SLinkList 是一个静态链表类型，av 是备用链表的指针，即 av 指向静态链表中一个未使用的位置。数组的一个分量（元素）表示一个结点，游标 cur 代替指针指示结点在数组中的位置。数组的下标为 0 的分量可以表示成头结点，头结点的 cur 域指向表中第 1 个结点。表中的最后一个结点的指针域为 0，指向头结点，这样就构成一个静态循环链表。

例如，线性表（Yang, Zheng, Feng, Xu, Wu, Wang, Geng）采用静态链表存储的情况如图 2-33 所示。

假设 s 为 SlinkList 类型变量，则 s[0].cur 指示第 1 个结点在数组的位置，如果 i=s[0].cur，则 s[i].data 表示表中的第 1 个元素，s[i].cur 指示第 2 个元素在数组的位置。与动态链表的操作类似，游标 cur 代表指针 next，i=s[i].cur 表示指针后

数组编号	数据域	cur域
0		1
1	Yang	2
2	Zheng	3
3	Feng	4
4	Xu	5
5	Wu	6
6	Wang	7
7	Geng	0
8		
9		

图 2-33 静态链表

移,相当于 p=p->next。

2.4.2 静态链表的实现

静态链表的基本操作如下(基本操作实现存放在"SLinkList.h"文件中)。

(1) 静态链表的初始化。

在初始化静态链表时,只需要把静态链表的游标 cur 指向下一个结点,并将链表的最后一个结点的 cur 域置为 0。

```
void InitSList(SLinkList * L)
/*静态链表初始化*/
{
    int i;
    for(i = 0;i<ListSize;i++)
        (*L).list[i].cur = i+1;
    (*L).list[ListSize-1].cur = 0;
    (*L).av = 1;
}
```

(2) 分配结点。

分配结点就是要从备用链表中取下一个结点空间,分配给要插入链表中的元素,返回值为要插入结点的位置。

```
int AssignNode(SLinkList L)
/*分配结点*/
{
    int i;
    i = L.av;
    L.av = L.list[i].cur;
    return i;
}
```

(3) 回收结点。

回收结点就是将空闲的结点回收,使其称为备用链表的空间。

```
void FreeNode(SLinkList L,int pos)
/*结点的回收*/
{
    L.list[pos].cur = L.av;
    L.av = pos;
}
```

(4) 插入操作。

插入操作就是在静态链表中第 i 个位置插入一个数据元素 e。首先从备用链表中取出一个可用的结点,然后将其插入到已用静态链表的第 i 个位置。

例如，要在图 2-33 的静态链表中的第 5 个元素后插入元素"Chen"。具体步骤是：

①为新结点分配一个结点空间，即静态链表的数组编号为 8 的位置，即 $k=L.av$，同时修改备用指针 $L.av=L.list[k].cur$；

②在编号为 8 的位置上插入一个元素"Chen"，即 $L.list[8].data=$"Liu"；

③修改第 5 个元素位置的 cur 域，即 $L.list[5].cur=L.list[8].cur$，$L.list[8].cur=6$。

插入过程如图 2-34 所示。

插入操作的算法描述如下。

数组编号	数据域	cur域
0		1
1	Yang	2
2	Zheng	3
3	Feng	4
4	Xu	5
5	Wu	8
6	Wang	7
7	Geng	0
8	Chen	6
9		

图 2-34 在静态链表中插入元素后

```
void InsertSList(SLinkList *L,int i,DataType e)
/*插入操作*/
{
    int j,k,x;
    k = (*L).av;
    (*L).av = (*L).list[k].cur;
    (*L).list[k].data = e;
    j = (*L).list[0].cur;
    for(x = 1;x<i-1;x++)
        j = (*L).list[j].cur;
    (*L).list[k].cur = (*L).list[j].cur;
    (*L).list[j].cur = k;
}
```

（5）删除操作。

删除操作就是将静态链表中第 i 个位置的元素删除。首先找到第 $i-1$ 个元素的位置，修改 cur 域使其指向第 $i+1$ 个元素，然后将被删除的结点空间放到备用链表中。

例如，要删除图 2-33 所示的静态链表中的第 3 个元素，需要根据游标找到第 2 个元素，将其 cur 域修改为第 4 个元素的位置，即 $L.list[2].cur=L.list[3].cur$。最后要将删除元素的结点空间回收。删除结点操作如图 2-35 所示。

数组编号	数据域	cur域
0		1
1	Yang	2
2	Zheng	4
3	Feng	4
4	Xu	5
5	Wu	8
6	Wang	7
7	Geng	0
8	Chen	6
9		

图 2-35 删除静态链表的第 3 个结点

删除操作的算法描述如下。

```
void DeleteSList(SLinkList *L,int i,DataType *e)
/*删除操作*/
{
    int j,k,x;
    j = (*L).list[0].cur;
    for(x = 1;x<i-1;x++)
```

```
        j = ( * L). list[j]. cur;
    k = ( * L). list[j]. cur;
    ( * L). list[j]. cur = ( * L). list[k]. cur;
    ( * L). list[k]. cur = ( * L). av;
    * e = ( * L). list[k]. data;
    ( * L). av = k;
}
```

2.4.3 静态链表的应用

【例 2-5】 创建一个静态链表,首先输入要插入的元素及位置,然后输入要删除元素的位置。例如,创建一个静态链表 {'a','b','c','d','e','f','g','i'},在表的第 6 个位置插入元素'p',然后在将表的第 3 个元素删除。

分析:静态链表通过 $k=L.list[k].cur$ 找到链表元素的下一个元素,插入和删除只需要修改静态链表的 cur 域实现游标的改变。

静态链表的初始化、插入与删除等基本操作见 "SLinkList. h" 文件中。

测试程序代码如下。

```
#include<stdio.h>
#include<conio.h>
#include<stdlib.h>
typedef char DataType;        /* 类型定义 */
#define ListSize 20
typedef struct
{
    DataType data;
    int cur;
}SListNode;
typedef struct
{
    SListNode list[ListSize];
    int av;
}SLinkList;
#include "SLinkList. h"
void PrintDList(SLinkList L,int n);
void main()
{
    SLinkList L;
    int i,len;
    int pos;
    char e;
    DataType a[] = {'a','b','c','d','e','f','g','i'};
```

```
        len = sizeof(a)/sizeof(a[0]);
        InitSList(&L);
        for(i = 1;i <= len;i + +)
            InsertSList(&L,i,a[i-1]);
        printf("静态链表:");
        PrintDList(L,len);
        printf("要插入的元素及位置:");
        scanf("%c",&e);
        getchar();
        scanf("%d",&pos);
        getchar();
        InsertSList(&L,pos,e);
        printf("插入元素后静态链表:");
        PrintDList(L,len+1);
        printf("要删除元素的位置:");
        scanf("%d",&pos);
        getchar();
        DeleteSList(&L,pos,&e);
        printf("删除的元素是:");
        printf("%c\n",e);
        printf("删除元素后静态链表:");
        PrintDList(L,len);
}
void PrintDList(SLinkList L,int n)
/*输出静态链表中的元素*/
{
    int j,k;
    k = L.list[0].cur;
    for(j = 1;j <= n;j + +)
    {
        printf("%4c",L.list[k].data);
        k = L.list[k].cur;
    }
    printf("\n");
}
```

程序运行结果如图 2-36 所示。

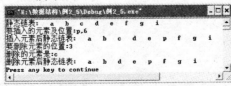

图 2-36 程序运行结果

2.5 一元多项式的表示与相乘

一元多项式的相乘是线性表在日常生活中的一个典型应用,它集中了线性表的各种基本操作。

2.5.1 一元多项式的表示

一元多项式 $A_n(x)$ 可以写成降幂的形式:

$$A_n(x) = a_n x^n + a_{n-1} x^{n-1} + \cdots + a_1 x + a_0$$

如果 $a_n \neq 0$,则 $A_n(x)$ 被称为 n 阶多项式。一个 n 阶多项式由 $n+1$ 个系数构成。一个 n 阶多项式的系数可以用线性表 $(a_n, a_{n-1}, \cdots, a_1, a_0)$ 表示。

线性表的存储可以采用顺序存储结构,这样使多项式的一些操作变得更加简单。可以定义一个维数为 $n+1$ 的数组 $a[n+1]$,$a[n]$ 存放系数 a_n,$a[n-1]$ 存放系数 a_{n-1},$\cdots$,$a[0]$ 存放系数 a_0。但是,实际情况可能是多项式的阶数(最高的指数项)会很高,多项式每个项的指数差别会很大,这可能会浪费很多的存储空间。例如,一个多项式

$$P(x) = 10x^{2001} + x + 1$$

若采用顺序存储,则存放系数需要 2002 个存储空间,但是存储有用的数据只有 3 个。若只存储非零系数项,还必须存储相应的指数信息。

一元多项式 $A_n(x) = a_n x^n + a_{n-1} x^{n-1} + \cdots + a_1 x + a_0$ 的系数和指数同时存放,可以表示成一个线性表,线性表的每一个数据元素由一个二元组构成。因此,多项式 $A_n(x)$ 可以表示成线性表:

$$((a_n, n), (a_{n-1}, n-1), \cdots, (a_1, 1), (a_0, 0))$$

那么多项式 $P(x)$ 就可以表示成 $((10, 2001), (1, 1), (1, 0))$ 的形式。

因此,多项式可以采用链式存储方式表示,每一项可以表示成一个结点,结点的结构由 3 个域组成:存放系数的 coef 域,存放指数的 expn 域和指向下一个结点的 next 指针域。如图 2-37 所示。

| coef | expn | next |

图 2-37 多项式的结点结构

结点结构类型描述如下:

```
typedef structpolyn
{
    float coef;
    int expn;
    structpolyn * next;
}PloyNode, * PLinkList;
```

例如,多项式 $S(x) = 7x^6 + 3x^4 - 3x^2 + 6$ 可以表示成链表,如图 2-38 所示。

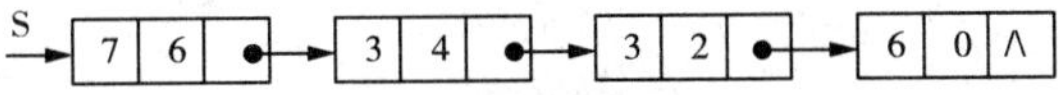

图 2-38 一元多项式的链表表示

2.5.2 一元多项式相乘

两个一元多项式的相乘，需要将一个多项式每一项的指数与另一个多项式每一项的指数相加，并将其系数相乘。假设两个多项式 $A_n(x)=a_nx^n+a_{n-1}x^{n-1}+\cdots+a_1x+a_0$ 和 $B_m(x)=b_mx^m+b_{m-1}x^{m-1}+\cdots+b_1x+b_0$，要将这两个多项式相乘，就是将多项式 $A_n(x)$ 中的每一项与 $B_m(x)$ 相乘，相乘的结果用线性表表示为 $((a_n\times b_m, n+m), (a_{n-1}\times b_m, n+m-1), \cdots, (a_1, 1), (a_0, 0))$。

例如，两个多项式 $A(x)$ 和 $B(x)$ 的相乘后得到 $C(x)$。

$A(x)=7x^4+2x^2+3x$

$B(x)=6x^3+5x^2+6x$

$C(x)=42x^7+35x^6+54x^5+28x^4+27x^3+18x^2$

以上多项式可以表示成链式存储结构，如图 2-39 所示。

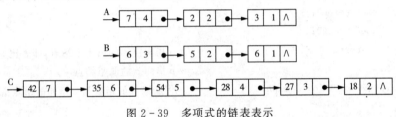

图 2-39 多项式的链表表示

A、B 和 C 分别是多项式 $A(x)$、$B(x)$ 和 $C(x)$ 对应链表的头指针，$A(x)$ 和 $B(x)$ 两个多项式相乘，首先计算出 $A(x)$ 和 $B(x)$ 的最高指数和，即 $4+3=7$，则 $A(x)$ 和 $B(x)$ 的乘积 $C(x)$ 的指数范围在 $0\sim 7$ 之间。然后将 $A(x)$ 按照指数降幂排列，将 $B(x)$ 按照指数升序排列，分别设两个指针 pa 和 pb，pa 用来指向链表 A，pb 用来指向链表 B，从第 1 个结点开始计算两个链表的 expn 域的和，并将其与 k 比较（k 为指数和的范围，从 $7\rightarrow 0$ 递减），使链表的和呈递减排列。如果和小于 k，则 pb=pb->next；如果和等于 k，则计算二项式的系数的乘积，并将其赋值给新生成的结点；如果和大于 k，则 pa=pa->next。这样得到多项式 $A(x)$ 和 $B(x)$ 的乘积 $C(x)$。最后将链表 B 重新逆置。

1. 一元多项式的创建

```
PLinkList CreatePolyn()
/*创建一元多项式,使一元多项式呈指数递减*/
{
    PolyNode *p,*q,*s;
    PolyNode *h=NULL;
    int expn2;
    float coef2;
    h=(PLinkList)malloc(sizeof(PolyNode));    /*动态生成一个头结点*/
```

```
    if(! h)
        return NULL;
    h->coef = 0;
    h->expn = 0;
    h->next = NULL;
    do
    {
        printf("输入系数 coef(系数和指数都为 0 时,表示结束)");
        scanf("%f",&coef2);
        printf("输入指数 exp(系数和指数都为 0 时,表示结束)");
        scanf("%d",&expn2);
        if((long)coef2 = = 0&&expn2 = = 0)
            break;
        s = (PolyNode * )malloc(sizeof(PolyNode));
        if(! s)
            return NULL;
    s->expn = expn2;
    s->coef = coef2;
    q = h->next;                       /*q 指向链表的第 1 个结点,即表尾*/
    p = h;                             /*p 指向 q 的前驱结点*/
    while(q&&expn2<q->expn)            /*将新输入的指数与 q 指向的结点指数比较*/
    {
        p = q;
        q = q->next;
    }
    if(q = = NULL||expn2>q->expn)      /*q 指向要插入结点的位置,p 指向要插入结点
                                         的前驱*/
    {
        p->next = s;                   /*将 s 结点插入到链表中*/
        s->next = q;
    }
    else
        q->coef + = coef2;             /*如果指数与链表中结点指数相同,则将系数相
                                         加即可*/
    } while(1);
    return h;
}
```

2. 两个一元多项式的相乘

```
PolyNode * MultiplyPolyn(PLinkList A,PLinkList B)
/*计算两个多项式 A(x)和 B(x)的乘积*/
{
```

```
PolyNode *pa,*pb,*pc,*u,*h;
int k,maxExp;
float coef;
h = (PLinkList)malloc(sizeof(PolyNode));        /*动态生成头结点*/
if(!h)
    return NULL;
h->coef = 0.0;
h->expn = 0;
h->next = NULL;
if(A->next! = NULL&&B->next! = NULL)
    maxExp = A->next->expn + B->next->expn;    /*maxExp为两个链表指数的和的
                                                    最大值*/
else
    return h;
pc = h;
B = Reverse(B);                                 /*使多项式B(x)呈指数递增形式*/
for(k = maxExp;k> = 0;k--)                      /*多项式的乘积指数范围为0-maxExp*/
{
    pa = A->next;
    while(pa! = NULL&&pa->expn>k)               /*找到pa的位置*/
        pa = pa->next;
    pb = B->next;
    while(pb! = NULL&&pa! = NULL&&pa->expn + pb->expn<k)  /*如果和小于k,使pb移
                                                            到下一个结点*/
        pb = pb->next;
    coef = 0.0;
    while(pa! = NULL&&pb! = NULL)
    {
        if(pa->expn + pb->expn = = k)           /*如果在链表中找到对应的结点,即和等
                                                    于k,求相应的系数*/
        {
            coef + = pa->coef * pb->coef;
            pa = pa->next;
            pb = pb->next;
        }
        else if(pa->expn + pb->expn>k)          /*如果和大于k,则使pa移到下一个结点*/
            pa = pa->next;
        else
            pb = pb->next;                      /*如果和小于k,则使pb移到到下一个结点*/
    }
    if(coef! = 0.0)                             /*如果系数不为0,则生成新结点,并将系数和指数分别赋值给新
                                                    结点.并将结点插入到链表中*/
```

```
            {
                u = (PolyNode * )malloc(sizeof(PolyNode));
                u->coef = coef;
                u->expn = k;
                u->next = pc->next;
                pc->next = u;
                pc = u;
            }
        }
        B = Reverse(B);        /*完成多项式乘积后,将 B(x)呈指数递减形式*/
        return h;
}
PolyNode * Reverse(PLinkList h)
/*将生成的链表逆置,使一元多项式呈指数递增形式*/
{
        PolyNode *q,*r,*p = NULL;
        q = h->next;
        while(q)
        {
            r = q->next;            /*r 指向链表的待处理结点*/
            q->next = p;            /*将链表结点逆置*/
            p = q;                  /*p 指向刚逆置后链表结点*/
            q = r;                  /*q 指向下一准备逆置的结点*/
        }
        h->next = p;                /*将头结点的指针指向已经逆置后的链表*/
        return h;
}
```

3. 测试程序

```
#include<stdlib.h>
#include<malloc.h>
typedef struct polyn             /*一元多项式结点类型*/
{
    float coef;                  /*一元多项式的系数*/
    int expn;                    /*一元多项式的指数*/
    struct polyn * next;
}PolyNode, * PLinkList;
PLinkList CreatePolyn();
PolyNode * Reverse(PLinkList h);
PolyNode * MultiplyPolyn(PLinkList A,PLinkList B);
void OutPut(PLinkList h);
void main()
```

```c
{
    PLinkList A,B,C;
    A = CreatePolyn();
    printf("A(x) = ");
    OutPut(A);
    printf("\n");
    B = CreatePolyn();
    printf("B(x) = ");
    OutPut(B);
    printf("\n");
    C = MultiplyPolyn(A,B);
    printf("C(x) = A(x) * B(x) = ");
    OutPut(C);                           /*输出结果*/
    printf("\n");
}
void OutPut(PLinkList h)
/*输出一元多项式*/
{
    PolyNode *p = h->next;
    while(p)
    {
        printf(" %1.1f",p->coef);
        if(p->expn)
            printf(" * x^%d",p->expn);
        if(p->next&&p->next->coef>0)
            printf(" + ");
        p = p->next;
    }
}
```

程序运行结果如图 2-40 所示。

图 2-40 程序运行结果

小 结

线性表是最常用也最简单的线性数据结构。

线性表是一种可以在任意位置进行插入和删除操作,由 n 个同类型的数据元素组成的一种线性数据结构。线性表中的每个数据元素只有一个前驱元素和一个后继元素。其中,第 1 个数据元素没有前驱元素,最后一个数据元素没有后继元素。

线性表通常有两种存储方式:顺序存储和链式存储。采用顺序存储结构的线性表称为顺序表,采用链式存储结构的线性表称为链表。

顺序表中数据元素的逻辑顺序与物理顺序一致,因此可以随机存取。但是顺序表在插入元素和删除元素时,需要移动大量的数据元素。

链表中的结点由两部分组成:数据域和指针域。数据域存放元素值信息,指针域存放元素之间的地址信息。链表根据结点之间的链接关系分为单链表和双向链表,这两种链表又可以构成单循环链表、双向循环链表。单链表只有一个指针域,指针域指向直接后继结点。单链表的最后一个结点的指针域为空,循环链表的最后一个指针域指向头结点或链表的第 1 个结点。双向链表有两个指针域,一个指向直接前驱结点,另一个指向直接后继结点。

为了链表操作的方便,往往在链表的第 1 个结点之前增加一个结点,称为头结点。头结点的设置,使得在进行插入和删除操作时不需要改变头指针的指向,头指针始终指向头结点。

顺序表的算法实现比较简单,存储空间利用率高,但是需要预先分配好存储空间,插入和删除操作需要移动大量元素。而链表不需要事先确定存储空间的大小,插入和删除操作不需要移动大量元素,但算法实现较为复杂。

练 习 题

选择题

1. 对一个算法的评价,不包括如下( )方面的内容。
   A. 健壮性和可读性 B. 并行性 C. 正确性 D. 时空复杂度
2. 在带有头结点的单链表 HL 中,要向表头插入一个由指针 p 指向的结点,则执行( )。
   A. p—>next=HL—>next;HL—>next=p; B. p—>next=HL;HL=p;
   C. p—>next=HL;p=HL; D. HL=p;p—>next=HL;
3. 对线性表,在下列哪种情况下应当采用链表表示?( )
   A. 经常需要随机地存取元素 B. 经常需要进行插入和删除操作
   C. 表中元素需要占据一片连续的存储空间 D. 表中元素的个数不变
4. 若长度为 n 的线性表采用顺序存储结构,在其第 i 个位置插入一个新元素算法的时间复杂度为( )。
   A. $O(\log_2 n)$ B. $O(1)$ C. $O(n)$ D. $O(n^2)$
5. 若一个线性表中最常用的操作是取第 i 个元素和找第 i 个元素的前驱元素,则采用( )存储方式最节省时间。

A. 顺序表　　　　　B. 单链表　　　　　C. 双链表　　　　　D. 单循环链表

6. 在一个长度为 n 的顺序表中，在第 i 个元素之前插入一个新元素时，需向后移动（　　）个元素。

   A. $n-i$　　　　B. $n-i+1$　　　　C. $n-i-1$　　　　D. i

7. 非空的循环单链表 head 的尾结点 p 满足（　　）。

   A. p->next==head　　　　　　B. p->next==NULL
   C. p==NULL　　　　　　　　　D. p==head

8. 在双向循环链表中，在 p 指针所指的结点后插入一个指针 q 所指向的新结点，修改指针的操作是（　　）。

   A. p->next=q; q->prior=p; p->next->prior=q; q->next=q;
   B. p->next=q; p->next->prior=q; q->prior=p; q->next=p->next;
   C. q->prior=p; q->next=p->next; p->next->prior=q; p->next=q;
   D. q->next=p->next; q->prior=p; p->next=q; p->next=q;

9. 线性表采用链式存储时，结点的存储地址（　　）。

   A. 必须是连续的　　　　　　B. 必须是不连续的
   C. 连续与否均可　　　　　　D. 和头结点的存储地址相连续

10. 在一个长度为 n 的顺序表中删除第 i 个元素，需要向前移动（　　）个元素。

    A. $n-i$　　　　B. $n-i+1$　　　　C. $n-i-1$　　　　D. $i+1$

11. 从表中任一结点出发，都能扫描整个表的是（　　）。

    A. 单链表　　　　B. 顺序表　　　　C. 循环链表　　　　D. 静态链表

12. 在具有 n 个结点的单链表上查找值为 x 的元素时，其时间复杂度为（　　）。

    A. $O(n)$　　　　B. $O(1)$　　　　C. $O(n^2)$　　　　D. $O(n-1)$

13. 一个顺序表的第 1 个元素的存储地址是 90，每个元素的长度为 2，则第 6 个元素的存储地址是（　　）。

    A. 98　　　　B. 100　　　　C. 102　　　　D. 106

14. 在一个单链表中，若删除 p 所指向结点的后继结点，则执行（　　）。

    A. p->next=p->next->next;
    B. p=p->next; p->next=p->next->next;
    C. p=p->next;
    D. p=p->next->next;

15. 顺序表中，插入一个元素所需移动的元素平均数是（　　）。

    A. $(n-1)/2$　　　　B. n　　　　C. $n+1$　　　　D. $(n+1)/2$

16. 循环链表的主要优点是（　　）。

    A. 不再需要头指针
    B. 已知某结点位置后能容易找到其直接前驱
    C. 在进行插入、删除运算时能保证链表不断开
    D. 在表中任一结点出发都能扫描整个链表

17. 不带头结点的单链表 head 为空的判定条件是（　　）。

    A. head==NULL　　　　　　B. head->next==NULL
    C. head->next==head　　　D. head!=NULL

18. 已知指针 p 和 q 分别指向某单链表中第 1 个结点和最后一个结点。假设指针 s 指向另一个单链表中某个结点，则在 s 所指结点之后插入上述链表应执行的语句为（　　）。

A. q->next=s->next; s->next=p;
B. s->next=p; q->next=s->next;
C. p->next=s->next; s->next=q;
D. s->next=q; p->next=s->next;

19. 在一个单链表中，已知 q 所指结点是 p 所指结点的前驱结点，若在 q 和 p 之间插入一个结点 s，则执行（　　）。

A. s->next=p->next; p->next=s;
B. p->next=s->next; s->next=p;
C. q->next=s; s->next=p;
D. p->next=s; s->next=q;

20. 在单链表中，指针 p 指向元素为 x 的结点，实现删除 x 的后继的语句是（　　）。

A. p=p->next;
B. p->next=p->next->next;
C. p->next=p;
D. p=p->next->next;

算法分析题

1. 函数 GetElem 实现返回单链表的第 i 个元素，请在空格处将算法补充完整。

```
int GetElem (LinkList L, int i, Elemtype *e)
{
    LinkList p; int j;
    p=L->next; j=1;
    while (p&&j<i)
    {
        _____(1)_____; ++j;
    }
    if (!p || j>i)  return ERROR;
    *e=_____(2)_____;
    return OK;
}
```

2. 函数实现单链表的插入算法，请在空格处将算法补充完整。

```
int ListInsert (LinkList L, int i, ElemType e)
{
    LNode *p, *s; int j;
    p=L; j=0;
    while ((p!=NULL) && (j<i-1))
    {
        p=p->next; j++;
    }
    if (p==NULL || j>i-1) return ERROR;
    s=(LNode *) malloc (sizeof (LNode));
    s->data=e;
    _____(1)_____;
    _____(2)_____;
```

        return OK;
    }

3. 函数 ListDelete_sq 实现顺序表删除算法,请在空格处将算法补充完整。
    int ListDelete_sq (Sqlist *L, int i)
    {
        int k;
        if (i<1 || i>L->length) return ERROR;
        for (k=i-1; k<L->length-1; k++)
            L->slist [k] = _____(1)_____;
        _____(2)_____;
        return OK;
    }

4. 函数实现单链表的删除算法,请在空格处将算法补充完整。
    int ListDelete (LinkList L, int i, ElemType *s)
    {
        LNode *p, *q;
        int j;
        p=L; j=0;
        while ((_____(1)_____) && (j<i-1))
        {
            p=p->next; j++;
        }
        if (p->next==NULL || j>i-1) return ERROR;
        q=p->next;
        _____(2)_____;
        *s=q->data;
        free (q);
        return OK;
    }

5. 写出算法的功能。
    int L (head)
    {
        node *head;
        int n=0;
        node *p;
        p=head;
        while (p! =NULL)
        {
            p=p->next;
            n++;
        }
        return n;
    }

算法设计题

1. 编写算法,实现带头结点单链表的逆置算法。
2. 有两个循环链表,链头指针分别为 L1 和 L2,要求写出算法将 L2 链表连接到 L1 链表之后,且连接后仍保持循环链表形式。
3. 编写算法,将一个头指针为 head 不带头结点的单链表改造为一个单向循环链表,并分析算法的时间复杂度。
4. 设顺序表 va 中的数据元数递增有序。试写一算法,将 x 插入到顺序表的适当位置上,以保持该表的有序性。
5. 已知有两个顺序表 A 和 B,A 中的元素按照递增排列,B 中的元素按照递减排列。试编写一个算法,将 A 和 B 合并成一个顺序表,使其按照递增有序排列,要求不占用额外的存储单元。
6. 已知有两个带头结点的单链表 A 和 B,A 和 B 中的元素由小到大排列,设计一个算法,求 A 和 B 的交集 C,即将 A 和 B 中相同的元素插入到 C 中。
7. 将一个无序的单链表变成一个有序的单链表,要求按照从小到大排列并且不占用额外的存储空间。
8. 已知一个双向循环链表 L,设计算法将双向循环链表 L 的所有结点逆置。
9. 顺序表 A 和顺序表 B 的元素都是非递减排列,利用线性表的基本运算,将它们合并成一个顺序表 C,要求 C 也是非递减排列。例如,A=(6,11,11,23),B=(2,10,12,12,21),则 C=(2,6,10,11,11,12,12,21,23)。

第 3 章 栈与队列

栈和队列是操作受限的线性结构。栈具有线性表的特点：每一个元素只有一个前驱元素和后继元素（除了第 1 个元素和最后一个元素外），但在操作上与线性表不同，栈只允许在表的一端进行插入和删除操作。栈的应用十分广泛，在表达式求值、括号匹配中常常用到栈的设计思想。队列的特殊性在于只能在表的一端进行插入，另一端进行删除操作。队列在操作系统和事务管理等软件设计中应用广泛，如键盘输入缓冲区问题就是利用队列的思想实现的。

3.1 栈的表示与实现

栈作为一种限定性线性表，只允许在表的一端进行插入和删除操作。

3.1.1 栈的定义

栈（Stack），也称为堆栈，它是一种特殊的线性表，只允许在表的一端进行插入和删除操作。允许操作的一端称为栈顶（Top），另一端称为栈底（Bottom）。栈顶是动态变化的，它由一个称为栈顶指针（top）的变量指示。当表中没有元素时，称为空栈。

栈的插入操作称为入栈或进栈，删除操作称为出栈或退栈。

在栈 $S=(a_1, a_2, \cdots, a_n)$ 中，a_1 称为栈底元素，a_n 称为栈顶元素。栈中的元素按照 $a_1, a_2, \cdots, a_n$ 的顺序依次进栈，当前的栈顶元素为 a_n。最先进栈的元素一定在栈底，最后进栈的元素一定在栈顶。每次删除的元素是栈顶元素，也就是最后进栈的元素。因此，栈是一种后进先出的线性表。如图 3-1 所示。

在图 3-1 中，a_1 是栈底元素，a_n 是栈顶元素，由栈顶指针 top 指示。最先出栈的元素是 a_n，最后出栈的元素是 a_1。

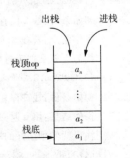

图 3-1 栈的示意图

可以把栈想象成一个木桶,先放进去的东西在下面,后放进去的东西在上面,最先取出来的是最后放进去的,最后取出来的是最先放进去的。

图3-2演示了元素A、B、C、D和E依次进栈和出栈的过程。

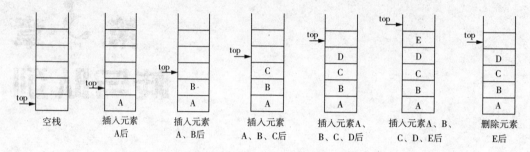

图3-2 元素A、B、C、D、E进栈和出栈的过程

如果一个进栈的序列由A、B、C组成,它的出栈序列有ABC,ACB,BAC,BCA和CBA五种可能,只有CAB是不可能的输出序列。因为A、B、C进栈后,C出栈,接着就是B要出栈,不可能A在B之前出栈,所以CAB是不可能出现的序列。

3.1.2 栈的抽象数据类型

栈的抽象数据类型定义了栈中的数据对象、数据关系及基本操作。栈的抽象数据类型定义如下:

ADT Stack
{
数据对象:$D=\{a_i|a_i \in ElemSet, i=1,2,\cdots,n, n \geqslant 0\}$

数据关系:$R=\{\langle a_{i-1}, a_i \rangle | a_{i-1}, a_i \in D, i=2,3,\cdots,n\}$

约定 a_1 端为栈底,a_n 端为栈顶。

基本操作:

(1)InitStack(&S)

初始条件:栈S不存在。

操作结果:建立一个空栈S。

这就像盖房子前,先打了地基,建好框架结构,准备垒墙。

(2)StackEmpty(S)

初始条件:栈S已存在。

操作结果:若栈S为空,返回1,否则返回0。

栈为空就类似于打好了地基,还没有开始垒墙。栈不为空就类似于开始垒墙。

(3)GetTop(S,&e)

初始条件:栈S存在且非空。

操作结果:用e返回栈S的栈顶元素。

栈顶就像刚垒好的墙的最上面一层砖。

(4)PushStack(&S,x)

初始条件:栈S已存在。

操作结果:将元素x插入到栈S中,使其成为新的栈顶元素。

这就像在墙上放置了一层砖,成为墙的最上面一层。

(5) PopStack(&S,&e)

初始条件:栈 S 存在且非空。

操作结果:删除栈 S 的栈顶元素,并用 e 返回其值。

这就像拆墙,需要把墙的最上面一层从墙上取下来。

(6) StackLength(S)

初始条件:栈 S 已存在。

操作结果:返回栈 S 的元素个数。

这就像整个墙有多少层组成。

(7) ClearStack(S)

初始条件:栈 S 已存在。

操作结果:将栈 S 清为空栈。

这就像把墙全部拆除。

}ADT Stack

与线性表一样,栈也有两种存储表示:顺序存储和链式存储。

3.1.3 顺序栈

1. 栈的顺序存储结构

采用顺序存储结构的栈称为顺序栈。顺序栈利用一组连续的存储单元存放栈中的元素,存放顺序依次从栈底到栈顶。由于栈中元素之间的存放地址的连续性,在 C 语言中,同样采用数组实现栈的顺序存储。另外,增加一个栈顶指针 top,用于指向顺序栈的栈顶元素。

栈的顺序存储结构类型描述如下:

```
#define StackSize 100
typedef struct
{
    DataType stack[StackSize];
    int top;         /*栈顶指针*/
}SeqStack;
```

用数组表示的顺序栈如图 3-3 所示。将元素 A、B、C、D、E、F、G、H 依次进栈,栈底元素为 A,栈顶元素为 H。在本书中,约定栈顶指针 top 指向栈顶元素的下一个位置(而不是栈顶元素)。

图 3-3 顺序栈结构

说明:

(1) 初始时,栈为空,栈顶指针为 0,即 S.top=0。

(2) 栈空条件为 S.top==0,栈满条件为 S.top==StackSize-1。

(3) 进栈操作时,先将元素压入栈中,即 S.stack[S.top]=e,然后使栈顶指针加1,即 S.top++。出栈操作时,先使栈顶指针减1,即 S.top--,然后元素出栈,即 e=S.stack[S.top]。

(4) 栈的长度即栈中元素的个数为 S.top。

> **注意:**
> 当栈中元素个数为 StackSize 时,称为栈满。当栈满时进行入栈操作,将产生上溢错误。如果对空栈进行删除操作,产生下溢错误。因此,在对栈进行进栈或出栈操作前,要判断栈是否已满或已空。

2. 顺序栈的基本运算

顺序栈的基本运算如下(以下算法的实现保存在文件"SeqStack.h"中):

(1) 栈的初始化。

```
void InitStack(SeqStack *S)
/*栈的初始化*/
{
    S->top=0;                    /*把栈顶指针置为0*/
}
```

(2) 判断栈是否为空。

```
int StackEmpty(SeqStack S)
/*判断栈是否为空,栈为空返回1,否则返回0*/
{
    if(S.top==0)                 /*当栈顶指针top为0*/
        return 1;                /*返回1*/
    else                         /*否则*/
        return 0;                /*返回0*/
}
```

(3) 取栈顶元素。

```
int GetTop(SeqStack S, DataType *e)
/*取栈顶元素。将栈顶元素值返回给e*/
{
    if(S.top<=0)                 /*取栈顶元素前,判断栈是否为空*/
    {
        printf("栈已经空!\n");
        return 0;
    }
    else
    {
```

```
            *e = S.stack[S.top - 1];          /*在取栈顶元素*/
            return 1;
        }
}
```

(4) 进栈操作。

```
int PushStack(SeqStack *S,DataType e)
/*将元素e进栈,元素进栈成功返回1,否则返回0.*/
{
    if(S->top >= StackSize - 1)              /*元素进栈前,判断是否栈已经满*/
    {
        printf("栈已满,不能进栈!\n");
        return 0;
    }
    else
    {
        S->stack[S->top] = e;                /*元素e进栈*/
        S->top++;                            /*修改栈顶指针*/
        return 1;
    }
}
```

(5) 出栈操作。

```
int PopStack(SeqStack *S,DataType *e)
/*出栈操作。将栈顶元素出栈,并将其赋值给e。出栈成功返回1,否则返回0*/
{
    if(S->top == 0)                          /*元素出栈之前,判断栈是否为空*/
    {
        printf("栈已经没有元素,不能出栈!\n");
        return 0;
    }
    else
    {
        S->top--;                            /*先修改栈顶指针*/
        *e = S->stack[S->top];               /*将出栈元素赋值给e*/
        return 1;
    }
}
```

(6) 返回栈的长度。

```
intStackLength(SeqStack S)
/*求栈的长度*/
{
```

```
        return S.top;
}
```

(7) 清空栈。

```
voidClearStack(SeqStack * S)
/*清空栈*/
{
    S->top = 0;                    /*将栈顶指针置为0*/
}
```

3. 共享栈

栈的应用非常广泛，经常会出现一个程序需要同时使用多个栈的情况。使用顺序栈会因为栈空间的大小难以准确估计，从而造成有的栈溢出，有的栈还有空闲。为了解决这个问题，可以让多个栈共享一个足够大的连续存储空间，利用栈的动态特性使栈空间能够互相补充，存储空间得到有效利用，这就是栈的共享，这些栈被称为共享栈。

在栈的共享问题中，最常用的是两个栈的共享。共享栈主要通过栈底固定、栈顶迎面增长的方式实现。让两个栈共享一个一维数组 S [StackSize]，两个栈底设置在数组的两端，当有元素进栈时，栈顶位置从栈的两端向中间迎面增长，当两个栈顶相遇时，栈满。

共享栈（两个栈共享一个连续的存储空间）的数据结构类型描述如下：

```
typedef struct
{
    DataType stack[StackSize];
    int top[2];
}SSeqStack;
```

其中，top [0] 和 top [1] 分别是两个栈的栈顶指针。

例如，共享栈的存储表示如图 3-4 所示。

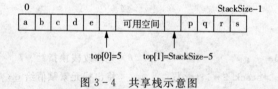

图 3-4 共享栈示意图

共享栈的算法操作（以下算法保存在文件"SSeqStack.h"中）如下：

(1) 初始化。

```
void InitStack(SSeqStack * S)
/*共享栈的初始化操作*/
{
    S->top[0] = 0;
```

```
        S->top[1] = StackSize - 5;
}
```

(2) 进栈操作。

```
int PushStack(SSeqStack * S,DataType e,int flag)
/* 共享栈进栈操作。进栈成功返回1,否则返回0 */
{
    if(S->top[0] == S->top[1])           /* 在进栈操作之前,判断共享栈是否已满 */
        return 0;
    switch(flag)
    {
        case 0:                          /* 当flag为0,表示元素要进左端的栈 */
            S->stack[S->top[0]] = e;     /* 元素进栈 */
            S->top[0]++;                 /* 修改栈顶指针 */
            break;
        case 1:                          /* 当flag为1,表示元素要进右端的栈 */
            S->stack[S->top[1]] = e;     /* 元素进栈 */
            S->top[1]--;                 /* 修改栈顶指针 */
            break;
        default:
            return 0;
    }
    return 1;
}
```

(3) 出栈操作。

```
int PopStack(SSeqStack * S,DataType * e,int flag)
{
    switch(flag)                         /* 在出栈操作之前,判断是哪个栈要进行出栈操作 */
    {
        case 0:
            if(S->top[0] == 0)           /* 左端的栈为空,则返回0,表示出栈操作失败 */
                return 0;
            S->top[0]--;                 /* 修改栈顶指针 */
            *e = S->stack[S->top[0]];    /* 将出栈的元素赋值给e */
            break;
        case 1:
            if(S->top[1] == StackSize - 1)  /* 右端的栈为空,则返回0,表示出栈操作
                                              失败 */
                return 0;
            S->top[1]++;                 /* 修改栈顶指针 */
            *e = S->stack[S->top[1]];    /* 将出栈的元素赋值给e */
```

```
            break;
        default:
            return 0;
    }
    return 1;
}
```

3.1.4 链栈

1. 栈的链式存储结构

采用链式存储方式的栈称为链栈或链式栈。链栈采用带头结点的单链表实现。由于栈的插入与删除操作仅限在表头的位置进行,因此链表的表头指针就作为栈顶指针。如图 3-5 所示。

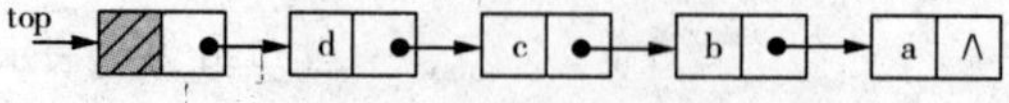

图 3-5 链栈示意图

在图 3.5 中,top 为栈顶指针,始终指向栈顶元素前面的头结点。链栈的基本操作与链表的类似,在使用完链栈时,应释放其空间。

链栈结点的类型描述如下:

```
typedef struct node
{
    DataType data;
    struct node * next;
}LStackNode, * LinkStack;
```

链栈的进栈操作与链表的插入操作类似,出栈操作与链表的删除操作类似。关于链栈的操作说明如下:

(1) 链栈通过链表实现,链表的第 1 个结点位于栈顶,最后一个结点位于栈底。

(2) 设栈顶指针为 top,初始化时,对于不带头结点的链栈,top=NULL;对于带头结点的链栈,top->next=NULL。

(3) 不带头结点的栈空条件为 top==NULL,带头结点的栈空条件为 top->next==NULL。

2. 链栈的基本运算

链栈的基本运算具体实现如下(以下算法的实现保存在文件"LinkStack.h"中)。

(1) 链栈的初始化。

```
void InitStack(LinkStack * top)
/* 链栈的初始化 */
{
    if(( * top=(LinkStack)malloc(sizeof(LStackNode)))= =NULL)   /* 为头结点分配一个存
```

```
        exit(-1);
    (*top)->next = NULL;             /*将链栈的头结点指针域置为空*/
}
```

(2) 判断链栈是否为空。

```
int StackEmpty(LinkStack top)
/*判断链栈是否为空*/
{
    if(top->next == NULL)           /*如果链栈为空*/
        return 1;                   /*返回1*/
    else                            /*否则*/
        return 0;                   /*返回0*/
}
```

(3) 进栈操作。进栈操作就是要将新元素结点插入到链表的第1个结点之前，分为两个步骤：①p->next=top->next；②top->next=p。进栈操作如图 3-6 所示。

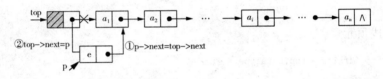

图 3-6　进栈操作

```
intPushStack(LinkStack top, DataType e)
/*进栈操作*/
{
    LStackNode *p;
    if((p = (LStackNode *)malloc(sizeof(LStackNode))) == NULL)
    {
        printf("内存分配失败!");
        exit(-1);
    }
    p->data = e;                    /*指针 p 指向头结点*/
    p->next = top->next;
    top->next = p;
    return 1;
}
```

(4) 出栈操作。出栈操作就是将单链表中的第1个结点删除，并将结点的元素赋值给 e，并释放结点空间。在元素出栈前，要判断栈是否为空。出栈操作如图 3-7 所示。

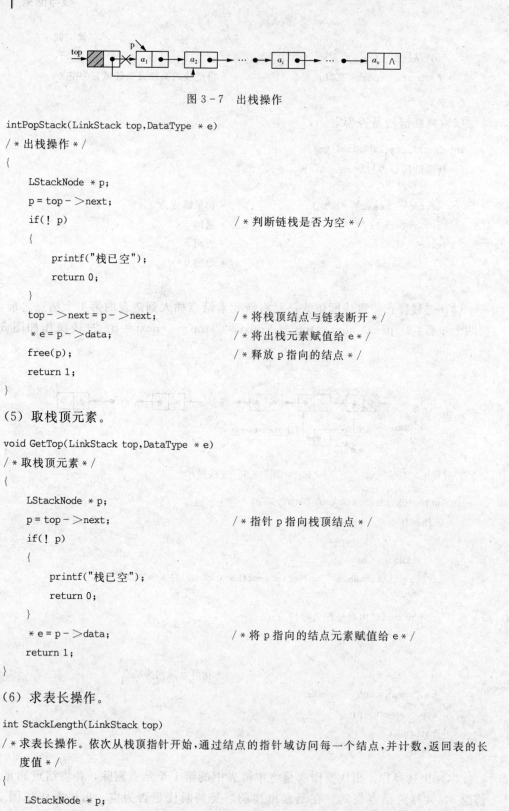

图 3-7 出栈操作

```
intPopStack(LinkStack top,DataType * e)
/*出栈操作*/
{
    LStackNode * p;
    p = top->next;
    if(! p)                          /*判断链栈是否为空*/
    {
        printf("栈已空");
        return 0;
    }
    top->next = p->next;             /*将栈顶结点与链表断开*/
    * e = p->data;                   /*将出栈元素赋值给e*/
    free(p);                         /*释放p指向的结点*/
    return 1;
}
```

(5) 取栈顶元素。

```
void GetTop(LinkStack top,DataType * e)
/*取栈顶元素*/
{
    LStackNode * p;
    p = top->next;                   /*指针p指向栈顶结点*/
    if(! p)
    {
        printf("栈已空");
        return 0;
    }
    * e = p->data;                   /*将p指向的结点元素赋值给e*/
    return 1;
}
```

(6) 求表长操作。

```
int StackLength(LinkStack top)
/*求表长操作。依次从栈顶指针开始,通过结点的指针域访问每一个结点,并计数,返回表的长
  度值*/
{
    LStackNode * p;
    int count = 0;                   /*定义一个计数器,并初始化为0*/
```

```
    p = top;                        /* p指向栈顶指针 */
    while(p->next! = NULL)          /* 如果栈中还有结点 */
    {
        p = p->next;                /* 依次访问栈中的结点 */
        count + +                   /* 每次找到一个结点,计数器累加1 */
    }
    return count;                   /* 返回栈的长度 */
}
```

求表长操作就是求链栈的元素个数,必须从栈顶指针即从链表的头指针开始,依次访问每个结点,并利用计数器计数,直到栈底为止。求表长的时间复杂度为 $O(n)$。

(7) 销毁链栈。

```
void DestroyStack(LinkStack top)
/* 销毁链栈 */
{
    LStackNode * p, * q;
    p = top;
    while(! p)                      /* 如果栈不为空 */
    {
        q = p;                      /* q指向要释放的结点 */
        p = p->next;                /* p指向下一个结点,即下一次要释放的结点 */
        free(q);                    /* 释放q指向的结点空间 */
    }
}
```

3.2 栈的应用

由于栈结构后进先出的特性,使它成为一种重要的数据结构,它在计算机中的应用也非常广泛。在程序的编译和运行过程中,需要利用栈对程序的语法进行检查,如括号的配对、表达式求值和函数的递归调用等。

3.2.1 数制转换

将十进制数 N 转换为 x 进制数,可用辗转相除法。算法步骤如下:

(1) 将 N 除以 x,取其余数;

(2) 判断商是否为零,如果为零,结束程序;否则,将商送 N,转(1)继续执行。

上面算法所得到的余数序列正好与 x 进制数的数字序列相反,因此利用栈的后进先出特性,先把得到的余数序列放入栈保存,最后依次出栈得到 x 进制数字序列。

例如, $(1568)_{10} = (3040)_8$,其运算过程如下:

N	N/8	N%8
1568	196	0
196	24	4
24	3	0
3	0	3

十进制数转换为八进制数的算法描述如下。

```
void Coversion(int N)
/*利用栈定义和栈的基本操作实现十进制转换为八进制。利用辗转相除法依次得到余数,并将
    余数进栈,利用栈的后进先出的思想,最后出栈得到八进制序列*/
{
    SeqStack S;              /*定义一个栈*/
    int x;                   /*x用来保存每一次得到的余数*/
    InitStack(&S);           /*初始化栈*/
    while(N>0)
    {
        x = N % 8;           /*将余数存入x中*/
        PushStack(&x);       /*余数进栈*/
        N = N/8;             /*辗转相除,将得到的商赋值给N,作为新的被除数*/
    }
    while(! StackEmpty(S))   /*如果栈不空,将栈中元素依次出栈*/
    {
        PopStack(&S,&x);
        printf(" % d",x);    /*输出八进制数*/
    }
}
```

☞ 思考:

以上算法也可以直接利用数组或链表来实现,这个留给大家作为思考。

3.2.2 行编辑程序

一个简单的行编辑程序的功能是:接收用户输入的程序或数据,并存入数据区。由于用户进行输入时,有可能出现差错,因此,在编辑程序中,每接受一个字符即存入数据区的做法显然是不恰当的。比较好的做法是,设立一个输入缓冲区,用来接受用户输入的一行字符,然后逐行存入数据区。如果用户输入出现错误,在发现输入有误时及时更正。例如,当用户发现刚刚键入的一个字符是错误的时候,可以输入一个退格符'#',以表示前一个字符无效;如果发现当前输入的行内差错较多时,则可以输入一个退行符'@',以表示当前行中的字符均无效。

例如,假设从终端接受了这样两行字符:

　　　　　whl♯ike♯♯le（s♯*s）
　　　　　　opintf@putchar（*s==♯♯++）;

则实际有效的是下面的两行：

　　　　　while（*s）
　　　　　　putchar（*s++）;

　　为了纠正以上的输入错误，可以设置一个栈，每读入一个字符，如果这个字符不是'♯'或'@'，将该字符进栈。如果读入的字符是'♯'，将栈顶的字符出栈。如果读入的字符是'@'，则将栈清空。

【例 3-1】　试利用栈的"后进先出"思想，编写一个行编辑程序，前一个字符输入有误时，输入'♯'消除。当输入的一行有误时，输入'@'消除当前行的字符序列。

　　分析：逐个检查输入的字符序列，如果当前的字符不是'♯'和'@'，则将该字符进栈。如果是字符'♯'，将栈顶的字符出栈。如果当前字符是'@'，则清空栈。

　　行编辑算法实现如下。

```
void LineEdit()
/*行编辑程序*/
{
    SeqStack S;
    char ch;
    DataType e;
    DataType a[50];
    int i,j = 0;
    InitStack(&S);
    printf("输入字符序列('♯'使前一个字符无效,'@'使当前行的字符无效).\n");
    ch = getchar();
    while(ch! =\n)
    {
        switch(ch)
        {
            case'♯':          /*如果当前输入字符是'♯',且栈不空,则将栈顶字符出栈*/
                if(! StackEmpty(S))
                    PopStack(&S,&ch);
                break;
            case'@':          /*如果当前输入字符是'@',则将栈清空*/
                ClearStack(&S);
                break;
            default:          /*如果当前输入字符不是'♯'和'@',则将字符进栈*/
                PushStack(&S,ch);
        }
        ch = getchar();       /*读入下一个字符*/
```

```
        }
        while(! StackEmpty(S))
        {
            PopStack(&S,&e);      /*将字符出栈,并存入数组a中*/
            a[j++] = e;
        }
        for(i = j-1;i >= 0;i--)/*输出正确的字符序列*/
            printf("%c",a[i]);
        printf("\n");
        ClearStack(&S);
}
#include<stdio.h>
#include<malloc.h>
#include<stdlib.h>
#include "string.h"
typedef char DataType;
#include"SeqStack.h"           /*包含链栈实现文件*/
void LineEdit();
void main()
{
    LineEdit();
}
```

程序运行结果如图 3-8 所示。

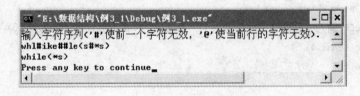

图 3-8　程序运行结果

3.2.3 算术表达式求值

表达式求值是程序设计语言编译中的一个基本问题。在编译系统中，需要把人们便于理解的表达式翻译成计算机理解的表示序列，这就可以利用栈的"后进先出"特性实现表达式的转换。

一个表达式由操作数（operand）、运算符（operator）和分界符（delimiter）组成。一般地，操作数可以是常数，也可以是变量；运算符可以是算术运算符、关系运算符和逻辑运算符；分界符包括左右括号和表达式的结束符等。为了简化问题的描述，我们仅讨论简单算术表达式的求值问题。这种表达式只包含加、减、乘、除等4种运算符和左、右圆括号。

计算机编译系统在计算算术表达式的值时，需要先将中缀表达式转换为后缀表达式，然后求解表达式的值。

1. 将中缀表达式转换为后缀表达式

例如，一个算术表达式：

$$a-(b+c\times d)/e$$

这种算术表达式中的运算符总是出现在两个操作数之间，这种算术表达式被称为中缀表达式。编译系统在计算一个算术表达式之前，要将中缀表达式转换为后缀表达式，然后对后缀表达式进行计算。在后缀表达式中，算术运算符出现在操作数之后，并且不含括号。

上面的算术表达式对应的后缀表达式：

$$abcd\times+e/-$$

中缀表达式与后缀表达式相比，具有以下两个特点：

(1) 后缀表达式与中缀表达式的操作数出现的顺序相同，只是运算符先后顺序改变了；

(2) 后缀表达式不出现括号。

> 📖 说明：
> 由于后缀表达式具有以上特点，所以，编译系统在处理时不必考虑运算符的优先关系。只要从左到右依次扫描后缀表达式的各个字符，当读到的字符为运算符时，对运算符前面的两个操作数利用该运算符运算，并将运算结果作为新的操作对象替换两个操作数和运算符，继续扫描后缀表达式，直到处理完毕。

综上，表达式的运算分为两个步骤：

(1) 将中缀表达式转换为后缀表达式；

(2) 依据后缀表达式计算表达式的值。

将一个算术表达式的中缀形式转化为相应的后缀形式前，需要先了解算术四则运算的规则。算术四则运算的规则：

(1) 先计算乘除，后计算加减；

(2) 先计算括号内的表达式，后计算括号外的表达式；

(3) 同级别的运算从左到右进行计算。

如何将中缀表达式转换为后缀表达式呢？设置一个栈，用于存放运算符。依次读入表达式中的每个字符，如果是操作数，则直接输出。如果是运算符，则比较栈顶元素符与当前运算符的优先级，然后进行处理，直到整个表达式处理完毕。这里，约定'#'作为后缀表达式的结束标志，假设栈顶运算符为 θ_1，当前扫描的运算符为 θ_2。

中缀表达式转换为后缀表达式的算法如下：

(1) 初始化栈，将'#'入栈；

(2) 如果当前读入的字符是操作数，则将该操作数输出，并读入下一字符；

(3) 如果当前字符是运算符，记作 θ_2，则将 θ_2 与栈顶的运算符 θ_1 比较。如果栈顶的运算符 θ_1 优先级小于当前运算符 θ_2，则将当前运算符 θ_2 进栈；如果栈顶的运算符 θ_1 优先级大于当前运算符 θ_2，则将栈顶运算符 θ_1 出栈并将其作为后缀表达式输出。然后继续比较新的栈顶运算符 θ_1 与当前运算符 θ_2 的优先级，如果栈顶运算符 θ_1 的优先级与当前运算符 θ_2 相等，且 θ_1 为'('，θ_2 为')'，则将 θ_1 出栈，继续读入下一个字符；

(4) 如果当前运算符 θ_2 的优先级与栈顶运算符 θ_1 相等，且 θ_1 和 θ_2 都为'#'，将 θ_1 出栈，栈为空。则中缀表达式转换为后缀表达式，算法结束。

运算符优先关系如表 3-1 所示。

表 3-1 运算符优先关系表

θ_1 \ θ_2	+	−	×	/	(	)	#
+	>	>	<	<	<	>	>
−	>	>	<	<	<	>	>
×	>	>	>	>	<	>	>
/	>	>	>	>	<	>	>
(	<	<	<	<	<	=	
)	>	>	>	>		>	>
#	<	<	<	<	<		=

中缀表达式 a−(b+c×d)/e 转换为后缀表达式的输出过程如表 3-2 所示。

表 3-2 中缀表达式 a−(b+c×d)/e 转换为后缀表达式的过程

步骤	中缀表达式	栈	输出后缀表达式	步骤	中缀表达式	栈	输出后缀表达式
1	a−(b+c×d)/e#	#		9	)/e#	#−(+×	abcd
2	−(b+c×d)/e#	#	a	10	)/e#	#−(+	abcd×
3	(b+c×d)/e#	#−	a	11	/e#	#−(	abcd×+
4	b+c×d)/e#	#−(	a	12	/e#	#−	abcd×+
5	+c×d)/e#	#−(	ab	13	e#	#−/	abcd×+
6	c×d)/e#	#−(+	ab	14	#	#−/	abcd×+e
7	×d)/e#	#−(+	abc	15	#	#−	abcd×+e/
8	d)/e#	#−(+×	abc	16	#	#	abcd×+e/−

2. 后缀表达式的计算

计算后缀表达式的值需要设置两个栈：operator 栈和 operand 栈。其中，operator 栈用于存放运算符，operand 用于存放操作数和中间运算结果。依次读入后缀表达式中的每个字符，如果是操作数，则将操作数进入 operand 栈。如果是运算符，则将操作数出栈两次，然后对操作数进行当前运算符的操作，直到整个表达式处理完毕。

后缀表达式的求值算法如下（假设栈顶运算符为 θ_1，当前扫描的运算符为 θ_2）：

（1）初始化 operand 栈和 operator 栈；

（2）如果当前读入的字符是操作数，则将该操作数进入 operand 栈；

（3）如果当前字符是运算符 θ，则将 operand 栈出栈两次，分别得到操作数 x 和 y，对 x 和 y 进行 θ 运算，即 $y \theta x$，得到中间结果 z，将 z 进 operand 栈；

（4）重复执行步骤（2）和（3），直到 operand 栈和 operator 栈栈空为止。

3. 表达式的运算举例

【例 3-2】 利用栈将中缀表达式 $(5 \times (12-3) + 4)/2$ 转换为后缀表达式，并计算后缀表达式的值。

分析：设置两个字符数组 str 和 exp，str 用来存放中缀表达式的字符串，exp 用来存放后缀表达式的字符串。将中缀表达式转换为后缀表达式的方法是：依次扫描中缀表达式，如果遇到数字则将其存入数组 exp 中。如果遇到运算符，则将栈顶运算符与当前运算符比较，如果当前的运算符的优先级大于栈顶运算符的优先级，则将当前运算符进栈。如果栈顶运算符的优先级大于当前运算符的优先级，则将栈顶运算符出栈，并保存到数组 exp 中。

为了处理方便，在遇到数字字符时，需要在其后补一个空格，作为分隔符。在计算后缀表达式值时，需要对两位数以上的字符进行处理，然后将处理后的数字入栈。

中缀表达式转换为后缀表达式的算法如下。

```
void TranslateExpress(char str[],char exp[])
/*中缀表达式转换为后缀表达式*/
{
    SeqStack S;                          /*定义一个栈,用于存放运算符*/
    char ch;
    DataType e;
    int i = 0,j = 0;
    InitStack(&S);
    ch = str[i];
    i + + ;
    while(ch! = '\0')                    /*依次扫描中缀表达式中的每个字符*/
    {
        switch(ch)
        {
            case '(':                    /*如果当前字符是左括号,则将其进栈*/
```

```
            PushStack(&S,ch);
            break;
        case ')':              /*如果是右括号,将栈中的操作数出栈,并将其存入数组 exp 中*/
            while(GetTop(S,&e)&&e! ='(')
            {
                PopStack(&S,&e);
                exp[j] = e;
                j++;
            }
            PopStack(&S,&e);              /*将左括号出栈*/
            break;
        case '+':
        case '-':              /*如果遇到的是'+'和'-',因为其优先级
                                 低于栈顶运算符的优先级,所以先将栈顶
                                 字符出栈,并将其存入数组 exp 中,然后将
                                 当前运算符进栈*/
            while(! StackEmpty(S)&&GetTop(S,&e)&&e! ='(')
            {
                PopStack(&S,&e);
                exp[j] = e;
                j++;
            }
            PushStack(&S,ch);              /*当前运算符进栈*/
            break;
        case '*':
        case '/':              /*若遇到'*'和'/',先将同级运算符出栈,
                                 并存入数组 exp 中,然后将当前的运算符
                                 进栈*/
            while(! StackEmpty(S)&&GetTop(S,&e)&&e = ='/'||e = ='*')
            {
                PopStack(&S,&e);
                exp[j] = e;
                j++;
            }
            PushStack(&S,ch);              /*当前运算符进栈*/
            break;
        case ' ':              /*如果遇到空格,忽略*/
            break;
        default:              /*若遇到操作数,则将操作数直接送入数组 exp
                                 中,并在其后添加一个空格分隔数字字符*/
            while(ch> ='0'&&ch< ='9')
            {
```

```
            exp[j] = ch;
            j + + ;
            ch = str[i];
            i + + ;
        }
        i - - ;
        exp[j] = ' ';
        j + + ;
    }
    ch = str[i];                        /* 读入下一个字符,准备处理 */
    i + + ;
}
while(! StackEmpty(S))                  /* 将栈中所有剩余的运算符出栈,送入数组
                                           exp 中 */
{
    PopStack(&S,&e);
    exp[j] = e;
    j + + ;
}
exp[j] = '\0';
}
```

计算后缀表达式的值算法如下。

```
float ComputeExpress(char a[])
/* 计算后缀表达式的值 */
{
    OpStack S;                          /* 定义一个操作数栈 */
    int i = 0,value;
    float x1,x2;
    float result;
    S. top = - 1;                       /* 初始化栈 */
    while(a[i]! = '\0')                 /* 依次扫描后缀表达式中的每个字符 */
    {
        if(a[i]! = ' '&&a[i] > = '0'&&a[i] < = '9')  /* 如果当前字符是数字字符 */
        {
            value = 0;
            while(a[i]! = ' ')          /* 如果不是空格,说明数字字符是两位数以
                                           上的数字字符 */
            {
                value = 10 * value + a[i] - '0';
                i + + ;
            }
```

```
            S.top++;
            S.data[S.top] = value;          /*处理之后将数字进栈*/
        }
        else                                 /*如果当前字符是运算符*/
        {
            switch(a[i])                    /*将栈中的数字出栈两次,然后用当前的运
                                                算符进行运算,再将结果入栈*/
            {
            case'+':
                x1 = S.data[S.top];
                S.top--;
                x2 = S.data[S.top];
                S.top--;
                result = x1 + x2;
                S.top++;
                S.data[S.top] = result;
                break;
            case'-':
                x1 = S.data[S.top];
                S.top--;
                x2 = S.data[S.top];
                S.top--;
                result = x2 - x1;
                S.top++;
                S.data[S.top] = result;
                break;
            case'*':
                x1 = S.data[S.top];
                S.top--;
                x2 = S.data[S.top];
                S.top--;
                result = x1 * x2;
                S.top++;
                S.data[S.top] = result;
                break;
            case'/':
                x1 = S.data[S.top];
                S.top--;
                x2 = S.data[S.top];
                S.top--;
                result = x2/x1;
                S.top++;
```

```
                S.data[S.top] = result;
                break;
            }
            i++;
        }
    }
    if(! S.top! = -1)                    /*如果栈不空,将结果出栈,并返回*/
    {
        result = S.data[S.top];
        S.top--;
        if(S.top = = -1)
            return result;
        else
        {
            printf("表达式错误");
            exit(-1);
        }
    }
}
```

测试程序如下:

```
#include<stdio.h>
typedef char DataType;
#include"SeqStack.h"
#define MaxSize 50
typedef struct                          /*操作数栈定义*/
{
    float data[MaxSize];
    int top;
}OpStack;
void TranslateExpress(char s1[],char s2[]);
float ComputeExpress(char s[]);
void main()
{
    char a[MaxSize],b[MaxSize];
    float f;
    printf("请输入一个算术表达式:\n");
    gets(a);
    printf("中缀表达式为:%s\n",a);
    TranslateExpress(a,b);
    printf("后缀表达式为:%s\n",b);
    f = ComputeExpress(b);
```

```
    printf("计算结果:%f\n",f);
}
```

程序运行结果如图3-9所示。

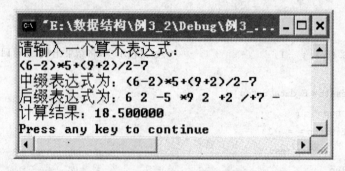

图3-9 程序运行结果

3.3 栈与递归

程序设计中递归的设计就是利用了栈的"后进先出"的思想。利用栈可以将递归程序转换为非递归程序。

3.3.1 递归

递归是指在函数的定义中，在定义自己的同时又出现了对自身的调用。如果一个函数在函数体中直接调用自己，称为直接递归函数。如果经过一系列的中间调用，间接调用自己的函数称为间接递归调用。

1. 递归函数

例如，n的阶乘递归定义如下：

$$fact(n) = \begin{cases} 1, & \text{当}\ n=0\ \text{时} \\ nfact(n-1), & \text{当}\ n>0\ \text{时} \end{cases}$$

n的阶乘算法如下。

```
int fact(int n)
{
    if(n= =1)
        return 1;
    else
        n*fact(n-1);
}
```

Ackermann函数定义如下：

$$Ack(m, n) = \begin{cases} n+1, & \text{当 } m=0 \text{ 时} \\ Ack(m-1, 1), & \text{当 } m\neq 0, n=0 \text{ 时} \\ Ack(m-1, Ack(m, n-1)), & \text{当 } m\neq 0, n\neq 0 \text{ 时} \end{cases}$$

Ackerman 函数相应算法如下。

```
int Ack(int m,int n)
{
    if(m = = 0)
        return n + 1;
    else if(n = = 0)
        return Ack(m-1,1);
    else
        return Ack(m-1,Ack(m,n-1));
}
```

2. 递归调用过程

递归问题可以分解成规模小且性质相同的问题加以解决。下面我们以著名的汉诺塔问题为例来说明递归的调用过程。

n 阶汉诺塔问题。假设有 3 个塔座 X、Y、Z，在塔座 X 上放置有 n 个直径大小各不相同、从小到大编号为 1, 2, …, n 的圆盘，如图 3-10 所示。要求将 X 轴上的 n 个圆盘移动到塔座 Z 上并要求按照同样的叠放顺序排列，圆盘移动时必须遵循以下规则：

(1) 每次只能移动一个圆盘；

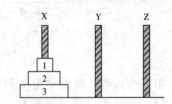

图 3-10　3 阶汉诺塔的初始状态

(2) 圆盘可以放置在 X、Y 和 Z 中的任何一个塔座上；

(3) 任何时候都不能将一个较大的圆盘放在较小的圆盘上。

如何实现将放在 X 上的圆盘按照规则移动到 Z 上呢？当 $n=1$ 时，问题比较简单，直接将编号为 1 的圆盘从塔座 X 移动到 Z 上即可。当 $n>1$ 时，需要利用塔座 Y 作为辅助塔座，如果能将放置在编号为 n 之上的 $n-1$ 个圆盘从塔座 X 上移动到 Y 上，则可以先将编号为 n 的圆盘从塔座 X 移动到 Z 上，然后将塔座 Y 上的 $n-1$ 个圆盘移动到塔座 Z 上。而如何将 $n-1$ 个圆盘从一个塔座移动到另一个塔座又成为与原问题类似的问题，只是规模减小了 1，因此可以用同样的方法解决。这是一个递归的问题，汉诺塔的算法描述如下。

```
voidHanoi(int n,char x,char y,char z)
/*将塔座 X 上按照从小到大自上而下编号为 1 到 n 的那个圆盘按照规则搬到塔座 Z 上,Y 可以作
    为辅助塔座*/
{
    if(n = = 1)
```

```
                Move(x,1,z);           /*将编号为1的圆盘从X移动到Z*/
        else
        {
            Hanoi(n-1,x,z,y);     /*将编号为1到n-1的圆盘从X移动到Y,Z作为辅助塔座*/
            Move(x,n,z);          /*将编号为n的圆盘从X移动到Z*/
            Hanoi(n-1,y,x,z);     /*将编号为1到n-1的圆盘从Y移动到Z,X作为辅助塔座*/
        }
}
```

下面以 $n=3$ 为例,来说明汉诺塔的递归调用过程。如图3-11所示。当 $n>1$,经历3个过程移动圆盘。

第一个过程,将编号为1和2的圆盘从塔座X移动到Y;

第二个过程,将编号为3的圆盘从塔座X移动到Z;

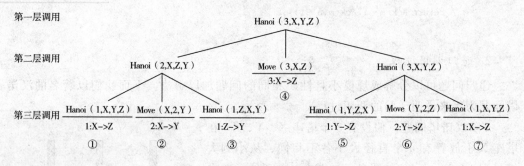

第三个过程,将编号为1和2的圆盘从塔座Y移动到Z。

第一个过程,通过调用 Hanoi(2,x,z,y) 实现。Hanoi(2,x,z,y) 又调用自己,完成将编号为1的圆盘从塔座X移动到Z,如图3-12所示。编号为2的圆盘从塔座X移动到Y,编号为1的圆盘从塔座Z移动到Y。如图3-13所示。

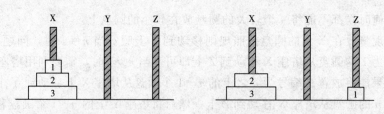

图3-12 将编号为1的圆盘从塔座X移动到Z

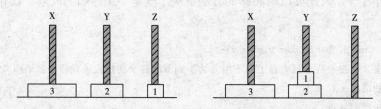

图3-13 将编号为2的圆盘从塔座X移动到Y,编号为1的圆盘从塔座Z移动到Y

第二个过程完成编号为3的圆盘从塔座X移动到Z。如图3-14所示。

第三个过程通过调用Hanoi（2，y，x，z）实现圆盘移动。通过再次递归完成将编号为1的圆盘从塔座Y移动到X，如图3-15所示。将编号为2的圆盘从塔座Y移动到Z，将编号为1的圆盘从塔座X移动到Z。如图3-16所示。

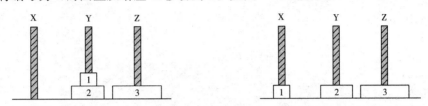

图3-14 将编号为3的圆盘从塔座X移动到Z 图3-15 编号为1的圆盘从塔座Y移动到X

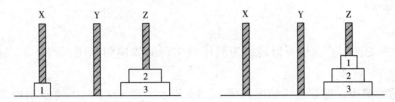

图3-16 将编号为2的圆盘从塔座Y移动到Z，编号为1的圆盘从塔座X移动到Z

在递归调用过程中，运行被调用函数前系统要完成3件事情：

(1) 将所有参数和返回地址传递给被调用函数保存；
(2) 为被调用函数的局部变量分配存储空间；
(3) 将控制转到被调用函数的入口。

当被调用函数执行完毕，返回到调用函数之前，系统同样需要完成3个任务：

(1) 保存被调用函数的执行结果；
(2) 释放被调用函数的数据存储区；
(3) 将控制转到调用函数的返回地址处。

在多层嵌套调用时，递归调用的原则是后调用的先返回，因此，递归调用是通过栈实现的。函数递归调用过程中，在递归结束前，每调用一次，就进入下一层。当一层递归调用结束时，返回到上一层。

为了保证递归调用的正确执行，系统设置了一个工作栈作为递归函数运行期间使用的数据存储区。每一层递归包括实际参数、局部变量及上一层的返回地址等，这些信息构成一个工作记录。每进入下一层，就产生一个新的工作栈记录被压入栈顶。每返回到上一层，就从栈顶弹出一个工作记录。因此，当前层的工作记录是栈顶工作记录，被称为活动记录。递归过程产生的栈由系统自动管理，类似用户使用的栈。递归的实现本质上就是把嵌套调用变成栈实现。

3.3.2 消除递归

用递归编制的算法具有结构清晰、易读，容易实现的特点，并且递归算法的正确性很容易得到证明。但是，递归算法的执行效率比较低，因为递归需要反复入栈，时间和空间耗费大。

递归的算法也可以完全转换为非递归实现，这就是递归的消除。消除递归方法有两种：一种是对于简单的递归可以直接用迭代，通过循环结构就可以消除；另一种方法是利用栈的方式实现。例如，n 的阶乘就是一个简单的递归，直接利用迭代就可以消除递归。n 的阶乘的非递归算法如下。

```
int fact(int n)
{
    int f,i;
    f = 1;
    for(i = 1;i <= n;i + +)
        f = f * i;
    return f;
}
```

n 的阶乘的递归算法也可以转换为利用栈实现的非递归算法。当 $n=3$ 时，递归调用过程如图 3-17 所示。

递归函数调用，参数进栈情况如图 3-18 所示。当 $n=1$ 时，递归调用开始逐层返回，参数出栈情况如图 3-19 所示。在图中，为了叙述方便用 f 代表 $fact$ 函数。

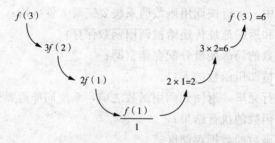

图 3-17 递归调用过程

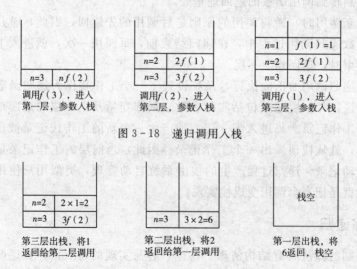

图 3-18 递归调用入栈

图 3-19 递归调用出栈

利用栈模拟递归过程可以通过以下步骤实现：

（1）设置一个工作栈，用于保存递归工作记录，包括实际参数、返回地址等。

（2）将调用函数传递过来的参数和返回地址入栈。

（3）利用循环模拟递归分解过程，逐层将递归过程的参数和返回地址入栈。当满足递归结束条件时，依次逐层出栈，并将结果返回给上一层，直到栈空为止。

【例 3-3】　编写求 $n!$ 的递归算法与利用栈实现的非递归算法。

分析：通过栈模拟 n 的阶乘的递归实现，利用递归过程中的工作记录（进栈过程与出栈过程），实现非递归算法的实现。定义一个二维数组，数组的第一维用于存放本层参数 n，第二维用于存放本层要返回的结果。

```c
#include<stdio.h>
#define MaxSize 100
int fact1(int n);                    /*递归与非递归函数声明*/
int fact2(int n);
void main()
{
    int f,n;
    printf("请输入一个正整数(n<15):");
    scanf("%d",&n);
    printf("递归实现n的阶乘:");
    f = fact1(n);
    printf("n! = %4d\n",f);
    f = fact2(n);
    printf("利用栈非递归实现n的阶乘:");
    printf("n! = %4d\n",f);
}
int fact1(int n)                     /*n的阶乘递归实现*/
{
    if(n==1)                         /*递归函数出口。当n=1时,开始返回到上一层*/
        return 1;
    else
        return n*fact1(n-1);         /*n的阶乘递归实现。把一个规模为n的问题转化为n-1
                                       的问题*/
}
int fact2(int n)                     /*n的阶乘非递归实现*/
{
    int s[MaxSize][2],top = -1;      /*定义一个二维数组,并将栈顶指针置为-1*/
    top++;                           /*栈顶指针加1,将工作记录入栈*/
    s[top][0] = n;                   /*记录每一层的参数*/
    s[top][1] = 0;                   /*记录每一层的结果返回值*/
    do
    {
```

```
        if(s[top][0]==1)              /*递归出口,当第一维数组中的元素值不为
                                         0,说明已经有结果返回*/
            s[top][1]=1;
        if(s[top][0]>1&&s[top][1]==0) /*通过栈模拟递归的递推过程,将问题依次
                                         入栈*/
        {
            top++;
            s[top][0]=s[top][0]-1;
            s[top][1]=0;              /*将结果置为0,还没有返回结果*/
        }
        if(s[top][1]!=0)              /*模拟递归的返回过程,将每一层调用的结
                                         果返回*/
        {
            s[top-1][1]=s[top][1]*s[top-1][0];
            top--;
        }
    }while(top>0);
    return s[0][1];
}
```

程序运行结果如图 3-20 所示。

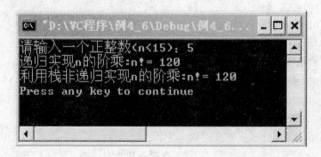

图 3-20　程序运行结果

3.4　队列的表示与实现

队列也是一种限定性线性表,只允许在表的一端进行插入操作,而在另一端进行删除操作。

3.4.1　队列的定义

队列（Queue）是一种先进先出（First In First Out,缩写为 FIFO）的线性表,它只允许在表的一端插入元素,而在另一端删除元素。其中,允许插入的一端叫做队尾（rear）,允许删除的一端称为队头（front）。

假设队列为 $q=(a_1, a_2, \cdots, a_i, \cdots, a_n)$,那么 a_1 就是队头元素,a_n 则是队尾元

素。进入队列时,是按照 $a_1, a_2, \cdots, a_n$ 的顺序依次进入的,退出队列时也是按照这个顺序退出的。即出队列时,只有当前面的元素都退出之后,后面的元素才能退出。因此,只有当 $a_1, a_2, \cdots, a_{n-1}$ 都退出队列以后, a_n 才能退出队列。队列的示意图如图 3-21 所示。

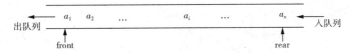

图 3-21 队列的示意图

在日常生活中,人们买票排的队就是一个队列。新来买票的人到队尾排队,形成新的队尾,即入队,在队头的人买完票离开,即出队。操作系统中的多任务处理也是队列的应用问题。

3.4.2 队列的抽象数据类型

队列的抽象数据类型定义了队列的数据对象、数据关系及基本操作。队列的抽象数据类型定义如下:

ADT Queue
{
  数据对象:D={a_i|a_i∈ElemSet,i=1,2,…,n,n≥0}
  数据关系:R={<a_{i-1},a_i>|a_{i-1},a_i∈D,i=2,3,…,n}
  约定 a_1 端为队列头,a_n 端为队列尾。
  基本操作:
  (1)InitQueue(&Q)

初始条件:队列 Q 不存在。

操作结果:建立一个空队列 Q。

这就像日常生活中,火车站售票处新增加了一个售票窗口,这样就可以新增一队用来排队买票。

  (2)QueueEmpty(Q)

初始条件:队列 Q 已存在。

操作结果:若 Q 为空队列,返回 1,否则返回 0。

这就像售票员查看火车窗口前是否还有人排队买票。

  (3)EnQueue(&Q,e)

初始条件:队列 Q 已存在。

操作结果:插入元素 e 到队列 Q 的队尾。

这就像排队买票时,新来买票的人要排在队列的最后。

  (4)DeQueue(&Q,&e)

初始条件:队列 Q 已存在且为非空。

操作结果:删除 Q 的队头元素,并用 e 返回其值。

这就像排在队头的人买过票后离开队列。

  (5)Gethead(Q,&e)

初始条件:队列 Q 已存在且为非空。

操作结果:用 e 返回 Q 的队头元素。

这就像询问排队买票的人是谁。

(6)ClearQueue(&Q)

初始条件:队列 Q 已存在。

操作结果:将队列 Q 清为空队列。

这就像排队买票的人全部买完了票,离开队列。

}ADT Queue

3.4.3 顺序队列

队列有两种存储表示:顺序存储和链式存储。采用顺序存储结构的队列称为顺序队列,采用链式存储结构的队列称为链式队列。

1. 顺序队列的表示与实现

顺序队列通常采用一维数组作为存储结构。同时,用两个指针分别指向数组中第 1 个元素和最后一个元素。其中,指向第 1 个元素的指针称为队头指针(front),指向最后一个元素的指针称为队尾指针(rear)。队列的表示如图 3-22 所示。

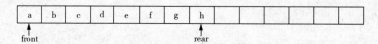

图 3-22 顺序队列

为了方便描述,我们约定:初始化时,队列为空,有 front=rear=0,队头指针 front 和队尾指针 rear 都指向队列的第 1 个位置,如图 3-23 所示。

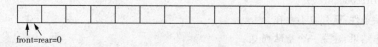

图 3-23 初始时,顺序队列为空的情况

插入新元素时,队尾指针 rear 增 1,在空队列中插入 4 个元素 a、b、c、d 之后,如图 3-24 所示。

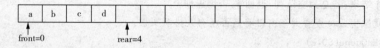

图 3-24 顺序队列插入 4 个元素之后的情况

删除元素时,队头指针 front 增 1。删除两个元素 a、b 之后,队头和队尾指针状态如图 3-25 所示。

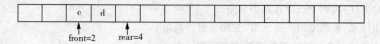

图 3-25 顺序队列删除两个元素之后的情况

顺序队列的类型描述如下：

```
#define  QueueSize  80        /*队列的容量*/
typedef struct Squeue{
        DataType queue[QueueSize];
        int front,rear;        /*队头指针和队尾指针*/
}SeqQueue;
```

假设 Q 是一个队列，若不考虑队满，则入队操作语句为 Q.queue[rear++] = x；若不考虑队空，则出队操作语句为 x=Q.queue[front++]。

> **说明：**
> 在队列中，队满指的是元素占据了队列中的所有存储空间，没有空闲的存储空间可以插入元素。队空指的是队列中没有一个元素，也称为空队列。

下面是顺序队列的实现算法（以下顺序队列的实现算法在"SeqQueue.h"文件中）。

(1) 队列的初始化。

```
void InitQueue(SeqQueue * SQ)
/*顺序队列的初始化*/
{
    SQ->front = SQ->rear = 0;      /*队头指针和队尾指针都置为0*/
}
```

(2) 判断队列是否为空。

```
int QueueEmpty(SeqQueue SQ)
/*判断队列是否为空*/
{
    if(SQ.front = = SQ.rear)       /*如果队列为空*/
        return 1;                  /*返回1；否则返回0*/
    else                           /*否则*/
        return 0;                  /*返回0*/
}
```

(3) 入队操作。

```
int EnQueue(SeqQueue * SQ,DataType e)
/*将元素e插入到顺序队列SQ中*/
{
    if(SQ->rear = = QueueSize)     /*如果队列已满*/
        return 0;                  /*返回0*/
    SQ->queue[SQ->rear] = e;       /*在队尾插入元素e*/
    SQ->rear = SQ->rear + 1;       /*移动队尾指针*/
    return 1;                      /*返回1*/
```

}

(4) 出队操作。

```
int DeQueue(SeqQueue * SQ,DataType * e)
/* 删除顺序队列中的队头元素,并将该元素赋值给 e */
{
    if(SQ->front = = SQ->rear)        /* 如果队列为空 */
      return 0;                       /* 返回 0 */
    else                              /* 否则 */
    {
       *e = SQ->queue[SQ->front];     /* 将要删除的元素赋值给 e */
       SQ->front = SQ->front + 1;     /* 将队头指针向后移动一个位置,指向新的队头 */
       return 1;                      /* 返回 1 */
    }
}
```

2. 顺序队列的"假溢出"

如果在图 3-26 所示的队列中插入 3 个元素 j、k 和 l,然后删除两个元素 a、b,就会出现如图 3-27 所示的情况,即队尾指针已经到达数组的末尾,如果继续插入元素 m,队尾指针将越出数组的下界而造成"溢出"。从图 3-27 可以看出,这种"溢出"不是因为存储空间不够,而是经过多次插入和删除操作产生的,我们将这种"溢出"称为"假溢出"。

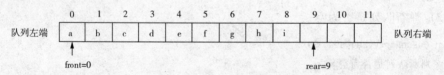

图 3-26 在插入元素 j、k、l 和删除元素 a、b 前

图 3-27 在顺序队列中插入 j、k、l 和删除 a、b 后的"假溢出"

3.4.4 顺序循环队列

为了避免顺序队列的"假溢出",通常采用顺序循环队列实现队列的顺序存储。

1. 顺序循环队列的构造

为了充分利用存储空间,消除这种"假溢出",当队尾指针 rear（或队头指针 front）到达存储空间的最大值 QueueSize 的时候,让队尾指针 rear（或队头指针 front）自动转化为存储空间的最小值 0。这样,顺序队列的存储空间就构成一个逻辑上首尾相连的循环队列。

当队尾指针 rear 达到最大值 QueueSize－1 时，如果要插入新的元素，队尾指针 rear 自动变为 0；当队头指针 front 达到最大值 QueueSize－1 时，如果要删除一个元素，队头指针 front 自动变为 0。可通过取余操作实现循环队列的首位相连。例如，若 QueueSize＝10，当队尾指针 rear＝9 时，如果要插入一个新的元素，则有 rear＝（rear＋1）％10＝0，即实现了逻辑上队列的首尾相连。

2. 顺序循环队列的队空和队满

顺序循环队列在队空状态和队满状态时，队头指针 front 和队尾指针 rear 都指向同一个位置，即 front＝＝rear，顺序循环队列的队空状态和队满状态如图 3－28 所示。队列为空时，有 front＝0，rear＝0，因此 front＝＝rear。队满时也有 front＝0，rear＝0，因此 front＝＝rear。

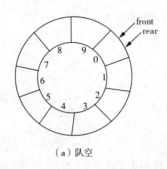
（a）队空

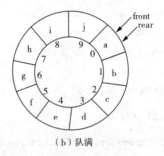
（b）队满

图 3－28 队空和队满

因此，为了区分这两种情况，通常有两个办法：

（1）增加一个标志位。设这个标志位为 flag，初始化为 flag＝0，当入队成功，有 flag＝1，出队列成功，有 flag＝0，则队列为空的判断条件为：front＝＝rear&&flag＝＝0，队列满的判断条件为：front＝＝rear&&flag＝＝1。

（2）少用一个存储空间。队空的判断条件不变，以队尾指针 rear 加 1 等于 front 为队满的判断条件。因此 front＝＝rear 表示队列为空，front＝＝（rear＋1）％QueueSize 表示队满。那么，入队的操作语句为：rear＝（rear＋1）％QueueSize，Q[rear]＝x。出队的操作语句为：front＝（front＋1）％QueueSize。少用一个存储空间时，队满情况如图 3－29 所示。

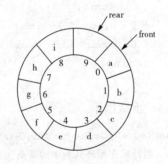
图 3－29 顺序循环队列队满情况

> **注意：**
> 顺序循环队列中的入队操作和出队操作，都要取模，以确保操作不出界。循环队列长度即元素个数为（SQ.rear＋QueueSize－SQ.front）％QueueSize。

3. 顺序循环队列的实现

（1）初始化。

```
void InitQueue(SeqQueue *SCQ)
/*顺序循环队列的初始化*/
{
    SCQ->front = SCQ->rear = 0;        /*将队头指针和队尾指针同时置为0*/
}
```

（2）判断队列是否为空。

```
int QueueEmpty(SeqQueue SCQ)
/*判断顺序循环队列是否为空,队列为空返回1,否则返回0*/
{
    if(SCQ.front == SCQ.rear)          /*若顺序循环队列为空*/
        return 1;                      /*返回1*/
    else                               /*否则*/
        return 0;                      /*返回0*/
}
```

（3）入队操作。

```
int EnQueue(SeqQueue *SCQ,DataType e)
/*将元素e插入到顺序循环队列SCQ中,插入成功返回1,否则返回0*/
{
    if(SCQ->front == (SCQ->rear+1)%QueueSize)   /*如果出现上溢*/
        return 0;                               /*返回0*/
    SCQ->queue[SCQ->rear] = e;                  /*在队尾插入元素e*/
    SCQ->rear = (SCQ->rear+1)%QueueSize;        /*队尾指针向后移动一个位置*/
    return 1;                                   /*返回1*/
}
```

（4）出队操作。

```
int DeQueue(SeqQueue *SCQ,DataType *e)
/*删除顺序循环队列中的队头元素,并将该元素赋值给e,删除成功返回1,否则返回0*/
{
    if(SCQ->front == SCQ->rear)                 /*如果队列为空*/
        return 0;                               /*则返回0*/
    else                                        /*否则*/
    {
        *e = SCQ->element[SCQ->rear];           /*将要删除的元素赋值给e*/
        SCQ->front = (SCQ->front+1)%QueueSize;  /*将队头指针向后移动一个位置,
                                                  指向新的队头*/
        return 1;                               /*返回1*/
    }
```

(5) 取队头元素。

```
int GetHead(SeqQueue SCQ,DataType *e)
/*取顺序循环队列中的队头元素,并将该元素赋值给e*/
{
    if(SCQ.front = = SCQ.rear)              /*如果队列是否为空*/
        return 0;                           /*返回0*/
    else                                    /*否则*/
    {
        *e = SCQ.queue[SCQ.front];          /*将队头元素赋值给e,取出队头元素*/
        return 1;                           /*返回1*/
    }
}
```

(6) 清空队列。

```
void ClearQueue(SeqQueue *SCQ)
/*清空队列*/
{
    SCQ->front = SCQ->rear = 0;             /*将队头指针和队尾指针同时置为0*/
}
```

3.4.5 双端队列

双端队列是一种特殊的队列，它是在线性表的两端对插入和删除操作限制的线性表。双端队列可以在队列的任何一端进行插入和删除操作，而一般的队列要求在一端插入元素，在另一端删除元素。如图 3-30 所示。

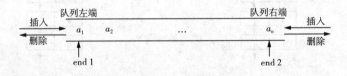

图 3-30 双端队列

其中，end1 和 end2 分别是双端队列的指针。

在实际应用中，还有输入受限和输出受限的双端队列。输入受限的双端队列指的是只允许在队列的一端进行插入元素，两端都可以删除元素的队列。输出受限的双端队列指的是只允许在队列的一端进行删除元素，两端都可以输入的队列。

双端队列是一个可以在任何一端进行插入和删除的线性表，现采用一个一维数组作为双端队列的数据存储结构，双端队列为空的状态如图 3-31 所示，在队列左端元素 a、b、c 和队列右端元素 e、f 依次入队之后，双端队列的状态如图 3-32 所示。

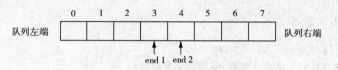

图 3-31 双端队列初始状态

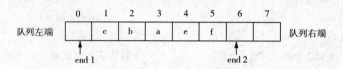

图 3-32 双端队列插入元素之后

3.4.6 链式队列

为了避免顺序队列在插入和删除操作时大量移动元素，造成效率较低，我们可以采用链式存储结构表示队列。采用链式存储的队列被称为链式队列或链队列。

1. 链式队列

一个链式队列通常用链表实现。同时，使用两个指针分别指示链表中存放的第 1 个元素和最后一个元素的位置。其中指向第 1 个元素的指针被称为队头指针 front，指向最后一个元素的指针被称为队尾指针 rear。链式队列的表示如图 3-33 所示。

有时，为了操作上的方便，我们在链式队列的第 1 个结点之前添加一个头结点，并让队头指针指向头结点。其中，头结点的数据域可以存放队列元素的个数信息，指针域指向链式队列的第 1 个结点。带头结点的链式队列如图 3-34 所示。

图 3-33 不带头结点的链式队列　　图 3-34 带头结点的链式队列

在带头结点的链式队列中，当队列为空时，队头指针 front 和队尾指针 rear 都指向头结点。如图 3-35 所示。

在链式队列中，最基本的操作是插入和删除操作。链式队列的插入和删除操作只需要移动队头指针和队尾指针，图 3-36 表示在队列中插入元素 a 的情况，图 3-37 表示队列中插入了元素 a、b、c 之后的情况，图 3-38 表示元素 a 出队列的情况。

　　图 3-35　带头结点的链式队列为空时的情况　　　图 3-36　插入一个元素 a 的情况

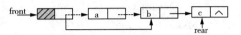
　　　图 3-37　插入元素 a、b、c 的情况　　　　　　图 3-38　删除一个元素 a 的情况

链式队列的类型描述如下：

```
typedef struct QNode              /*结点类型定义*/
{
    DataType data;
    struct QNode * next;
}LQNode, * QueuePtr;
typedef struct                    /*队列类型定义*/
{
    QueuePtr front;
    QueuePtr rear;
}LinkQueue;
```

2. 链式循环队列

链式队列也可以构成循环队列，如图 3-39 所示。在这种链式循环队列中，可以只设置队尾指针，在这种情况下，队列 LQ 为空的判断条件为 LQ.rear->next==LQ.rear，队空如图 3-40 所示。

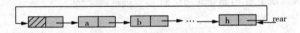

　　　　图 3-39　链式循环队列　　　　　　　图 3-40　链式循环队列为空时的情况

3. 链式队列的实现

(1) 队列的初始化。

```
void InitQueue(LinkQueue * LQ)
/*链式队列的初始化*/
{
    LQ->front = LQ->rear = (LQNode * )malloc(sizeof(LQNode));    /*为头结点申请内存
                                                                    空间*/
    if(LQ->front = = NULL)
        exit(-1);
    LQ ->front->next = NULL;              /*将头结点的指针域置为为 0*/
}
```

(2) 判断队列是否为空。

```
int QueueEmpty(LinkQueue LQ)
```

/*判断链式队列是否为空,队列为空返回1,否则返回0*/
{
    if(LQ.front->next = = NULL)   /*当链式队列为空时*/
        return 1;   /*返回1*/
    else   /*否则*/
        return 0;   /*返回0*/
}

(3) 入队操作。

int EnQueue(LinkQueue * LQ,DataType e)
/*将元素e插入到链式队列LQ中,插入成功返回1*/
{
    LQNode * s;
    s = (LQNode *)malloc(sizeof(LQNode));   /*为将要入队的元素申请一个结点的空间*/
    if(! s) exit(-1);   /*如果申请空间失败,则退出并返回参数-1*/
    s->data = e;   /*将元素值赋值给结点的数据域*/
    s->next = NULL;   /*将结点的指针域置为空*/
    LQ->rear->next = s;   /*将原来队列的队尾指针指向p*/
    LQ->rear = s;   /*将队尾指针指向p*/
    return 1;
}

(4) 出队操作。

int DeQueue(LinkQueue * LQ,DataType * e)
/*删除链式队列中的队头元素,并将该元素赋值给e,删除成功返回1,否则返回0*/
{
    LQNode * s;
    if(LQ->front = = LQ->rear)   /*在删除元素之前,判断链式队列是否为空*/
        return 0;
    else
    {
        s = LQ->front->next;   /*使指针p指向队头元素的指针*/
        * e = s->data;   /*将要删除的队头元素赋值给e*/
        LQ->front->next = s->next;   /*使头结点的指针指向指针p的下一个结点*/
        if(LQ->rear = = s) LQ->rear = LQ->front;   /*如果要删除的结点是队尾,则使队尾指针指向队头指针*/
        free(s);   /*释放指针p指向的结点*/
        return 1;
    }
}

(5) 取队头元素。

int GetHead (LinkQueue LQ,DataType * e)

/*取链式队列中的队头元素,并将该元素赋值给e,取元素成功返回1,否则返回0*/
{
    LQNode *s;
    if(LQ.front = = LQ.rear)   /*在取队头元素之前,判断链式队列是否为空*/
        return 0;
    else
    {
        s = LQ.front->next;   /*将指针p指向队列的第1个元素即队头元素*/
        *e = s->data;   /*将队头元素赋值给e,取出队头元素*/
        return 1;
    }
}

(6) 清空队列。

void ClearQueue(LinkQueue *LQ)
/*清空队列*/
{
    while(LQ->front! = NULL)
    {
        LQ->rear = LQ->front->next;   /*队尾指针指向队头指针指向的下一个结点*/
        free(LQ->front);   /*释放队头指针指向的结点*/
        LQ->front = LQ->rear;   /*队头指针指向队尾指针*/
    }
}

3.5 队列的应用

3.5.1 队列在杨辉三角中的应用

1. 杨辉三角

杨辉三角是一个由数字排列成的三角形数表,一个8阶的杨辉三角图形如图3-41所示。

```
              1
            1   1
          1   2   1
        1   3   3   1
      1   4   6   4   1
    1   5  10  10   5   1
  1   6  15  20  15   6   1
1   7  21  35  35  21   7   1
```

图3-41 8阶的杨辉三角

从图 3-41 中可以看出，杨辉三角具有以下性质：

(1) 第 1 行只有一个元素；

(2) 第 i 行有 i 个元素；

(3) 第 i 行最左端和最右端元素为 1；

(4) 第 i 行中间元素是它上一行 $i-1$ 行对应位置元素与对应位置前一个元素之和。

2. 构造队列

杨辉三角的第 i 行元素是根据第 $i-1$ 行元素得到的，杨辉三角的形成序列是具有先后顺序的，因此杨辉三角可以通过队列来构造。我们可以把杨辉三角分为两个部分来构造队列：所有的两端元素 1 作为已知部分和剩下的元素作为要构造的部分。我们可以通过循环队列实现杨辉三角的打印，在循环队列中依次存入第 $i-1$ 行的元素，再利用第 $i-1$ 行元素得到第 i 行元素，然后依次入队，同时第 $i-1$ 行元素出队并打印输出。

从整体来考虑，利用队列构造杨辉三角的过程其实就是利用上一层元素序列产生下一层元素序列并入队，然后将上一层元素出队并输出，接着由队列中的元素生成下一层元素，依次类推，直到生成最后一层元素并输出。我们以第 8 行元素为例，来理解杨辉三角的具体构造过程：

(1) 在第 8 行中，第 1 个元素先入队。假设队列为 Q，Q.queue[rear]＝1；Q.rear＝(Q.rear+1)%QueueSize。

(2) 第 8 行的中间 6 个元素需要通过第 7 行（已经入队）得到并入队。Q.queue[rear]＝Q.queue[front]＋Q.queue[front＋1]；Q.rear＝(Q.rear＋1)%QueueSize，Q.front＝(Q.front＋1)%QueueSize。

(3) 第 7 行最后一个元素出队，Q.front＝(Q.front＋1)%QueueSize。

(4) 第 8 行最后一个元素入队，Q.queue[rear]＝1；Q.rear＝(Q.rear＋1)%QueueSize。

至此，第 8 行的所有元素都已经入队。其他行的入队操作类似。

3. 杨辉三角队列的实现

【例 3-4】 打印杨辉三角。

分析：注意在循环结束后，还有最后一行在队列里。在最后一行元素入队之后，要将其输出。打印杨辉三角有两种方法实现：利用链式队列的基本算法实现和直接利用数组模拟队列实现。为了能够按照图 3-41 的形式正确输出杨辉三角的元素，设置一个临时数组 $temp$[MaxSize]，用来存储每一行的元素，利用函数将其输出。

下面只给出打印杨辉三角的链式队列实现，模拟数组实现打印杨辉三角的算法留给大家思考。

```
#include<stdio.h>
#include<malloc.h>
typedef int DataType;
#define MaxSize 100
```

```c
#include "LinkQueue.h"
void PrintArray(int a[],int n,int N);
void YangHuiTriangle(int N);
void main()
{
    int n;
    printf("请输入要打印的行数:n = :");
    scanf("%d",&n);
    YangHuiTriangle(n);
}
void YangHuiTriangle(int N)
/*链式队列实现打印杨辉三角*/
{
    int i,k,n;
    DataType e,t;
    int temp[MaxSize];              /*定义一个临时数组,用于存放每一行的元素*/
    LinkQueue Q;
    k = 0;
    InitQueue(&Q);                  /*初始化链队列*/
    EnQueue(&Q,1);                  /*第1行元素入队*/
    for(n = 2;n<= N;n++)            /*产生第n行元素并入队,同时将第n-1行的元素
                                       保存在临时数组中*/
    {
        k = 0;
        EnQueue(&Q,1);              /*第n行的第1个元素入队*/
        for(i = 1;i<= n-2;i++)      /*利用队列中第n-1行元素产生第i行的中间n-2
                                       个元素并入队列*/
        {
            DeQueue(&Q,&t);
            temp[k++] = t;          /*将第n-1行的元素存入临时数组*/
            GetHead(Q,&e);          /*取队头元素*/
            t = t + e;              /*利用队中第n-1行元素产生第i行元素*/
            EnQueue(&Q,t);
        }
        DeQueue(&Q,&t);
        temp[k++] = t;              /*将第n-1行的最后一个元素存入临时数组*/
        PrintArray(temp,k,N);
        EnQueue(&Q,1);              /*第n行的最后一个元素入队*/
    }
    k = 0;                          /*将最后一行元素存入数组之前,要将下标k置为0*/
    while(!QueueEmpty(Q))           /*将最后一行元素存入临时数组*/
    {
```

```
            DeQueue(&Q,&t);
            temp[k++] = t;
            if(QueueEmpty(Q))
                PrintArray(temp,k,N);
        }
    }
    void PrintArray(int a[],int n,int N)
    /* 打印数组中的元素,使能够呈正确的形式输出 */
    {
        int i;
        static count = 0;                      /* 记录输出的行 */
        for(i = 0;i<N - count;i++)             /* 打印空格 */
            printf("  ");
        count++;
        for(i = 0;i<n;i++)                     /* 打印数组中的元素 */
            printf("%6d",a[i]);
        printf("\n");
    }
```

程序运行结果如图 3-42 所示。

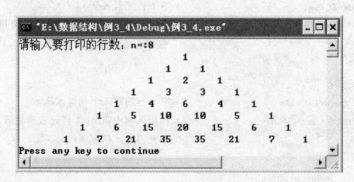

图 3-42 程序运行结果

3.5.2 队列在回文中的应用

【例 3-5】 编程判断一个字符序列是否是回文。回文是指一个字符序列以中间字符为基准两边字符完全相同,即顺着看和倒着看是相同的字符序列。如字符序列"AB-CYCBA"就是回文,而字符序列"BYDEYB"就不是回文。

分析:考察栈的"先进后出"和队列的"先进先出"的特点,可以通过构造栈和队列实现。可以把字符序列分别存入队列和堆栈,然后依次把字符逐个出队列和出栈,比较出队列的字符和出栈的字符是否相等,如果全部相等则该字符序列是回文,否则不是回文。

这里采用链式堆栈和只有尾指针的链式循环队列实现。

```c
#include<stdio.h>            /*包含输出函数*/
#include<stdlib.h>           /*包含退出函数*/
#include<string.h>           /*包含字符串长度函数*/
#include<malloc.h>           /*包含内存分配函数*/
typedef char DataType;       /*类型定义为字符类型*/
typedef struct snode         /*链式堆栈结点类型定义*/
{
    DataType data;
    struct snode * next;
}LSNode;
typedef struct QNode         /*只有队尾指针的链式循环队列类型定义*/
{
    DataType data;
    struct QNode * next;
}LQNode, * LinkQueue;

void InitStack(LSNode * head)
/*带头结点的链式堆栈初始化*/
{
    if((* head = (LSNode * )malloc(sizeof(LSNode))) = = NULL)   /*为头结点分配空间*/
    {
        printf("分配结点不成功");
        exit(-1);
    }
    else
        (* head)->next = NULL;   /*头结点的指针域设置为空*/
}
int StackEmpty(LSNode * head)    /*判断带头结点链式堆栈是否为空。如果堆栈为空,返回
                                   1,否则返回 0*/
{
    if(head->next = = NULL)      /*如果堆栈为空,返回1,否则返回0*/
        return 1;
    else
        return 0;
}
int PushStack(LSNode * head, DataType e)
/*链式堆栈进栈。进栈成功返回1,否则退出*/
{
    LSNode * s;
    if((s = (LSNode * )malloc(sizeof(LSNode))) = = NULL)   /*为结点分配空间,失败退出程
                                                             序并返回-1*/
        exit(-1);
```

```c
        else
        {
            s->data = e;                    /*把元素值赋值给结点的数据域*/
            s->next = head->next;           /*将结点插入到栈顶*/
            head->next = s;
            return 1;
        }
    }
    int PopStack(LSNode * head,DataType * e)
    /*链式堆栈出栈,需要判断堆栈是否为空。出栈成功返回1,否则返回0*/
    {
        LSNode  * s = head->next;           /*指针 s 指向栈顶结点*/
        if(StackEmpty(head))                /*判断堆栈是否为空*/
            return 0;
        else
        {
            head->next = s->next;           /*头结点的指针指向第 2 个结点位置*/
            * e = s->data;                  /*要出栈的结点元素赋值给 e*/
            free(s);                        /*释放要出栈的结点空间*/
            return 1;
        }
    }
    void InitQueue(LinkQueue * rear)
    /*将带头结点的链式循环队列初始化为空队列,需要把头结点的指针指向头结点*/
    {
        if(( * rear = (LQNode * )malloc(sizeof(LQNode))) = = NULL)
            exit(-1);                       /*如果申请结点空间失败退出*/
        else
            ( * rear)->next = * rear;       /*队尾指针指向头结点*/
    }
    int QueueEmpty(LinkQueue rear)          /*判断链式队列是否为空,队列为空返回1,
                                              否则返回 0*/
    {
        if(rear->next = = rear)    /*判断队列是否为空。当队列为空时,返回1,否则返回0*/
            return 1;
        else
            return 0;
    }
    int EnQueue(LinkQueue * rear,DataType e)
    /*将元素 e 插入到链式队列中,插入成功返回1*/
    {
```

```
        LQNode *s;
        s=(LQNode *)malloc(sizeof(LQNode));    /*为将要入队的元素申请一个结点的空间*/
        if(!s) exit(-1);                        /*如果申请空间失败,则退出并返回参数-1*/
        s->data=e;                              /*将元素值赋值给结点的数据域*/
        s->next=(*rear)->next;                  /*将新结点插入链式队列*/
        (*rear)->next=s;
        *rear=s;                                /*修改队尾指针*/
        return 1;
}
int DeQueue(LinkQueue *rear,DataType *e)
/*删除链式队列中的队头元素,并将该元素赋值给e,删除成功返回1,否则返回0*/
{
        LQNode *f,*p;
        if(*rear==(*rear)->next)                /*在删除队头元素即出队列之前,判断链式队
                                                    列是否为空*/
            return 0;
        else
        {
            f=(*rear)->next;                    /*使指针f指向头结点*/
            p=f->next;                          /*使指针p指向要删除的结点*/
            if(p==*rear)                        /*处理队列中只有一个结点的情况*/
            {
                *rear=(*rear)->next;            /*使指针rear指向头结点*/
                (*rear)->next=*rear;
            }
            else
                f->next=p->next;                /*使头结点指向要出队列的下一个结点*/
            *e=p->data;                         /*把队头元素值赋值给e*/
            free(p);                            /*释放指针p指向的结点*/
            return 1;
        }
}
void main()
{
        LinkQueue LQueue1,LQueue2;              /*定义链式循环队列*/
        LSNode *LStack1,*LStack2;               /*定义链式堆栈*/
        char str1[]="XYZAZYX";                  /*回文字符序列1*/
        char str2[]="XYZBZXY";                  /*回文字符序列2*/
        char q1,s1,q2,s2;
        int i;
        InitQueue(&LQueue1);                    /*初始化链式循环队列1*/
        InitQueue(&LQueue2);                    /*初始化链式循环队列2*/
```

```
    InitStack(&LStack1);                    /*初始化链式堆栈1*/
    InitStack(&LStack2);                    /*初始化链式堆栈2*/
    for(i=0;i<strlen(str1);i++)
    {
        EnQueue(&LQueue1,str1[i]);          /*依次把字符序列1入队*/
        EnQueue(&LQueue2,str2[i]);          /*依次把字符序列2入队*/
        PushStack(LStack1,str1[i]);         /*依次把字符序列1进栈*/
        PushStack(LStack2,str2[i]);         /*依次把字符序列2进栈*/
    }
    printf("字符序列1:\n");
    printf("出队序列    出栈序列\n");
    while(! StackEmpty(LStack1))            /*判断堆栈1是否为空*/
    {
        DeQueue(&LQueue1,&q1);              /*字符序列依次出队,并把出队元素赋值给q*/
        PopStack(LStack1,&s1);              /*字符序列出栈,并把出栈元素赋值给s*/
        printf("%5c",q1);                   /*输出字符序列1*/
        printf("%10c\n",s1);
        if(q1! = s1)                        /*判断字符序列1是否是回文*/
        {
            printf("字符序列1不是回文!");
            return 0;
        }
    }
    printf("字符序列1是回文!\n");
    printf("字符序列2:\n");
    printf("出队序列    出栈序列\n");
    while(! StackEmpty(LStack2))            /*判断堆栈2是否为空*/
    {
        DeQueue(&LQueue2,&q2);              /*字符序列依次出队,并把出队元素赋值给q*/
        PopStack(LStack2,&s2);              /*字符序列出栈,并把出栈元素赋值给s*/
        printf("%5c",q2);                   /*输出字符序列2*/
        printf("%10c\n",s2);
        if(q2! = s2)                        /*判断字符序列2是否是回文*/
        {
            printf("字符序列2不是回文!\n");
            return 0;
        }
    }
    printf("字符序列2是回文!\n");
}
```

程序运行结果如图3-43所示。

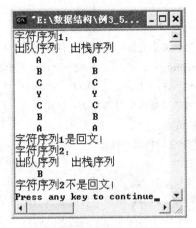

图 3-43 程序输出结果

小 结

队列只允许在线性表的一端进行插入操作，在线性表的另一端进行删除操作。其中，允许插入的一端称为队尾，允许删除的一端称为队头。

队列有两种存储方式：顺序存储和链式存储。采用顺序存储结构的栈称为顺序队列，采用链式存储结构的栈称为链式队列。

顺序队列存在"假溢出"的问题，顺序队列的"假溢出"不是因为存储空间的不足产生的，而是因为经过多次的出队和入队操作之后，存储单元不能有效利用造成的。解决所谓"假溢出"的现象，通过将顺序队列构造成循环队列，这样就可以充分利用顺序队列里的存储单元。

栈是一种只允许在线性表的一端进行插入和删除操作的线性表。其中，允许插入和删除的一端称为栈顶，另一端称为栈底。

栈也有两种存储方式：顺序存储和链式存储。采用顺序存储结构的栈称为顺序栈，采用链式存储结构的栈称为链栈。

栈的特点是后进先出，使栈在程序设计、编译处理中得到有效的利用。数制转换、括号匹配、表达式求值等问题都是利用栈的后进先出特性解决的。

在程序设计中，递归的实现也是系统借助栈的特性来实现的。递归算法将复杂问题分解为简单问题，从而有利于问题的求解。但是递归算法运行效率低，由于程序执行过程中反复入栈、出栈，程序的时间和空间耗费比较大。消除递归需要将递归程序转换为非递归程序，由于递归的调用过程是借助栈的工作原理实现的，因此，递归算法可利用栈进行模拟，从而加以消除递归。

练 习 题

选择题

1. 一个栈的输入序列为：a，b，c，d，e，则栈不可能输出的序列是（　　）。

A. a, b, c, d, e   B. d, e, c, b, a
C. d, c, e, a, b   D. e, d, c, b, a

2. 判断一个循环队列 Q（最多 n 个元素）为满的条件是（   ）。
   A. Q->rear==Q->front   B. Q->rear==Q->front+1
   C. Q->front==(Q->rear+1)%n   D. Q->front==(Q->rear-1)%n

3. 设计一个判别表达式中的括号是否配对的算法，采用（   ）数据结构最佳。
   A. 顺序表   B. 链表   C. 队列   D. 栈

4. 带头结点的单链表 head 为空的判定条件是（   ）。
   A. head==NULL   B. head->next==NULL
   C. head->next!=NULL   D. head!=NULL

5. 一个栈的输入序列为：1，2，3，4，则栈不可能输出的序列是（   ）。
   A. 1，2，4，3   B. 2，1，3，4   C. 1，4，3，2   D. 4，3，1，2

6. 队列的插入操作是在（   ）。
   A. 队尾   B. 队头   C. 队列任意位置   D. 队头元素后

7. 循环队列的队头和队尾指针分别为 front 和 rear，则判断循环队列为空的条件是（   ）。
   A. front==rear   B. front==0
   C. rear==0   D. front=rear+1

8. 表达式 a×(b+c)-d 的后缀表达式是（   ）。
   A. abcd+-   B. abc+×d-   C. abc×+d-   D. -+×abcd

9. 将递归算法转换成对应的非递归算法时，通常需要使用（   ）来保存中间结果。
   A. 队列   B. 栈   C. 链表   D. 树

10. 栈的插入和删除操作在（   ）。
    A. 栈底   B. 栈顶   C. 任意位置   D. 指定位置

11. 判定一个顺序栈 S（栈空间大小为 n）为空的条件是（   ）。
    A. S->top==0   B. S->top!=0
    C. S->top==n   D. S->top!=n

12. 在一个链队列中，front 和 rear 分别是头指针和尾指针，则插入一个结点 s 的操作为（   ）。
    A. front=front->next   B. s->next=rear; rear=s
    C. rear->next=s; rear=s;   D. s->next=front; front=s;

13. 一个队列的入队序列是1，2，3，4，则队列的出队序列是（   ）。
    A. 1，2，3，4   B. 4，3，2，1   C. 1，4，3，2   D. 3，4，1，2

14. 依次在初始为空的队列中插入元素 a，b，c，d 以后，紧接着做了两次删除操作，此时的队头元素是（   ）。
    A. a   B. b   C. c   D. d

15. 循环队列用数组 A[0..m-1] 存放其元素值，已知其头尾指针分别是 front 和 rear，则当前队列中的元素个数是（   ）。
    A. (rear-front+m)%m   B. rear-front+1
    C. rear-front-1   D. rear-front

16. 在一个链队列中，假定 front 和 rear 分别为队头指针和队尾指针，删除一个结点的操作是（   ）。
    A. front=front->next   B. rear=rear->next
    C. rear->next=front   D. front->next=rear

算法分析题

1. 已知栈的基本操作函数：
   int InitStack（SqStack ＊S）；　　　　　　／＊构造空栈＊／
   int StackEmpty（SqStack ＊S）；　　　　　／＊判断栈空＊／
   int Push（SqStack ＊S，ElemType e）；　　／＊入栈＊／
   int Pop（SqStack ＊S，ElemType ＊e）；　　／＊出栈＊／
   函数 conversion 实现十进制数转换为八进制数，请将函数补充完整。
   void conversion（）
   {
   　　　InitStack（S）；
   　　　scanf（"％d"，＆N）；
   　　　while（N）
   　　　{
   　　　　　_____(1)_____；
   　　　　　N＝N/8；
   　　　}
   　　　while（_____(2)_____）
   　　　{
   　　　　　Pop（S，＆e）；
   　　　　　printf（"％d"，e）；
   　　　}
   }

2. 写出算法的功能。
   int　function（SqQueue ＊Q，ElemType ＊e）
   {
   　　if（Q－＞front＝＝Q－＞rear）
   　　　　return ERROR；
   　　＊e＝Q－＞base［Q－＞front］；
   　　Q－＞front＝（Q－＞front＋1）％MAXSIZE；
   　　return OK；
   }

3. 阅读算法 f2，并回答下列问题：
   (1) 设队列 Q＝（1，3，5，2，4，6）。写出执行算法 f2 后的队列 Q；
   (2) 简述算法 f2 的功能。
   　　　void　f2（Queue ＊Q）
   　　　{
   　　　　DataType　e；
   　　　　if（！QueueEmpty（Q））
   　　　　{
   　　　　　e＝DeQueue（Q）；
   　　　　　f2（Q）；

```
            EnQueue (Q, e);
    }
}
```

算法设计题

1. 假设以带头结点的循环链表表示队列,并且只设一个指针指向队尾结点,但不设头指针,请写出相应的入队算法。(用函数实现)

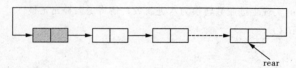

2. 已知 Q 是一个非空队列,S 是一个空栈。编写算法,仅用队列和栈的 ADT 函数和少量工作变量,将队列 Q 的所有元素逆置。
   栈的 ADT 函数有:
   void makeEmpty (SqStack s);   /*置空栈*/
   void push (SqStack s, ElemType e);   /*元素 e 入栈*/
   ElemType pop (SqStack s);   /*出栈,返回栈顶元素*/
   int isEmpty (SqStack s);   /*判断栈空*/
   队列的 ADT 函数有:
   void enQueue (Queue q, ElemType e);   /*元素 e 入队*/
   ElemType deQueue (Queue q);   /*出队,返回队头元素*/
   int isEmpty (Queue q);   /*判断队空*/

3. 假设以一维数组 sequ [0..m−1] 存储循环队列的元素,同时设变量 rear 和 quelen 分别指示循环队列中队尾元素位置和内含元素个数。试给出循环队列的队空、队满条件,并写出相应的入队和出队算法。

4. 对于一个具有 MaxLen 个单元的环形队列,设计一个算法求出其中共有多少个元素。

5. 假设以带头结点的循环链表表示队列,并且只设一个指针指向队尾元素结点,试编写相应的队列初始化、入队和出队的算法。

6. 建立一个顺序栈。从键盘上输入若干个字符,以回车键结束,实现元素的入栈操作。然后依次输出栈中的元素,实现出栈操作。要求顺序栈结构由栈顶指针、栈底指针和存放元素的数组构成。

7. 建立一个链栈。从键盘上输入若干个字符,以回车键结束,实现元素的入栈操作。然后依次输出栈中的元素,实现出栈操作。

8. Fibonacci 数列的序列为 0, 1, 1, 2, 3, 5, 8, 13, 21, …,其中每个元素是前两个元素之和。其递归定义如下:

$$f(n) = \begin{cases} 1, & \text{当 } n=0、1 \text{ 时} \\ f(n-1)+f(n+1), & \text{当 } n>1 \text{ 时} \end{cases}$$

编写求该数列的第 N 个元素的递归与非递归的算法。

9. 要求顺序循环队列的每一个空间全部能够得到有效利用,请采用设置标志位 tag 的方法解决"假溢出"问题,实现顺序循环队列的存储。

第 4 章 串

串（或字符串）也是一种重要的线性结构。计算机上的非数值处理对象基本上是字符串数据。字符串在文字编辑、信息检索等方面有着广泛的应用。根据存储方式的不同，串可分为顺序串、堆串和块链串。

4.1 串

串是仅由字符组成的一种特殊的线性表。

4.1.1 串的定义

串（String），也称字符串，是由零个或多个字符组成的有限序列。一般记作

$$S="a_1a_2\cdots a_n"$$

其中，S 是串名，n 是串的长度。用双引号括起来的字符序列是串的值。a_i（$1 \leqslant i \leqslant n$）可以是字母、数字和其他字符。$n=0$ 时的串称为空串。

> **注意：**
> 串的特殊性在于仅由字符组成。串值必须用一对双引号括起来，但双引号是界限符，它不属于串，其作用是避免与变量名或常量混淆。

子串：串中任意一个连续的字符组成的子序列称为该串的子串。

主串：包含子串的串称为主串。

子串在主串中的位置：通常将字符在串中的序号称为该字符在串中的位置。子串在主串中的位置以子串的第 1 个字符在主串中的位置来表示。

例如，有 4 个串 $a=$"tsinghua university"，$b=$"tsinghua"，$c=$"university"，$d=$"tsinghuauniversity"。它们的长度分别为 19，8，10，18，b 和 c 是 a 和 d 的子串，b 在 a 和 d 的位置都是 1，c 在 a 的位置是 10，c 在 d 的位置是 11。

串相等：只有当两个串的长度相等，且串中各个对应位置的字符均相等，两个串才是相等的。即两个串是相等的，当且仅当这两个串的值是相等的。例如，上面的4个串 a，b，c，d 两两之间都不相等。

空格串：由一个或多个空格组成的串，称为空格串（Blank String）。空格串的长度是串中空格字符的个数。

📢 注意：

空格串不是空串。空串（NULL String）是无任何字符组成的串，空串的长度为0。

4.1.2 串的抽象数据类型

串的抽象数据类型定义了串中的数据对象、数据关系和基本操作。串的抽象数据类型定义如下：

ADT String
{
数据对象:D = {a_i | $a_i \in$ CharacterSet, i = 1,2,…,n,n≥0}
数据关系:R = {<a_{i-1},a_i> | a_{i-1},$a_i \in$ D, i = 2,3,…,n}
基本操作：
(1)StrAssign(&S,cstr)
初始条件:串 S 存在。
操作结果:把字符串常量 cstr 赋值给 S。
(2)StrEmpty(S)
初始条件:串 S 存在。
操作结果:如果是空串,则返回1,否则返回0。
(3)StrLength(S)
初始条件:串 S 存在。
操作结果:返回串中元素的个数,即串的长度。
例如,如果定义串 S：
S = "I come from Beijing", T = "I come from Shanghai", R = "Beijing", V = "Chongqing",则 StrLength(S) = 19, StrLength(T) = 20, StrLength(R) = 7, StrLength(V) = 9。
(4)StrCopy(&T,S)
初始条件:串 S 存在。
操作结果:已经存在字符串 S,产生一个与 S 完全相同的另一个串 T。
(5)StrCompare(S,T)
初始条件:串 S 和 T 都存在。
操作结果:比较串 S 和 T 的每个字符的 ASCII 值的大小,如果 S 的值大于 T,则返回1;如果 S 的值等于 T,则返回0;如果 S 的值小于 T,则返回 -1。
例如,StrCompare(S,T) = -1,因为串 S 和串 T 比较到第13个字符时,字符'B'的 ASCII 值小于字符'S'的 ASCII 值,所以返回 -1。
(6)StrInsert(&S,pos,T)

初始条件：串 S 和 T 存在，且 1≤pos≤StrLength(S)+1。

操作结果：在串 S 的 pos 个位置插入串 T，如果插入成功，返回 1；否则，返回 0。

例如，如果在串 S 中的第 3 个位置插入子串"don't"后，即 StrInsert(S,3,"don't")，串 S = "I don't come from Beijing"。

(7) StrDelete(&S,pos,len)

初始条件：串 S 存在，且 1≤pos≤StrLength(S)-len+1。

操作结果：从串 S 中删除第 pos 个字符起长度为 len 的子串。如果删除成功，返回 1；否则，返回 0。

例如，如果在串 S 中的第 13 个位置删除长度为 7 的子串后，即 StrDelete(S,13,7)，则 S = "I come from"。

(8) StrConcat(&T,S)

初始条件：串 S 和 T 存在。

操作结果：将串 S 连接在串 T 的后面。连接成功，返回 1；否则，返回 0。

例如，如果将串 S 连接在串 T 的后面，即 StrCat(T,S)，则 T = "I come from Shanghai I come from Beijing"。

(9) SubString(&Sub,S,pos,len)

初始条件：串 S 存在，1≤pos≤StrLength(S) 且 1≤len≤StrLength(S)-pos+1。

操作结果：在串 S 中返回从第 pos 个字符起长度为 len 的连续字符给 Sub。操作成功返回 1，否则返回 0。

例如，如果将串 S 中的第 8 个字符开始，长度为 4 的字符串赋给 Sub，即 SubString(Sub,S,8,4)，则 Sub = "from"。

(10) StrReplace(&S,T,V)

初始条件：串 S、T 和 V 存在，且 T 是非空串。

操作结果：如果串 S 中存在子串 T，则用 V 替换串 S 中的所有子串 T。操作成功，返回 1；否则，返回 0。

例如，如果将串 S 中的子串 R 替换为串 V，即 StrReplace(S,R,V)，则 S = "I come from Chongqing"。

(11) StrIndex(S,pos,T)

初始条件：串 S 和 T 存在，T 是非空串，1≤pos≤StrLength(S)。

操作结果：如果主串 S 中存在与串 T 的值相等的子串，则返回子串 T 在主串 S 中，第 pos 个字符之后的第一次出现的位置，否则返回 0。

例如，在串 S 中的第 4 个字符开始查找，如果串 S 中存在与子串 R 相等的子串，则返回 R 在 S 中第一次出现的位置，则 StrIndex(S,4,R) = 13。

(12) StrClear(&S)

初始条件：串 S 存在。

操作结果：将串 S 清空。

(13) StrDestroy(&S)

初始条件：串 S 存在。

操作结果：将串 S 销毁。

} ADT String

4.2 串的表示与实现

串有 3 种机内表示方法：定长顺序存储表示、堆分配存储表示和块链存储表示。

4.2.1 定长顺序存储表示与实现

1. 定长顺序串存储结构

定长顺序存储类似于线性表的顺序存储结构，是用一组地址连续的存储单元存储串值的字符序列。在串的定长顺序存储结构中，利用 C 语言中的字符数组存放串值。当定义了一个字符数组，数组的起始地址已经确定。而串的长度还不确定，需要一个变量确定串的长度。

在串的顺序存储结构中，确定串的长度有两种方法：一种方法就是在串的末尾加上一个结束标记，在 C 语言中，在定义串时，系统会自动在串值的最后添加 '\0' 作为结束标记。例如，在 C 语言中定义一个字符数组：

```
char str[] = "Hello World!";
```

则串 "Hello World!" 在内存中的存放形式如图 4-1 所示。

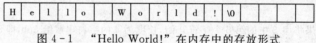

图 4-1 "Hello World!" 在内存中的存放形式

其中，'\0' 表示串的结束。串 "Hello World!" 的长度为 12，不包括结束标记 '\0'。

另一种方法是利用变量 *len* 表示串的长度。在串的顺序存储结构中，这种方法更为常用。例如，用设置串长度的方法表示串 "Hello World!" 的情况如图 4-2 所示。

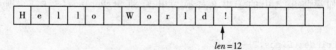

图 4-2 利用设置串长度的方法表示 "Hello World!" 的情况

串的顺序存储结构类型描述如下：

```
#define MAXLEN 60
typedef struct
{
    char str[MAXLEN];
    int len;
}SeqString;
```

其中，*str* 是存储串的字符数组，*len* 为串的长度。

2. 定长顺序串的基本运算

在顺序存储结构中，串的基本运算如下（以下算法的实现保存在文件

"SeqString.h"中)。

(1) 串的赋值。

```
void StrAssign(SeqString * S,char cstr[])
/* 串的赋值操作 */
{
int i = 0;
for(i = 0;cstr[i]! = '\0';i + +)        /* 将常量 cstr 中的字符赋给串 S */
    S - >str[i] = cstr[i];
S - >len = i;
}
```

(2) 判断串是否为空。

```
int StrEmpty(SeqString S)
/* 判断串是否为空,串为空返回1,否则返回0 */
{
    if(S.len = = 0)              /* 如果串的长度等于0 */
        return 1;                /* 返回1 */
    else                         /* 否则 */
        return 0;                /* 返回0 */
}
```

(3) 求串的长度。

```
int StrLength(SeqString S)
/* 求串的长度 */
{
return S.len;
}
```

(4) 串的复制。

```
void StrCopy(SeqString * T,SeqString S)
/* 串的复制 */
{
int i;
for(i = 0;i<S.len;i + +)            /* 将串 S 中的字符赋给串 T */
    T - >str[i] = S.str[i];
T - >len = S.len;                   /* 将串 S 的长度赋给串 T */
}
```

(5) 串的比较操作。串的比较操作就是比较串 S 和 T 中每个字符的 ASCII 值的大小,如果 S 的值大于 T,则返回正值;如果 S 的值等于 T,则返回 0;如果 S 的值小于 T,则返回负值。

```
int StrCompare(SeqString S,SeqString T)
```

```c
/*串的比较操作*/
{
    int i;
    for(i=0;i<S.len&&i<T.len;i++)        /*比较两个串中的字符*/
        if(S.str[i]!=T.str[i])            /*如果出现字符不同,则返回两个字符的差值*/
            return (S.str[i]-T.str[i]);
    return (S.len-T.len);                 /*如果比较完毕,返回两个串的长度的差值*/
}
```

(6) 串的插入操作。串的插入就是在串 S 的 pos 个位置插入串 T。如果插入成功,返回 1;否则,返回 0。

【算法思想】 串的插入操作具体实现分为 3 种情况:第一种情况,插入后串长 S->len+T.len≤MAXLEN,则将串 S 中 pos 以后的字符向后移动 len 个位置,然后将串 T 插入 S 中;第二种情况,如果将 T 插入 S 后,有 S->len+T.len>MAXLEN,串 S 中 pos 后的字符往后移 len 个位置后,S 被截去一部分,这部分字符将被舍弃;第三种情况,将 T 插入 S 中,有 S->len+T.len>MAXLEN 且串 S 中 pos 后的字符往后移 len 个位置后,T 不能完全被插入到 S 中,T 中的部分字符被截掉,这部分字符将被舍弃。

```c
int StrInsert(SeqString *S,int pos,SeqString T)
/*串的插入操作。在S中第pos个位置插入T分为3种情况*/
{
    int i;
    if(pos<0||pos-1>S->len)                /*插入位置不正确,返回0*/
    {
        printf("插入位置不正确");
        return 0;
    }
    if(S->len+T.len<=MAXLEN)               /*第一种情况,插入子串后串长≤MAXLEN,即
                                             子串T完整地插入到串S中*/
    {
        for(i=S->len+T.len-1;i>=pos+T.len-1;i--)
            S->str[i]=S->str[i-T.len];     /*在插入子串T前,将S中pos后的字符
                                             向后移动len个位置*/
        for(i=0;i<T.len;i++)               /*将串插入到S中*/
            S->str[pos+i-1]=T.str[i];
        S->len=S->len+T.len;
        return 1;
    }
    else if(pos+T.len<=MAXLEN)             /*第二种情况,子串可以完全插入到S中,
                                             但是S中的字符将会被截掉*/
    {
```

```
        for(i= MAXLEN -1;i>T.len+pos-1;i--)        /*将S中pos以后的字符整体移动
                                                      到数组的最后*/
            S->str[i] = S->str[i-T.len];
        for(i=0;i<T.len;i++)                       /*将T插入到S中*/
            S->str[i+pos-1] = T.str[i];
        S->len = MAXLEN;
        return 0;
    }
    else                                           /*第三种情况,子串T不能被完全
                                                      插入到S中,T中将会有字符被
                                                      舍弃*/
    {
        for(i=0;i< MAXLEN -pos;i++)                /*将T直接插入到S中,插入之前不
                                                      需要移动S中的字符*/
            S->str[i+pos-1] = T.str[i];
        S->len = MAXLEN;
        return 0;
    }
}
```

(7) 串的删除操作。

```
int StrDelete(SeqString *S,int pos,int len)
/*在串S中删除pos开始的len个字符*/
{
    int i;
    if(pos<0||len<0||pos+len-1>S->len)             /*如果参数不合法,则返回0*/
    {
        printf("删除位置不正确,参数len不合法");
        return 0;
    }
    else
    {
        for(i=pos+len;i<=S->len-1;i++)             /*将串S的第pos个位置以后的len
                                                      个字符覆盖掉*/
            S->str[i-len] = S->str[i];
        S->len = S->len-len;                       /*修改串S的长度*/
        return 1;
    }
}
```

(8) 串的连接操作。串的连接操作就是将串S连接在串T的后面。如果T完整连接到T的末尾,则返回1;如果S部分连接到T的末尾,则返回0。

【算法思想】 串的连接操作分为两种情况:第一种情况,连接后串长T->len+

S.len≤MAXLEN，则直接将串 S 连接在串 T 的尾部；第二种情况，连接后串长 T->len+S.len≥MAXLEN 且串 T 的长度< MAXLEN，则串 S 会有字符被舍弃。

```c
int StrConcat(SeqString *T,SeqString S)
/*将串 S 连接在串 T 的后面*/
{
    int i,flag;
    if(T->len+S.len<= MAXLEN)                   /*第一种情况,连接后的串长小于等
                                                  于 MAXLEN,将 S 直接连接在串 T
                                                  末尾*/
    {
        for(i=T->len;i<T->len+S.len;i++)         /*串 S 直接连接在 T 的末尾*/
            T->str[i]=S.str[i-T->len];
        T->len=T->len+S.len;                     /*修改串 T 的长度*/
        flag=1;                                  /*修改标志,表示 S 完整连接到
                                                  T 中*/
    }
    else if(T->len< MAXLEN)                      /*第二种情况,连接后串长大于
                                                  MAXLEN,S 部分被连接在串 T
                                                  末尾*/
    {
        for(i=T->len;i< MAXLEN;i++)              /*将串 S 部分连接在 T 的末尾*/
            T->str[i]=S.str[i-T->len];
        T->len= MAXLEN;                          /*修改串 T 的长度*/
        flag=0;                                  /*修改标志,表示 S 部分被连接在
                                                  T 中*/
    }
    return flag;
}
```

(9) 求子串操作。

```c
int SubString(SeqString *Sub,SeqString S,int pos,int len)
/*将从串 S 中的第 pos 个位置截取长度为 len 的子串赋给 Sub*/
{
    int i;
    if(pos<0||len<0||pos+len-1>S.len)            /*如果参数不合法,则返回 0*/
    {
        printf("参数 pos 和 len 不合法");
        return 0;
    }
    else
    {
        for(i=0;i<len;i++)                       /*将串 S 的第 pos 个位置长度为 len
```

的字符赋值给 Sub*/
```
        Sub->str[i] = S.str[i+pos-1];
    Sub->len = len;                              /*修改 Sub 的长度*/
    return 1;
    }
}
```

（10）串的替换操作。如果串 S 中存在子串 T，则用 V 替换串 S 中的所有子串 T。替换操作成功，返回 1；否则，返回 0。具体替换实现：利用定位操作在串 S 中找到串 T 的位置，然后在串 S 中将子串 T 删除，最后在删除的位置将串 V 插入到 S 中，并修改串 S 的长度。重复执行以上操作，直到串 S 中所有子串 T 被 V 替换。如图 4-3 所示。

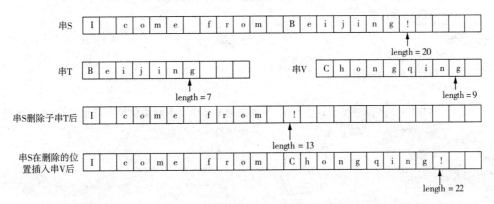

图 4-3 串的替换操作

串的替换操作算法描述如下。

```
int StrReplace(SeqString *S,SeqString T,SeqString V)
/*将串 S 中的所有子串 T 用 V 替换*/
{
    int i = 0;
    int flag;
    if(StrEmpty(T))                              /*如果 T 是空串,返回 0*/
        return 0;
    do
    {
        i = StrIndex(*S,i,T);                    /*利用串的定位函数在串 S 中查找 T 的位置*/
        if(i)
        {
            StrDelete(S,i,StrLength(T));         /*如果找到子串 T,则将 S 中的串 T 删除*/
            flag = StrInsert(S,i,V);             /*将子串 V 插入到原来删除 T 的位置*/
            if(!flag)                            /*如果没有插入成功,则返回 0*/
                return 0;
            i += StrLength(V);                   /*在串 S 中,跳过子串 V 长度个字符,继续查
                                                   找 T*/
```

```
        }
    }while(i);
    return 1;
}
```

(11) 串的定位操作。

```
int StrIndex(SeqString S,int pos,SeqString T)
/*在主串S中的第pos个位置开始查找子串T,如果找到返回子串在主串的位置;否则,返回-1*/
{
    int i,j;
    if(StrEmpty(T))                    /*如果串T为空,则返回0*/
        return 0;
    i = pos;
    j = 0;
    while(i<S.len&&j<T.len)
    {
        if(S.str[i] = = T.str[j])     /*如果串S和串T中对应位置字符相等,则继续比较下
                                         一个字符*/
        {
            i++;
            j++;
        }
        else                           /*如果当前对应位置的字符不相等,则从串S的下一个
                                         字符开始,T的第0个字符开始比较*/
        {
            i = i-j+1;
            j = 0;
        }
    }
    if(j>= T.len)                      /*如果在S中找到串T,则返回子串T在主串S的
                                         位置*/
        return i-j+1;
    else
        return -1;
}
```

(12) 清空串。

```
void StrClear(SeqString *S)
/*清空串*/
{
    S->len = 0;
}
```

4.2.2 堆串的存储分配表示与实现

1. 堆分配的存储结构

采用堆分配存储表示的串称为堆串。堆串仍然采用一组地址连续的存储单元，存放串中的字符。但是，堆串的存储空间是在程序的执行过程中动态分配的。

在 C 语言中，由函数 malloc 和 free 管理堆的存储空间。利用函数 malloc 为新产生的串动态分配一块实际的存储空间，如果分配成功，返回一个指向存储空间起始地址的指针，作为串的基地址（起始地址）。如果内存单元使用完毕，使用函数 free 释放内存空间。

在 C 语言中，还有一个函数 realloc，也是用来动态分配内存空间的，它与函数 malloc 的区别是：函数 realloc 是将已经分配的内存大小变成一个新的大小，并且原来内存中的内容不会丢失；函数 malloc 是直接重新分配一个存储单元。realloc 的原型是：

(void*)realloc(void*ptr,unsigned newsize);

其中，ptr 指向已经分配的内存块，newsize 是分配内存块的大小。函数 realloc 是将 ptr 指向的内存块大小变为 newsize，newsize 可以比原来的内存块大，也可以比原来的内存块小。如果为了增加内存块大小需要移动内存单元，原来内存块中的内容被拷贝到新内存块中，并返回指向新的内存块的指针；如果分配失败，返回 NULL。

函数 realloc 的使用如下：

```
char * str;
str=(char*)realloc(str,20);
```

注意：函数 realloc 正确使用的条件是 realloc 的返回值和参数均为同一个指向字符的指针 str。使用完毕用函数 free 释放内存。

堆串的类型描述如下：

```
typedef struct
{
    char * str;
    int len;
}HeapString;
```

其中，str 是指向堆串的起始地址的指针，len 表示堆串的长度。

2. 堆串的基本运算

堆串的基本运算与静态分配的顺序串类似（堆串的算法的实现保存在文件"HeapString.h"中）。

（1）串的初始化。

```
InitString(HeapString * S)
/*串的初始化*/
{
```

```
        S->len = 0;                             /*将串的长度置为0*/
        S->str = '\0';                          /*将串置的值为空*/
}
```

(2) 串的赋值。

```
void StrAssign(HeapString *S,char cstr[])
/*串的赋值*/
{
    int i = 0,len;
    if(S->str)
        free(S->str);
    for(i=0;cstr[i]! ='\0';i++);               /*求cstr字符串的长度*/
        len = i;
    if(! i)                                     /*如果字符串cstr的长度为0,则将串S的长
                                                  度置为0,内容置为空*/
    {
        S->str = '\0';
        S->len = 0;
    }
    else
    {
        S->str = (char *)malloc(len * sizeof(char));   /*为串动态分配存储空间*/
        if(! S->str)
            exit(-1);
        for(i=0;i<len;i++)                      /*将字符串cstr的内容赋给
                                                  串S*/
            S->str[i] = cstr[i];
        S->len = len;                           /*将串的长度置为0*/
    }
}
```

(3) 判断串是否为空。

```
int StrEmpty(HeapString S)
/*判断串是否为空,串为空返回1,否则返回0*/
{
    if(S.len = = 0)                             /*如果串的长度等于0*/
        return 1;                               /*返回1*/
    else                                        /*否则*/
        return 0;                               /*返回0*/
}
```

(4) 求串的长度。

```
int StrLength(HeapString S)
```

/*求串的长度*/
{
    return S.len;
}

(5) 串的复制。

```
void StrCopy(HeapString *T,HeapString S)
/*串的复制*/
{
    int i;
    T->str = (char *)malloc(S.len * sizeof(char));      /*为串动态分配存储空间*/
    if(!T->str)
        exit(-1);
    for(i=0;i<S.len;i++)                                /*将串S的字符赋给串T*/
        T->str[i] = S.str[i];
    T->len = S.len;                                     /*将串S的长度赋给串T*/
}
```

(6) 串的比较。

```
int StrCompare(HeapString S,HeapString T)
/*串的比较操作*/
{
    int i;
    for(i=0;i<S.len&&i<T.len;i++)         /*比较两个串中的字符*/
        if(S.str[i]! = T.str[i])          /*如果出现字符不同,则返回两个字符的差值*/
            return (S.str[i]-T.str[i]);
    return (S.len-T.len);                 /*如果比较完毕,返回两个串的长度的差值*/
}
```

(7) 串的插入。

```
int StrInsert(HeapString *S,int pos,HeapString T)
/*串的插入操作*/
{
    int i;
    if(pos<0||pos-1>S->len)               /*插入位置不正确,返回0*/
    {
        printf("插入位置不正确");
        return 0;
    }
    S->str = (char *)realloc(S->str,(S->len+T.len) * sizeof(char));
    if(!S->str)
    {
        printf("内存分配失败");
```

```
            exit(-1);
    }
    for(i=S->len-1;i>=pos-1;i--)         /*将串S中第pos个位置的字符往后移
                                            动T.len个位置*/
        S->str[i+T.len]=S->str[i];
    for(i=0;i<T.len;i++)                 /*将串T的字符赋值到S中*/
        S->str[pos+i-1]=T.str[i];
    S->len=S->len+T.len;                 /*修改串的长度*/
    return 1;
}
```

(8) 串的删除。

```
int StrDelete(HeapString *S,int pos,int len)
/*在串S中删除从pos开始的len个字符*/
{
    int i;
    char *p;
    if(pos<0||len<0||pos+len-1>S->len)    /*如果参数不合法,则返回0*/
    {
        printf("删除位置不正确,参数len不合法");
        return 0;
    }
    p=(char *)malloc(S->len-len);         /*p指向动态分配的内存单元*/
    if(!p)
        exit(-1);
    for(i=0;i<pos-1;i++)                  /*将串第pos位置之前的字符复制到
                                            p中*/
        p[i]=S->str[i];
    for(i=pos-1;i<S->len-len;i++)         /*将串第pos+len位置以后的字符复
                                            制到p中*/
        p[i]=S->str[i+len];
    S->len=S->len-len;                    /*修改串的长度*/
    free(S->str);                         /*释放原来的串S的内存空间*/
    S->str=p;                             /*将串的str指向p字符串*/
    return 1;
}
```

(9) 串的连接。

```
int StrConcat(HeapString *T,HeapString S)
/*将串S连接在串T的后面*/
{
    int i;
```

```c
        T->str = (char * )realloc(T->str,(T->len + S.len) * sizeof(char));
                                            /* 重新分配内存空间,使串的长度为
                                               S 和 T 的长度和,T 中原来的内容
                                               不变 */
        if(! T->str)
        {
            printf("分配空间失败");
            exit(-1);
        }
        else
        {
            for(i = T->len;i<T->len + S.len;i++ )      /* 串 S 直接连接在 T 的末尾 */
                T->str[i] = S.str[i - T->len];
            T->len = T->len + S.len;                   /* 修改串 T 的长度 */
        }
        return 1;
    }
```

(10) 求子串。

```c
    int SubString(HeapString * Sub,HeapString S,int pos,int len)
    /* 从串 S 中的第 pos 个位置截取长度为 len 的子串赋值给 Sub */
    {
        int i;
        if(Sub->str)
            free(Sub->str);
        if(pos<0||len<0||pos + len - 1>S.len)           /* 如果参数不合法,则返回 0 */
        {
            printf("参数 pos 和 len 不合法");
            return 0;
        }
        else
        {
            Sub->str = (char * )malloc(len * sizeof(char));    /* 动态分配存储单元 */
            if(! Sub->str)
            {
                printf("存储分配失败");
                exit(-1);
            }
            for(i = 0;i<len;i++ )                       /* 将串 S 的第 pos 个位置长度为
                                                           len 的字符赋值给 Sub */
                Sub->str[i] = S.str[i + pos - 1];
            Sub->len = len;                             /* 修改 Sub 的长度 */
```

```
        return 1;
    }
}
```

(11) 串的替换。

```
int StrReplace(HeapString * S,HeapString T,HeapString V)
/*将串S中的所有子串T用V替换*/
{
    int i = 0;
    int flag;
    if(StrEmpty(T))                        /*如果T是空串,返回0*/
        return 0;
    do
    {
        i = StrIndex( * S,i,T);            /*利用串的定位函数在串S中查找T的位置*/
        if(i)
        {
            StrDelete(S,i,StrLength(T));   /*如果找到子串T,则将S中的串T删除*/
            flag = StrInsert(S,i,V);       /*将子串V插入到原来删除T的位置*/
            if(! flag)                     /*如果没有插入成功,则返回0*/
                return 0;
            i + = StrLength(V);            /*在串S中,跳过子串V长度个字符,继续查找T*/
        }
    }while(i);
    return 1;
}
```

(12) 串的定位。

```
int StrIndex(HeapString S,int pos,HeapString T)
/*在主串S中的第pos个位置开始查找子串T,如果找到返回子串在主串的位置;否则,返回-1*/
{
    int i,j;
    if(StrEmpty(T))                        /*如果串T为空,则返回0*/
        return 0;
    i = pos;
    j = 0;
    while(i<S. len&&j<T. len)
    {
        if(S. str[i] = = T. str[j])        /*如果串S和串T中对应位置字符相等,则继续比
                                             较下一个字符*/
        {
            i + + ;
```

```
                j++;
            }
            else                    /*如果当前对应位置的字符不相等,则从串S的下
                                     一个字符开始,T的第0个字符开始比较*/
            {
                i = i - j + 1;
                j = 0;
            }
    }
    if(j >= T.len)                  /*如果在S中找到串T,则返回子串T在主串S的
                                     位置*/
        return i - j + 1;
    else
        return -1;
}
```

(13) 清空串。

```
void StrClear(HeapString * S)
/*清空串*/
{
    if(S->str)
        free(S->str);               /*释放串S的内存空间*/
    S->str = '\0';                  /*将串的内容置为空*/
    S->len = 0;                     /*将串的长度置为0*/
}
```

(14) 销毁串。

```
void StrClear(HeapString * S)
/*销毁串*/
{
    if(S->str)
        free(S->str);
}
```

> **注意:**
> 在堆串的操作过程中,如果串使用完毕,需要将串的内存单元释放。在顺序存储的串操作中,下标的使用特别频繁,需要特别小心。

4.2.3 块链存储表示与实现

1. 块链存储结构

串的链式存储结构与线性表的链式存储类似,通过一个结点实现。结点包含两个

域:数据域和指针域。采用链式存储结构的串称为链串。链串中每个结点可以存放一个字符,也可以存放多个字符。例如,一个结点包含 4 个字符,即结点大小为 4 的链串如图 4-4 所示。

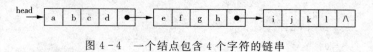

图 4-4 一个结点包含 4 个字符的链串

由于串长不一定是结点大小的整数倍,因此,链串中的最后一个结点不一定被串值占满,可以补上特殊的字符如'♯'。例如一个含有 10 个字符的链串,通过补上两个'♯'填满数据域。如图 4-5 所示。

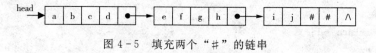

图 4-5 填充两个"♯"的链串

一个结点大小为 1 的链串如图 4-6 所示。

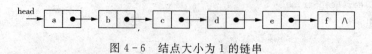

图 4-6 结点大小为 1 的链串

为了方便串的操作,除了用链表实现串的存储,还增加一个尾指针和一个表示串长度的变量。其中,尾指针指向链表(链串)的最后一个结点。因为块链的结点的数据域可以包含多个字符,所以串的链式存储结构也称为块链结构。

链串的存储类型描述如下:

```
#define CHUNKSIZE 10
#define stuff '♯'
typedef struct Chunk        /*串的结点类型定义*/
{
    char ch[CHUNKSIZE];
    struct Chunk * next;
}Chunk;
typedef struct              /*链串的类型定义*/
{
    Chunk * head;
    Chunk * tail;
    int len;
}LinkString;
```

其中,CHUNKSIZE 是结点的大小,可以由用户定义。当 CHUNKSIZE 等于 1 时,链串就变成一个普通链表。当 CHUNKSIZE 大于 1 时,链串中的每个结点可以存放多个字符,如果最后一个结点没有填充满,使用'♯'填充,在算法实现中,用 stuff 代替

'#'。head 表示头指针，指向链串的第 1 个结点。tail 表示尾指针，指向链串的最后一个结点。

> **注意**：
> 链串中每个结点存放多个字符，可以有效利用存储空间。

2. 链串的基本运算

下面给出链串的基本操作的算法实现（算法实现保存在文件"LinkString.h"中）。

(1) 串的初始化。

```
void InitString(LinkString * S)
/* 初始化串 S */
{
    S->len = 0;                         /* 将串的长度置为 0 */
    S->head = S->tail = NULL;           /* 将串的头指针和尾指针置为空 */
}
```

(2) 串的赋值。

```
int StrAssign(LinkString * S,char * cstr)
/* 生成一个其值等于 cstr 的串 S。成功返回 1,否则返回 0 */
{
    int i,j,k,len;
    Chunk * p, * q;
    len = strlen(cstr);                 /* len 为链串的长度 */
    if(! len)
        return 0;
    S->len = len;
        j = len/CHUNKSIZE;              /* j 为链串的结点数 */
    if(len % CHUNKSIZE)
        j++;
    for(i = 0;i<j;i++)
    {
        p = (Chunk * )malloc(sizeof(Chunk));   /* 动态生成一个结点 */
        if(! p)
            return 0;
        for(k = 0;k<CHUNKSIZE&& * cstr;k++ )   /* 将字符串 ctrs 中的字符赋值给链串的数
                                                  据域 */
            * (p->ch + k) = * cstr++ ;
        if(i = = 0)                            /* 如果是第 1 个结点 */
            S->head = q = p;                   /* 头指针指向第 1 个结点 */
```

```
            else
            {
                q->next = p;
                q = p;
            }
            if(! *cstr)                         /* 如果是最后一个链结点 */
            {
                S->tail = q;                    /* 将尾指针指向最后一个结点 */
                q->next = NULL;                 /* 将尾指针的指针域置为空 */
                for(;k<CHUNKSIZE;k++)           /* 将最后一个结点用'#'填充 */
                    *(q->ch+k) = stuff;
            }
        }
    return 1;
}
```

(3) 判断串是否为空。

```
int StrEmpty(LinkString S)
/* 判断串是否为空。如果 S 为空串,则返回 1,否则返回 0 */
{
    if(S.len == 0)
        return 1;                               /* 如果串为空,返回 1 */
    else
        return 0;                               /* 如果串非空,返回 0 */
}
```

(4) 求串的长度。

```
int StrLength(LinkString S)
/* 求串的长度 */
{
    return S.len;
}
```

(5) 串的复制。

```
int StrCopy(LinkString *T,LinkString S)
/* 串的复制 */
{
    char *str;
    int flag;
    if(! ToChars(S,&str))                       /* 将串 S 中的字符拷贝到字符串 str 中 */
        return 0;
    flag = StrAssign(T,str);                    /* 将字符串 str 的字符赋值到串 T 中 */
    free(str);                                  /* 释放 str 的空间 */
```

```
    return flag;
}
```

（6）串的转换。

```
int ToChars(LinkString S,char * cstr)
```
/* 串的转换操作。将串 S 的内容转换为字符串,将串 S 中的字符拷贝到 cstr。成功返回 1,否则返回 0 */
```
{
    Chunk * p = S.head;              /* 将 p 指向串 S 中的第 1 个结点 */
    int i;
    char * q;
    * cstr = (char * )malloc((S.len + 1) * sizeof(char));
    if(! cstr||! S.len)
        return 0;
    q = * cstr;                      /* 将 q 指向 cstr */
    while(p)                         /* 块链没结束 */
    {
        for(i = 0;i<CHUNKSIZE;i + + )
            if(p->ch[i]! = stuff)    /* 如果当前字符不是填充的特殊字符'♯',则将 S
                                        中字符赋值给 q */
                * q + + = (p->ch[i]);
        p = p->next;
    }
    ( * cstr)[S.len] = 0;            /* 在字符串的末尾添加结束标志 */
    return 1;
}
```

（7）串的比较。

```
int StrCompare(LinkString S,LinkString T)
```
/* 串的比较操作。若 S 的值大于 T,则返回正值;若 S 的值等于 T,则返回 0;若 S 的值小于 T,则返回负值 */
```
{
    char * p, * q;
    int flag;
    if(! ToChars(S,&p))              /* 将串 S 转换为字符串 p */
        return 0;
    if(! ToChars(T,&q))              /* 将串 T 转换为字符串 q */
        return 0;
    for(; * p! = '\0' && * q! = '\0';)
        if( * p = = * q)
        {
            p + + ;
```

```
            q++;
        }
        else
flag = *p-*q;
        free(p);                    /* 释放 p 的空间 */
free(q);                            /* 释放 q 的空间 */
if(*p=='\0'||*q=='\0')
        return S.len-T.len;
else
        return flag;
}
```

(8) 串的连接。

```
int StrConcat(LinkString *T,LinkString S)
/*串的连接操作。将串 S 连接在串 T 的尾部*/
{
    int flag1,flag2;
    LinkString S1,S2;
    InitString(&S1);
    InitString(&S2);
    flag1 = StrCopy(&S1,*T);        /*将串 T 的内容拷贝到 S1 中*/
    flag2 = StrCopy(&S2,S);         /*将串 S 的内容拷贝到 S2 中*/
    if(flag1==0||flag2==0)          /*如果有一个串拷贝不成功,则返回 0*/
        return 0;
    T->head = S1.head;              /*修改串 T 的头指针*/
    S1.tail->next = S2.head;        /*将串 S1 和 S2 首尾相连*/
    T->tail = S2.tail;              /*修改串 T 的尾指针*/
    T->len = S.len+T->len;          /*修改串 T 的长度*/
    return 1;
}
```

(9) 串的插入。

```
int StrInsert(LinkString *S, int pos,LinkString T)
/*串的插入操作。在串 S 的第 pos 个位置插入串 T*/
{
    char *t1,*s1;
    int i,j;
    int flag;
    if(pos<1||pos>S->len+1)         /*如果插入位置不合法*/
        return 0;
    if(!ToChars(*S,&s1))            /*将串 S 转换为字符串 s1*/
        return 0;
```

```c
        if(! ToChars(T,&t1))                    /*将串T转换为字符串t1*/
            return 0;
        j = strlen(s1);                         /*j为字符串s1的长度*/
        s1 = (char * )realloc(s1,(j + strlen(t1) + 1) * sizeof(char));  /*为s1重新分配空间*/
        for(i = j;i> = pos - 1;i - - )
            s1[i + strlen(t1)] = s1[i];         /*将字符串s1中的第pos以后的字符向后移动
                                                  strlen(t1)个位置*/
        for(i = 0;i<(int)strlen(t1);i + + )     /*在字符串s1中插入t1*/
            s1[pos + i - 1] = t1[i];
        InitString(S);                          /*释放S的原有存储空间*/
        flag = StrAssign(S,s1);                 /*由s1生成串S*/
        free(t1);
        free(s1);
        return flag;
}
```

(10) 串的删除。

```c
int StrDelete(LinkString * S,int pos,int len)
/*串的删除操作。将串S中的第pos个字符起长度为len的子串删除*/
{
    char * str;
    int i;
    int flag;
    if(pos<1||pos>S- >len - len + 1||len<0)    /*参数不合法*/
        return 0;
    if(! ToChars( * S,&str))                    /*将串S转换为字符串str*/
        return 0;
    for(i = pos + len - 1;i< = (int)strlen(str);i + + )  /*将字符串中第pos个字符起的长
                                                          度为len的子串删除*/
        str[i - len] = str[i];
    InitString(S);                              /*释放S的原有存储空间*/
    flag = StrAssign(S,str);                    /*将字符串str转换为串S*/
    free(str);
    return flag;
}
```

(11) 求子串。

```c
int SubString(LinkString * Sub,LinkString S,int pos,int len)
/*取子串操作。用Sub返回串S的第pos个字符起长度为len的子串。*/
{
    char * t, * str;
    int flag;
```

```
        if(pos<1||pos>S.len||len<0||len>S.len-pos+1)   /*参数不合法*/
            return 0;
        if(!ToChars(S,&str))                             /*将串S转换为字符串str*/
            return 0;
        t = str + pos - 1;                               /*t指向字符串str中的pos个
                                                           字符*/
        t[len] = '\0';                                   /*将Sub结束处置为'\0'*/
        flag = StrAssign(Sub,t);                         /*将字符串t转换为Sub*/
        free(str);
        return flag;
    }
```

(12) 清空串。

```
    void ClearString(LinkString * S)
    /*清空串*/
    {
        Chunk * p, * q;
        p = S->head;
        while(p)
        {
            q = p->next;
            free(p);
            p = q;
        }
        S->head = S->tail = NULL;
        S->len = 0;
    }
```

4.3 串的模式匹配

串的模式匹配也称为子串的定位操作,即查找子串在主串中出现的位置。

4.3.1 Brute-Force 经典算法

串的模式匹配也称为子串的定位操作。设有主串 S 和子串 T,如果在主串 S 中找到一个与子串 T 相等的子串,则返回串 T 的第 1 个字符在串 S 中的位置。其中,主串 S 又称为目标串,子串 T 又称为模式串。

Brute-Force 算法的思想是:从主串 $S=\text{"}s_0s_1\cdots s_{n-1}\text{"}$ 的第 pos 个字符开始与子串 $T=\text{"}t_0t_1\cdots t_{m-1}\text{"}$ 的第 1 个字符比较,如果相等则继续逐个比较后续字符;否则从主串的下一个字符开始与子串 T 的第 1 个字符重新开始比较,依次类推。如果在主串 S 中存在与子串 T 相等的连续的字符序列,则匹配成功,函数返回子串 T 中第 1 个字符在主串 S 中的位置；否则，函数返回 -1。

例如，主串 S="abaababaddecab"，子串 T="abad"，S 的长度为 n=13，T 的长度为 m=4。模式匹配的过程如图 4-7 所示。

假设串采用顺序存储方式存储，则 Brute-Force 匹配算法如下：

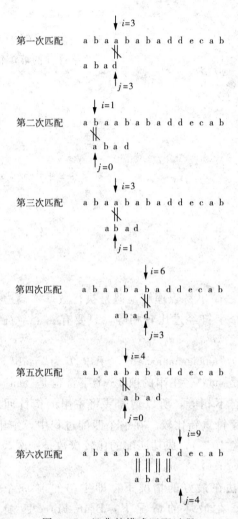

图 4-7 经典的模式匹配过程

```
int B_FIndex(SeqString S,int pos,SeqString T)
/* 在主串 S 中的第 pos 个位置开始查找子串 T,如果找到返回子串在主串的位置;否则,返
   回 -1 */
{
    int i,j;
    i = pos - 1;
    j = 0;
    while(i<S.length&&j<T.length)
    {
```

```
            if(S.str[i] = = T.str[j])           /* 如果串 S 和串 T 中对应位置字符相等,则继续比
                                                   较下一个字符*/
            {
                i++;
                j++;
            }
            else                                /* 如果当前对应位置的字符不相等,则从串 S 的下
                                                   一个字符、T 的第 0 个字符开始比较*/
            {
                i = i - j + 1;
                j = 0;
            }
    }
    if(j> = T.length)                           /* 如果在 S 中找到串 T,则返回子串 T 在主串 S 的
                                                   位置*/
        return i - j + 1;
    else
        return - 1;
}
```

Brute-Force 匹配算法简单易于理解,但是执行效率不高。在 Brute-Force 算法中,即使主串与子串已有多个字符经过比较相等,只要有一个字符不相等,就需要将主串的比较位置回退。

例如,假设主串 S 为"aaaaaaaaaaaab",子串 T 为"aaab"。其中,$n=14$,$m=4$。因为子串的前 3 个字符是"aaa",主串的前 13 个字符也是"aaa",每次比较子串的最后一个字符与主串中的字符不相等,所以均需要将主串的指针回退,从主串的下一个字符开始与子串的第 1 个字符重新比较。在整个匹配过程中,主串的指针需要回退 9 次,匹配不成功的比较次数是 10×4,成功匹配的比较次数是 4 次,因此总的比较次数是 $10 \times 4 + 4 = 11 \times 4$ 即 $(n-m+1) \times m$。

Brute-Force 匹配算法在最好的情况下,即主串的前 m 个字符刚好与子串相等,时间复杂度为 $O(m)$。在最坏的情况下,Brute-Force 匹配算法的时间复杂度是 $O(n \times m)$。

4.3.2 KMP 算法

KMP 算法是由 D.E.Knuth、J.H.Morris、V.R.Pratt 共同提出的,因此被称为 Knuth-Morris-Pratt 算法,简称为 KMP 算法。KMP 算法比 Brute-Force 算法有较大改进,主要是消除了主串指针的回退,使算法效率有了很大程度的提高。

1. KMP 算法思想

KMP 算法的主要思想是:每当一次匹配过程中出现字符不等时,不需要回退主串的指针,而是利用已经得到前面"部分匹配"的结果,将子串向右滑动若干个字符,

例如,仍然假设主串 $S=$"abaababaddecab",子串 $T=$"abad"。KMP 算法匹配过程如图 4-8 所示。

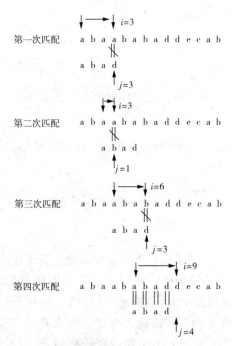

图 4-8 KMP 算法的匹配过程

从图 4-8 中可以看出,KMP 算法的匹配次数由原来的 6 次减少为 4 次。在第一次匹配的过程中,当 $i=3$、$j=3$,主串中的字符与子串中的字符不相等,Brute-Force 算法从 $i=1$、$j=0$ 开始比较。而这种将主串的指针回退的比较是没有必要的,在第一次比较遇到主串与子串中的字符不相等时,有 $S_0=T_0=$'a'、$S_1=T_1=$'b'、$S_2=T_2=$'a'、$S_3\neq T_3$。因为 $S_1=T_1$ 且 $T_0\neq T_1$,所以 $S_1\neq T_0$,S_1 与 T_0 不必比较。又因为 $S_2=T_0$ 且 $T_0=T_2$,有 $S_2=T_0$,所以从 S_3 与 T_1 开始比较。

同理,在第三次比较主串中的字符与子串中的字符不相等时,只需要将子串向右滑动两个字符,进行 $i=5$、$j=0$ 的字符比较。在整个 KMP 算法中,主串中的 i 指针没有回退。

下面来讨论一般情况。假设主串 $S=$"$s_0s_1\cdots s_{n-1}$",$T=$"$t_0t_1\cdots t_{m-1}$"。在模式匹配过程中,如果出现字符不匹配的情况,即当 $s_i\neq t_j$($0\leq i<n$,$0\leq j<m$)时,有

$$"s_{i-j}s_{i-j+1}\cdots s_{i-1}"="t_0t_1\cdots t_{j-1}"$$

假设子串即模式串存在可重叠的真子串,即

$$"t_0t_1\cdots t_{k-1}"="t_{j-k}t_{j-k+1}\cdots t_{j-1}"$$

也就是说,子串中存在从 t_0 开始到 t_{k-1} 与从 t_{j-k} 到 t_{j-1} 的重叠子串,则存在主串 "$s_{i-k}s_{i-k+1}\cdots s_{i-1}$" 与子串"$t_0t_1\cdots t_{k-1}$" 相等。如图 4-9 所示。因此,下一次可以直接从

比较 s_i 和 t_k 开始。

如果令 $next[j]=k$，则 $next[j]$ 表示当子串中的第 j 个字符与主串中对应的字符不相等时，在子串中需要重新与主串中该字符进行比较的字符的位置。子串（模式串）中的 $next$ 函数定义如下：

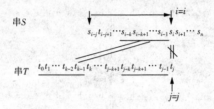

图 4-9 在子串有重叠时主串与子串模式匹配

$$next[j]=\begin{cases}-1, & \text{当}j=0\text{时}\\ \text{Max }\{k\mid 0<k<j\text{ 且 ''}t_0t_1\cdots t_{k-1}\text{''}=\text{''}t_{j-k}t_{j-k+1}\cdots t_{j-1}\text{''}\}, & \text{当该集合不空时}\\ 0, & \text{其他情况}\end{cases}$$

其中，第一种情况，$next[j]$ 的函数是为了方便算法设计而定义的；第二种情况，如果子串（模式串）中存在重叠的真子串，则 $next[j]$ 的取值就是 k，即模式串的最长子串的长度；第三种情况，如果模式串中不存在重叠的子串，则从子串的第 1 个字符开始比较。

KMP 算法的模式匹配过程：如果模式串 T 中存在真子串 "$t_0t_1\cdots t_{k-1}$" = "$t_{j-k}t_{j-k+1}\cdots t_{j-1}$"，当模式串 T 与主串 S 的 s_i 不相等，则按照 $next[j]=k$ 将模式串向右滑动，从主串中的 s_i 与模式串的 t_k 开始比较。如果 $s_i=t_k$，则主串与子串的指针各自增 1，继续比较下一个字符。如果 $s_i\neq t_k$，则按照 $next[next[j]]$ 将模式串继续向右滑动，将主串中的 s_i 与模式串中的 $next[next[j]]$ 字符进行比较。如果仍然不相等，则按照以上方法，将模式串继续向右滑动，直到 $next[j]=-1$ 为止。这时，模式串不再向右滑动，比较 s_{i+1} 与 t_0。利用 $next$ 函数的模式匹配过程如图 4-10 所示。

利用模式串 T 的 $next$ 函数值求 T 在主串 S 中的第 pos 个字符之后的位置的 KMP 算法描述如下。

```
int KMP_Index(SeqString S,int pos,SeqString T,int next[])
/* KMP 模式匹配算法。利用模式串 T 的 next 函数在主串 S 中的第 pos 个位置开始查找子串 T,如
   果找到返回子串在主串的位置;否则,返回 -1 */
{
    int i,j;
    i = pos - 1;
    j = 0;
    while(i<S.length&&j<T.length)
    {
        if(j = = -1||S.str[i] = = T.str[j])     /* 如果 j = -1 或当前字符相等,则继续比
                                                   较后面的字符 */
        {
```

```
            i++;
            j++;
        }
    else                                    /* 如果当前字符不相等,则将模式串向右
                                                移动 */
        j = next[j];                        /* 数组 next 保存 next 函数值 */
    }
    if(j >= T.length)                       /* 匹配成功,返回子串在主串中的位置。
                                                否则返回 -1 */
        return i - T.length + 1;
    else
        return -1;
}
```

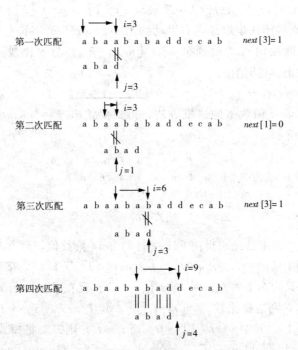

图 4-10　利用 next 函数的模式匹配过程

2. 求 next 函数值

上面的 KMP 模式匹配算法是建立在模式串的 next 函数值已知的基础上的。下面来讨论模式串的 next 函数问题。

从上面的分析可以看出,模式串的 next 函数值的取值与主串无关,仅仅与模式串相关。根据模式串 next 函数定义,next 函数值可以递推得到。

设 $next[j] = k$,表示在模式串 T 中存在以下关系。

$$"t_0 t_1 \cdots t_{k-1}" = "t_{j-k} t_{j-k+1} \cdots t_{j-1}"$$

其中，$0<k<j$，k 为满足等式的最大值，即不可能存在 $k'>k$ 满足以上等式。那么计算 $next[j+1]$ 的值可能有两种情况出现。

(1) 如果 $t_j=t_k$，则表示在模式串 T 中满足以下关系：

$$"t_0t_1\cdots t_k"="t_{j-k}t_{j-k+1}\cdots t_j"$$

并且不可能存在 $k'>k$ 满足以上等式。因此有

$$next[j+1]=k+1，即\ next[j+1]=next[j]+1$$

(2) 如果 $t_j\neq t_k$，则表示在模式串 T 中满足以下关系：

$$"t_0t_1\cdots t_k"\neq"t_{j-k}t_{j-k+1}\cdots t_j"$$

在这种情况下，可以把求 $next$ 函数值的问题看成一个模式匹配的问题。目前已经有 $"t_0t_1\cdots t_{k-1}"="t_{j-k}t_{j-k+1}\cdots t_{j-1}"$，但是 $t_j\neq t_k$，把模式串 T 向右滑动到 $k'=next[k]$（$0<k'<k<j$），如果有 $t_j=t_{k'}$，则表示模式串中有 $"t_0t_1\cdots t_{k'}"="t_{j-k'}t_{j-k'+1}\cdots t_j"$，因此有

$$next[j+1]=k'+1，即\ next[j+1]=next[k]+1$$

如果 $t_j\neq t_{k'}$，则将模式串继续向右滑动到第 $next[k']$ 个字符与 t_j 比较。如果仍不相等，则将模式串继续向右滑动到第 $next[next[k']]$ 与 t_j 比较。依次类推，直到 $next[0]=-1$ 为止。这时有

$$next[j+1]=next[0]+1=-1+1=0$$

例如，由以上 $next$ 函数值的递推方法，得到模式串 $T="abaabacaba"$ 的 $next$ 函数值。如图 4-11 所示。

```
       j   0  1  2  3  4  5  6  7  8  9
模式串     a  b  a  a  b  a  c  a  b  a
next[j]   -1  0  0  1  1  2  3  0  1  2
```

图 4-11 模式串的 $next$ 函数值

在图 4-11 中，如果已经求得前 5 个字符的 $next$ 函数值，现在求 $next[5]$，因为 $next[4]=1$，又因为 $t_4=t_1$，则 $next[5]=next[4]+1=2$。接着求 $next[6]$，因为 $next[5]=2$，又因为 $t_5=t_2$，则 $next[6]=3$。现在求 $next[7]$，因为 $next[6]=3$，又因为 $t_6\neq t_3$，则需要比较 t_6 与 $next[3]$，其中 $next[3]=1$，而 $t_6\neq t_1$，则需要比较 t_6 与 $next[1]$，其中 $next[1]=0$，而 $t_6\neq t_0$，则需要将模式串继续向右滑动，因为 $next[0]=-1$，所以 $next[7]=0$。求 $next[8]$ 和 $next[9]$ 依次类推。

求 $next$ 函数值的算法如下。

```
int GetNext(SeqString T,int next[])
/*求模式串 T 的 next 函数值并存入数组 next*/
{
    int j,k;
    j = 0;
    k = -1;
    next[0] = -1;
    while(j<T. length)
```

```
    {
        if(k = = -1||T.str[j] = = T.str[k])    /* 如果 k = -1 或当前字符相等,则继
                                                   续比较后面的字符并将函数值存入
                                                   到 next 数组 */
        {
            j + +;
            k + +;
            next[j] = k;
        }
        else                                    /* 如果当前字符不相等,则将模式串向
                                                   右移动继续比较 */
            k = next[k];
    }
}
```

求 $next$ 函数值的算法时间复杂度是 $O(m)$。

3. 改进的求 $next$ 函数算法

前面定义的求 $next$ 函数值在有些情况下存在缺陷。例如主串 $S=$"aaacabacaaaba" 与模式串 $T=$"aaab" 进行匹配时,当 $i=3$、$j=3$ 时,$s_3 \neq t_3$,而 $next[0]=-1$,$next[1]=0$,$next[2]=1$,$next[3]=2$,因此,需要将主串的 s_3 与子串中的 t_2、t_1、t_0 依次进行比较。因为模式串中的 t_3 与 t_0、t_1、t_2 都相等,没有必要将这些字符与主串的 s_3 进行比较,只需要将 s_4 与 t_0 直接进行比较。

在 $next$ 算法中,在求得 $next[j]=k$ 后,如果模式串中的 $t_j=t_k$,则当主串中的 $s_i \neq t_j$ 时,不需要再将 s_i 与 t_k 比较,而直接与 $t_{next[k]}$ 比较,此时的 $next[j]$ 与 $next[k]$ 的值相同,与 $next[j]$ 比较就没有意义。克服以上不必要的重复比较的方法是对数组进行修正:在求得 $next[j]=k$ 之后,判断 t_j 与 t_k 是否相等,如果相等,还需要继续将模式串向右滑动,使 $k=next[k]$,判断 t_j 与 t_k 是否相等,直到二者不等为止。

例如,模式串 $T=$"abcdabcdabc" 改进后的求 $next$ 函数值如图 4-12 所示:

j	0	1	2	3	4	5	6	7	8	9	10
模式串	a	b	c	d	a	b	c	d	a	b	d
$next[j]$	-1	0	0	0	0	1	2	3	4	5	6
$nextval[j]$	-1	0	0	0	-1	0	0	0	-1	0	6

图 4-12 求 $next$ 函数值改进算法

其中,$nextval[j]$ 中存放改进后的 $next$ 函数值。在图 4-12 中,如果主串中对应的字符 s_i 与模式串 T 对应的 t_8 失配,则应取 $t_{next[8]}$ 与主串的 s_i 比较,即 t_4 与 s_i 比较,因为 $t_4=t_8=$'a',所以也一定与 s_i 失配,则取 $t_{next[4]}$ 与 s_i 比较,即 t_0 与 s_i 比较,又 $t_0=$'a',也必然与 s_i 失配,则取 $next[0]=-1$,这时,模式串停止向右滑动。其中,t_4、t_0 与 s_i 比较是没有意义的,所以需要修正 $next[8]$ 和 $next[4]$ 的值为 -1。同理,用类似的方法修正其他 $next$ 函数值。

求 $next$ 函数值的改进算法如下。

```
int GetNextVal(SeqString T,int nextval[])
/* 求模式串 T 的 next 函数值的修正值并存入数组 nextval */
{
    int j,k;
    j = 0;
    k = -1;
    nextval[0] = -1;
    while(j<T.length)
    {
        if(k = = -1||T.str[j] = = T.str[k])        /* 如果 k = -1 或当前字符相等,则继
                                                      续比较后面的字符并将函数值存入
                                                      到 nextval 数组 */
        {
            j++;
            k++;
            if(T.str[j]! = T.str[k])               /* 如果所求的 nextval[j]与已有的
                                                      nextval[k]不相等,则将 k 存放在
                                                      nextval 中 */
                nextval[j] = k;
            else
                nextval[j] = nextval[k];
        }
        else                                        /* 如果当前字符不相等,则将模式串
                                                      向右移动继续比较 */
            k = nextval[k];
    }
}
```

4.3.3 模式匹配应用举例

下面通过实例来比较经典的 Brute-Force 算法与 KMP 算法的效率的优劣。

【例 4-1】 编写程序比较 Brute-Force 算法与 KMP 算法的效果。例如主串 $S=$ "cbaacbcacbcaacbcbc",子串 $T=$ "cbcaacbcbc",输出模式串的 $next$ 函数值与 $nextval$ 函数值,并比较 Brute-Force 算法与 KMP 算法的比较次数。

分析:通过主串的模式匹配比较 Brute-Force 算法与 KMP 算法的效果。经典的 Brute-Force 算法也是常用的算法,因为它不需要计算 $next$ 函数值。KMP 算法在模式串与主串存在许多部分匹配的情况下,其优越性才会显示出来。

1. 主函数部分

这部分主要包括头文件的引用、函数的声明、主函数及打印输出的代码实现。

```
#include<stdio.h>
#include<stdlib.h>
```

```c
#include<string.h>
#include"SeqString.h"
int B_FIndex(SeqString S,int pos,SeqString T,int *count);
int KMP_Index(SeqString S,int pos,SeqString T,int next[],int *count);
int GetNext(SeqString T,int next[]);
int GetNextVal(SeqString T,int nextval[]);
void PrintArray(SeqString T,int next[],int nextval[],int len);
void main()
{
    SeqString S,T;
    int count1=0,count2=0,count3=0,find;
    int next[40],nextval[40];
    /*第一个比较例子*/
    StrAssign(&S,"abaababaddecab");           /*给主串S赋值*/
    StrAssign(&T,"abad");                      /*给模式串T赋值*/
    GetNext(T,next);                           /*将next函数值保存在next数组*/
    GetNextVal(T,nextval);                     /*将改进后的next函数值保存在nextval
                                                 数组*/
    printf("模式串T的next和改进后的next值:\n");
    PrintArray(T,next,nextval,StrLength(T));   /*输出模式串T的next值与nextval值*/
    find=B_FIndex(S,1,T,&count1);              /*传统的模式串匹配*/
    if(find>0)
        printf("Brute-Force算法的比较次数为:%2d\n",count1);
    find=KMP_Index(S,1,T,next,&count2);
    if(find>0)
        printf("利用next的KMP算法的比较次数为:%2d\n",count2);
    find=KMP_Index(S,1,T,nextval,&count3);
    if(find>0)
        printf("利用nextval的KMP匹配算法的比较次数为:%2d\n",count3);
    /*第二个比较例子*/
    StrAssign(&S,"cbccccbcacbccbacbccbcbcbc"); /*给主串S赋值*/
    StrAssign(&T,"cbccbcbc");                  /*给模式串T赋值*/
    GetNext(T,next);                           /*将next函数值保存在next数组*/
    GetNextVal(T,nextval);                     /*将改进后的next函数值保存在nextval
                                                 数组*/
    printf("模式串T的next和改进后的next值:\n");
    PrintArray(T,next,nextval,StrLength(T));   /*输出模式串T的next值域nextval值*/
    find=B_FIndex(S,1,T,&count1);              /*传统的模式串匹配*/
    if(find>0)
        printf("Brute-Force算法的比较次数为:%2d\n",count1);
    find=KMP_Index(S,1,T,next,&count2);
    if(find>0)
```

```
            printf("利用 next 的 KMP 算法的比较次数为: %2d\n",count2);
    find = KMP_Index(S,1,T,nextval,&count3);
    if(find>0)
            printf("利用 nextval 的 KMP 匹配算法的比较次数为: %2d\n",count3);
}
void PrintArray(SeqString T,int next[],int nextval[],int len)
/*模式串 T 的 next 值与 nextval 值输出函数*/
{
    int j;
    printf("j:\t");
    for(j = 0;j<len;j++)
        printf(" %3d",j);
    printf("\n");
    printf("模式串:\t");
    for(j = 0;j<len;j++)
        printf(" %3c",T.str[j]);
    printf("\n");
    printf("next[j]:\t");
    for(j = 0;j<len;j++)
        printf(" %3d",next[j]);
    printf("\n");
    printf("nextval[j]:\t");
    for(j = 0;j<len;j++)
        printf(" %3d",nextval[j]);
    printf("\n");
}
```

2. 模式串匹配实现

这部分主要包括经典的 Brute-Force 算法与 KMP 算法的代码实现。

```
int B_FIndex(SeqString S,int pos,SeqString T,int *count)
/*在主串 S 中的第 pos 个位置开始查找子串 T,如果找到返回子串在主串的位置;否则,返回-1*/
{
int i,j;
i = pos-1;
j = 0;
*count = 0;                    /*count 保存主串与模式串的比较次数*/
while(i<S.len&&j<T.len)
{
    if(S.str[i] == T.str[j])    /*如果串 S 和串 T 中对应位置字符相等,则继续比较下一
                                  个字符*/
    {
        i++;
```

```c
            j++;
        }
        else                            /* 如果当前对应位置的字符不相等,则从串 S 的下一个字
                                           符开始,T 的第 0 个字符开始比较 */
        {
            i = i - j + 1;
            j = 0;
        }
        (*count)++;
    }
    if(j >= T.len)                      /* 如果在 S 中找到串 T,则返回子串 T 在主串 S 的位置 */
        return i - j + 1;
    else
        return -1;
}
int KMP_Index(SeqString S,int pos,SeqString T,int next[],int *count)
/* KMP 模式匹配算法。利用模式串 T 的 next 函数在主串 S 中的第 pos 个位置开始查找子串 T,如
   果找到返回子串在主串的位置;否则,返回 -1 */
{
    int i,j;
    i = pos - 1;
    j = 0;
    *count = 0;                         /* count 保存主串与模式串的比较次数 */
    while(i<S.len&&j<T.len)
    {
        if(j == -1||S.str[i] == T.str[j])    /* 如果 j = -1 或当前字符相等,则继续比
                                                较后面的字符 */
        {
            i++;
            j++;
        }
        else                            /* 如果当前字符不相等,则将模式串向右
                                           移动 */
            j = next[j];
        (*count)++;
    }
    if(j >= T.len)                      /* 匹配成功,返回子串在主串中的位置。
                                           否则返回 -1 */
        return i - T.len + 1;
    else
        return -1;
}
```

3. 求 $next$ 函数值部分

这部分包括 KMP 算法中的求 $next$ 函数值及改进的求 $next$ 函数值的代码实现。

```c
int GetNext(SeqString T,int next[])
/*求模式串 T 的 next 函数值并存入数组 next */
{
    int j,k;
    j = 0;
    k = -1;
    next[0] = -1;
    while(j<T.len)
    {
        if(k = = -1||T.str[j] = = T.str[k])   /*如果 k = -1 或当前字符相等,则继续比较
                                                 后面的字符并将函数值存入 next 中*/
        {
            j++;
            k++;
            next[j] = k;
        }
        else                                 /*如果当前字符不相等,则将模式串向右移动
                                                 继续比较*/
            k = next[k];
    }
}

int GetNextVal(SeqString T,int nextval[])
/*求模式串 T 的 next 函数值的修正值并存入数组 next */
{
    int j,k;
    j = 0;
    k = -1;
    nextval[0] = -1;
    while(j<T.len)
    {
        if(k = = -1||T.str[j] = = T.str[k])   /*如果 k = -1 或当前字符相等,则继续比较
                                                 后面字符并将函数值存入 nextval 中*/
        {
            j++;
            k++;
            if(T.str[j]! = T.str[k])          /*如果所求的 nextval[j] 与已有的 nextval
                                                 [k]不相等,则将 k 存放在 nextval 中*/
                nextval[j] = k;
            else
```

```
                nextval[j] = nextval[k];
            }
            else                           /*如果当前字符不相等,则将模式串向右移动
                                              继续比较*/
                k = nextval[k];
        }
    }
```

程序运行结果如图 4－13 所示。

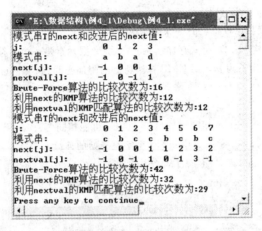

图 4－13 程序运行结果

小 结

  串是由零个或多个字符组成的有限序列。串中任意个连续的字符组成的子序列称为串的子串，相应地，包含子串的串称为主串。

  串的存储方式与线性表一样，也有两种存储结构：顺序存储结构和链式存储结构。其中，串的顺序存储包括静态分配的方式和动态分配的方式，在静态分配的顺序串中，串的连接、插入、替换等操作由于需要事先分配存储空间，可能会由于事先分配的内存空间不足而出现串的一部分字符被截断；而若采用动态分配存储单元，则可以避免这种情况的出现，不过，在内存单元使用完毕后，要释放这些单元。

  串的链式存储结构也称为块链的存储结构，它是采用一个"块"作为结点的数据域，存储串中的若干个字符。但是这种结构会给串的各种操作带来不便，因为在串的操作过程中，需要一个块一个块的取数据和存储数据，而串的长度可能不是块大小的整数倍，此时通常用'#'来填充最后的一个结点的数据域空出的部分。

  串的模式匹配是在主串 S 中，从 pos 的位置开始查找子串 T，如果找到，返回子串 T 在主串 S 中第 1 个字符出现的位置。串的模式匹配有两种方法：Brute-Force 算法和 KMP 算法。Brute-Force 是经典的模式匹配算法，在每次出现主串与模式串的字符不相等时，主串的指针均需要回退。其实，主串的指针回退是不必要的。KMP 算法根据

模式串中的 $next$ 函数值，消除了主串中的字符与模式串中的字符不匹配时主串指针的回退。这种方法有效地提高了模式匹配的效率。

练 习 题

选择题

1. 设有两个串 S_1 和 S_2，求串 S_2 在 S_1 中首次出现位置的运算称作（　　）。
   A. 连接　　　　　　B. 求子串　　　　　　C. 模式匹配　　　　　　D. 判断子串
2. 已知串 $S=$'aaab'，则 $next$ 数组值为（　　）。
   A. 0123　　　　　　B. 1123　　　　　　　C. 1231　　　　　　　　D. 1211
3. 串与普通的线性表相比较，它的特殊性体现在（　　）。
   A. 顺序的存储结构　　B. 链式存储结构　　C. 数据元素是一个字符　　D. 数据元素任意
4. 设串长为 n，模式串长为 m，则 KMP 算法所需的附加空间为（　　）。
   A. $O(m)$　　　　　B. $O(n)$　　　　　　C. $O(m \times n)$　　　　D. $O(n\log_2 m)$
5. 空串和空格串（　　）。
   A. 相同　　　　　　B. 不相同　　　　　　C. 可能相同　　　　　　D. 无法确定
6. 设 $SUBSTR(S, i, k)$ 是求 S 中从第 i 个字符开始的连续 k 个字符组成的子串的操作，则对于 $S=$"Beijing&Nanjing"，$SUBSTR(S, 4, 5) = $（　　）。
   A. "ijing"　　　　　B. "jing&"　　　　　C. "ingNa"　　　　　　D. "ing&N"

算法分析题

1. 函数实现串的模式匹配算法，请在空格处将算法补充完整。

```
int index_bf(sqstring * s,sqstring * t,int start)
{
    int i = start - 1,j = 0;
    while(i<s->len&&j<t->len)
        if(s->data[i] = = t->data[j])
        {
            i + + ;j + + ;
        }
        else
        {
            i =          ;j = 0;
        }
    if(j> = t->len)
        return          ;
    else
        return - 1;
}
```

2. 写出下面算法的功能。

```
int function(SqString *s1,SqString *s2)
{
    int i;
    for(i=0;i<s1->length&&i<s1->length;i++)
        if(s->data[i]!=s2->data[i])
            return s1->data[i]-s2->data[i];
    return s1->length-s2->length;
}
```

3. 写出算法的功能。

```
int fun(sqstring *s,sqstring *t,int start)
{
    int i=start-1,j=0;
    while(i<s->len&&j<t->len)
        if(s->data[i]==t->data[j])
        {
            i++;j++;
        }
        else
        {
            i=i-j+1;j=0;
        }
    if(j>=t->len)
        return i-t->len+1;
    else
        return -1;
}
```

算法设计题

1. 利用串的基本运算，编写算法将主串 S 中的子串 T 删除。假设主串 $S=$"abcaabcbcacbbc"，子串 $T=$"caabc"，则将子串删除后主串 $S=$"abbcacbbc"。

2. 编写一个算法，计算子串 T 在主串 S 中出现的次数。

3. 实现字符串的比较函数与字符串的拷贝函数。字符串的比较函数原型为：int strcmp (char *s1, char *s2)；字符串的拷贝函数原型为：char *strcpy (char *dest, char *src)。

第 5 章 数组与广义表

数组和广义表可看作是一种扩展的线性数据结构。线性表、栈、队列、串中的数据元素都是不可再分的原子类型，而数组和广义表中的数据元素是可以再分的。数组可看成是线性表的线性表，广义表中的元素可以是单个元素或子表。因此，数组和广义表中的数据元素可以是单个元素也可以是一个线性结构，从这个意义上讲，数组和广义表是线性表的推广。广义表被广泛应用于人工智能等领域，在 Lisp 语言中，广义表是一种基本的数据结构。

5.1 数组的定义与运算

数组是一种特殊的线性表，表中的元素可以是原子类型，也可以是一个线性表。

5.1.1 数组的定义

数组是由 n 个类型相同的数据元素组成的有限序列。其中，这 n 个数据元素占用一块地址连续的存储空间。数组中的数据元素可以是原子类型的，如整型、字符型、浮点型等，这种类型的数组称为一维数组；数组中的数据元素也可以是一个线性表，这种类型的数组称为二维数组。二维数组可以看成是线性表的线性表。

一个含有 n 个元素的一维数组可以表示成线性表 $A = (a_0, a_1, \cdots, a_{n-1})$。其中，$a_i$ ($0 \leqslant i \leqslant n-1$) 是表 A 中的元素，表中的元素个数是 n。

一个 m 行 n 列的二维数组可以看成是一个线性表，其中数组中的每个元素也是一个线性表。例如，$A = (p_0, p_1, \cdots, p_r)$ ($r = n-1$)，表中的每个元素 p_j ($0 \leqslant j \leqslant r$) 又是一个列向量表示的线性表，而 $p_j = (a_{0,j}, a_{1,j}, \cdots, a_{m-1,j})$，其中 $0 \leqslant j \leqslant n-1$。因此，这样的 m 行 n 列的二维数组可以表示成由列向量组成的线性表，如图 5-1 所示。

在图 5-1 中，二维数组的每一列可以看成是线性表中的一个元素。线性表 A 中的每一个元素 p_j ($0 \leqslant j \leqslant r$) 是一个列向量。同样，还可以将其看成是一个由行向量构成的线性表：$B = (q_0, q_1, \cdots, q_s)$ ($s = m-1$)，q_i 是一个行向量，$q_i = (a_{i,0}, a_{i,1}, \cdots,$

$a_{i,n-1}$）。如图 5-2 所示。

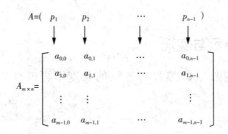

图 5-1 以列向量表示的二维数组

图 5-2 二维数组以行向量表示的示意图

同理，一个 n 维数组也可以看成是一个线性表，表中的每个数据元素是 $n-1$ 维的数组。n 维数组中的每个元素处于 n 个向量中，每个元素有 n 个前驱元素，也有 n 个后继元素。

5.1.2 数组的抽象数据类型

数组的抽象数据类型定义了栈中的数据对象、数据关系及基本操作。数组的抽象数据类型定义如下：

```
ADT Array
{
```
　　数据对象：$D = \{a_{j_1 j_2 \cdots j_n} | n(>0)$ 称为数组的维数，j_i 是数组的第 i 维下标，$1 \leqslant j_i \leqslant b_i$，其中，$b_i$ 为数组第 i 维的长度，$a_{j_1 j_2 \cdots j_n} \in \text{ElementSet}\}$

　　数据关系：$R = \{R_1, R_2, \cdots, R_n\}$

　　$R = \{\langle a_{j_1 \cdots j_i \cdots j_n}, a_{j_1 \cdots j_i+1 \cdots j_n} \rangle | 1 \leqslant j_k \leqslant b_k, 1 \leqslant k \leqslant n \text{ 且 } k \neq i, 1 \leqslant j_i \leqslant b_{i-1}, a_{j_1 \cdots j_i \cdots j_n},$
　　　$a_{j_1 \cdots j_i+1 \cdots j_n} \in D, i = 1, \cdots, n\}$

基本操作：

(1) InitArray(&A, n, bound1, ···, boundn)

如果维数和各维的长度合法，则构造数组 A，并返回 1，表示成功。

(2) DestroyArray(&A)

销毁数组 A。

(3) GetValue(A, &e, index1, ···, indexn)

如果下标合法，将数组 A 中对应的元素赋给 e，并返回 1，表示成功。

(4) SetValue(&A, e, index1, ···, indexn)

如果下标合法，将数组 A 中由下标 index1, ···, indexn 指定的元素值置为 e。

(5) LocateArray(A, ap, &offset)

根据数组的元素下标,求出该元素在数组中的相对地址。
}ADT Array

5.1.3 数组的顺序表示与实现

如果建立了数组,则数组的维数与各维的长度不再改变,因此,数组采用的是顺序存储方式。

1. 数组的顺序存储结构

在计算机中,存储器的结构是一维(线性)的结构。数组是一个多维的结构,如果要将一个多维的结构存放在一个一维的存储单元里,就必须先将多维的数组转换成一个一维的线性序列,才能将其存放在存储器中。

数组的存储方式有两种:一种是以行序为主序的存储方式;另一种是以列序为主序的存储方式。二维数组 A 以行序为主序的存储顺序为:$a_{0,0}$, $a_{0,1}$, $\cdots$, $a_{0,n-1}$, $a_{1,0}$, $a_{1,1}$, $\cdots$, $a_{1,n-1}$, $\cdots$, $a_{m-1,0}$, $a_{m-1,1}$, $\cdots$, $a_{m-1,n-1}$;以列序为主序的存储顺序为:$a_{0,0}$, $a_{1,0}$, $\cdots$, $a_{m-1,0}$, $a_{0,1}$, $a_{1,1}$, $\cdots$, $a_{m-1,1}$, $\cdots$, $a_{0,n-1}$, $a_{1,n-1}$, $\cdots$, $a_{m-1,n-1}$。数组 A 在计算机中的存储形式如图 5-3 所示。

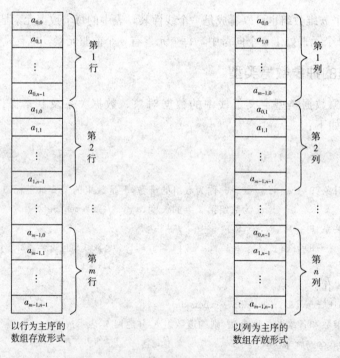

图 5-3 数组在内存中的存放形式

如果给定了数组的维数和各维的长度,就可以为数组分配存储空间。如果给定数组的下标,就可以求出相应数组元素的存储位置。

下面以行序为主序说明数组在内存中的存储地址与数组的下标之间的关系。假设数组中的每个元素占 L 个存储单元,则二维数组 A 中的任何一个元素 a_{ij} 的存储位置可以由以下公式确定：
$$Loc(i, j) = Loc(0, 0) + (i \times n + j) \times L$$

其中，$Loc(i, j)$ 表示元素 a_{ij} 的存储地址，$Loc(0, 0)$ 表示元素 a_{00} 的存储地址，即二维数组的起始地址或基地址。

如果将二维数组推广到更一般的情况，可以得到 n 维数组中数据元素的存储地址与数组的下标之间的关系：
$$Loc(j_1, j_2, \cdots, j_n) = Loc(0, 0, \cdots, 0) + (b_1 \times b_2 \times \cdots \times b_{n-1} \times j_0 + b_2 \times b_3 \times \cdots \times b_{n-1} \times j_1 + \cdots + b_{n-1} \times j_{n-2} + j_{n-1}) \times L$$

其中，b_i $(1 \leqslant i \leqslant n-1)$ 是第 i 维的长度，j_i 是数组的第 i 维下标。

数组的顺序存储结构类型描述如下：

```
#define MaxArraySize 3
#include<stdarg.h>          /*标准头文件,包含 va_start、va-arg、va_end 宏定义*/
typedef struct
{
    DataType * base;        /*数组元素的基地址*/
    int dim;                /*数组的维数*/
    int * bounds;           /*数组的每一维之间的界限的地址*/
    int * constants;        /*数组存储映像常量基地址*/
}Array;
```

其中，base 是数组元素的基地址，dim 是数组的维数，bounds 是数组的每一维之间的界限的地址，constants 是数组存储映像常量的基地址。

2. 数组的基本运算

在顺序存储结构中，数组的基本运算实现如下所示（以下算法的实现保存在文件"SeqArray.h"中）。

（1）数组的初始化。

```
int InitArray(Array * A,int dim,…)
/*数组的初始化*/
{
    int elemtotal = 1,i;                            /*elemtotal 是数组元素总数,初值
                                                      为 1*/
    va_list ap;
    if(dim<1||dim>MaxArraySize)                     /*如果维数不合法,返回 0*/
        return 0;
    A->dim = dim;
    A->bounds = (int *)malloc(dim * sizeof(int));   /*分配一个 dim 大小的内存单元*/
    if(! A->bounds)
        exit(-1);
    va_start(ap,dim);                               /*dim 是一个固定参数,即可变参数
```

```c
                                                     的前一个参数*/
    for(i = 0;i<dim; + + i)
    {
        A - >bounds[i] = va_arg(ap,int);       /*依次取得可变参数,即各维的
                                                  长度*/
        if(A - >bounds[i]<0)
            return - 1;
        elemtotal * = A - >bounds[i];          /*得到数组中元素总的个数*/
    }
    va_end(ap);
    A - >base = (DataType * )malloc(elemtotal * sizeof(DataType));   /*为数组分配所有元素
                                                                       分配内存空间*/
    if(! A - >base)
        exit(-1);
    A - >constants = (int * )malloc(dim * sizeof(int));   /*为数组的常量基址分配内存
                                                             单元*/
    if(! A - >constants)
        exit(-1);
    A - >constants[dim - 1] = 1;
    for(i = dim - 2;i> = 0; - - i)
        A - >constants[i] = A - >bounds[i + 1] * A - >constants[i + 1];
    return 1;
}
```

在具体的实现当中,使用了宏 va_list、va_arg、va_start 和 va_end,这些宏定义都是包含在 C 语言中的头文件 stdarg.h 中。首先定义一个指向可变参数的指针 ap,然后调用 va_start(ap,dim),使 ap 指向了 dim 的下一参数,即第一个变长参数,然后调用 va_arg(ap,int),返回可变参数的值,最后使用完毕 va_end(ap),结束对可变参数的获取。

> **说明:**
> 在数组的初始化算法中,使用了变长参数表"…"传递参数。变长形式参数主要用于参数不确定的情况,在上面的函数中,数组可能是二维的,则需要两个参数传递给形式参数;数组也可能是三维的,则需要将三个参数传递给形式参数。在函数的形式参数表中,变长形式参数表的前面至少要有一个固定参数。

(2) 销毁数组。

```c
void DestroyArray(Array * A)
/*销毁数组*/
{
    if(A - >base)
```

```
        free(A->base);
    if(A->bounds)
        free(A->bounds);
    if(A->constants)
        free(A->constants);
    A->base = A->bounds = A->constants = NULL;      /*将各个指针指向空*/
    A->dim = 0;
}
```

(3) 返回数组中指定的元素。

```
int GetValue(DataType *e,Array A,…)
/*返回数组中指定的元素,将指定的数组的下标的元素赋给e*/
{
    va_list ap;
    int offset;
    va_start(ap,A);
    if(LocateArray(A,ap,&offset) = = 0)             /*找到元素在数组中的相对位置*/
        return 0;
    va_end(ap);
    *e = *(A.base + offset);                        /*将元素值赋值给e*/
    return 1;
}
```

(4) 数组的赋值。

```
int SetValue(Array A,DataType e,…)
/*数组的赋值*/
{
    va_list ap;
    int offset;
    va_start(ap,e);
    if(LocateArray(A,ap,&offset) = = 0)             /*找到元素在数组中的相对位置*/
        return 0;
    va_end(ap);
    *(A.base + offset) = e;                         /*将e赋值给该元素*/
    return 1;
}
```

(5) 数组的定位。

```
int LocateArray(Array A,va_list ap,int *offset)
/*根据数组中元素的下标,求出该元素在A中的相对地址offset*/
{
    int i,instand;
    *offset = 0;
```

```
    for(i = 0;i<A.dim;i++)
    {
        instand = va_arg(ap,int);
        if(instand<0||instand> = A.bounds[i])
            return 0;
        * offset + = A.constants[i] * instand;
    }
    return 1;
}
```

3. 数组的应用举例

【例 5-1】 利用数组的基本操作实现对数组的初始化、赋值、返回数组的值及定位操作。定义一个二维数组 B，并将 B 初始化，然后将数组 B 的值依次赋值给数组 A，并将数组 A 的元素输出。

```
#include<stdio.h>
#include<malloc.h>
#include<stdlib.h>
#include<stdarg.h>           /*标准头文件,包含 va_start、va_arg、va_end 宏定义*/
typedef int DataType;
#include"SeqArray.h"
void main()
{
    Array A;
    DataType B[4][3] = {{12,13,14},{22,23,24},{33,34,35},{45,46,47}};
    int i,j;
    int dim = 2,bound1 = 4,bound2 = 3;           /*初始化数组的维数和各维的长度*/
    DataType e;
    InitArray(&A,dim,bound1,bound2);             /*构造一个 4×3 的二维数组 A*/
    printf("数组 A 的各维的长度是:");
    for(i = 0;i<dim;i++)                          /*输出数组 A 的各维的长度*/
        printf(" %3d",A.bounds[i]);

    printf("\n%d 行%d 列的矩阵元素:\n",bound1,bound2);
    for(i = 0;i<bound1;i++)
    {
        for(j = 0;j<bound2;j++)
        {
            SetValue(A,B[i][j],i,j);              /*将数组 B 的元素赋值给 A*/
            GetValue(&e,A,i,j);                   /*将数组 A 中的元素赋值给 e*/
            printf("A[%d][%d] = %3d\t",i,j,e);    /*输出数组 A 中的元素*/
        }
```

```
        printf("\n");
    }
    printf("利用基地址输出元素:\n");
    for(i = 0;i<bound1 * bound2;i + + )          /* 按照线性序列输出数组 A 中的元素 */
    {
        printf("第 % d 个元素 = % 3d\t",i + 1,A. base[i]);
        if((i + 1) % bound2 = = 0)
            printf("\n");
    }
    DestroyArray(&A);
}
```

程序的运行结果如图 5-4 所示。

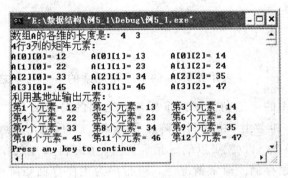

图 5-4　程序运行结果

5.2　特殊矩阵的压缩存储

矩阵是许多科学与工程计算中研究的数学对象。在此，我们感兴趣的不是矩阵本身，而是如何存储矩阵的元，从而使矩阵的各种运算能有效进行。在矩阵运算中，往往会发现矩阵中有许多相同的元素或值为零的元素。为了节省空间，需要将这些矩阵进行压缩存储。如果矩阵中的元素在矩阵中存在一定的规律，则称这种矩阵为特殊矩阵。如果矩阵中有许多的零元素但它们不具有规律性，则称这种矩阵为稀疏矩阵。

5.2.1　对称矩阵的压缩存储

如果一个 n 阶的矩阵 A 中的元素满足性质 $a_{ij}=a_{ji}$（$0 \leqslant i, j \leqslant n-1$），则称这种矩阵为 n 阶对称矩阵。

由于对称矩阵中的元素关于主对角线对称，因此，在对矩阵存储时，可以只存储对称矩阵中的上三角或者下三角的元素，使得对称的元素共享一个存储单元。这样就可以将 n^2 个元素存储在 $n(n+1)/2$ 的存储单元里。n 阶对称矩阵 A 如图 5-5 所示。这种按照某种规律将矩阵中的元素存储在一个较小的内存单元中的方式，称为矩阵的压缩存储。

$$A_{n\times n}=\begin{pmatrix} a_{0,0} & a_{0,1} & \cdots & a_{0,n-1} \\ a_{1,0} & a_{1,1} & \cdots & a_{1,n-1} \\ \vdots & \vdots & & \vdots \\ a_{n-1,0} & a_{n-1,1} & \cdots & a_{n-1,n-1} \end{pmatrix} \quad A_{n\times n}=\begin{pmatrix} a_{0,0} & & & \\ a_{1,0} & a_{1,1} & & \\ \vdots & \vdots & \ddots & \\ a_{n-1,0} & a_{n-1,1} & \cdots & a_{n-1,n-1} \end{pmatrix}$$

对称阵   下三角矩阵

图 5-5 $n \times n$ 阶对称矩阵与下三角矩阵

假设以一维数组 s 存储对称矩阵 A 的上三角或下三角元素，则一维数组 s 的下标 k 与 n 阶对称矩阵 A 的元素 a_{ij} 之间的对应关系为：

$$k=\begin{cases} \dfrac{i(i+1)}{2}+j, & \text{当 } i \geqslant j \\[2mm] \dfrac{j(j+1)}{2}+i, & \text{当 } i < j \end{cases}$$

当 $i \geqslant j$ 时，$\dfrac{i(i+1)}{2}+j$ 表示矩阵 A 的下三角元素的下标与 k 之间的对应关系；当 $i<j$ 时，表示矩阵 A 的上三角元素的下标与 k 之间的对应关系。任意给定一组下标 (i,j)，就可以在一维数组 s 中找到矩阵 A 的元素 a_{ij}。反之，任意给定一个 k 值，其中，$0 \leqslant k \leqslant n(n+1)/2-1$，就可以确定元素 $s[k]$ 在矩阵 A 中的位置 (i,j)。称 s 为 n 对称矩阵 A 的压缩存储。通常情况下，以行序为主序存储矩阵中的下三角的元素。矩阵的下三角元素的存储表示如图 5-6 所示。

图 5-6   对称矩阵的压缩存储

5.2.2 三角矩阵的压缩存储

三角矩阵分为两种：上三角矩阵和下三角矩阵。其中，下三角元素均为常数 c 或零的 n 阶矩阵称为上三角矩阵，上三角元素均为常数 c 或零的 n 阶矩阵称为下三角矩阵。三角矩阵的形式如图 5-7 所示。压缩矩阵也同样适用于三角矩阵，重复元素 c 可以用一个存储单元存储，其他元素可以用对称矩阵的压缩存储方式存储。

$$A_{n\times n}=\begin{pmatrix} a_{0,0} & a_{0,1} & \cdots & a_{0,n-1} \\ & a_{1,1} & \cdots & a_{1,n-1} \\ & c & \ddots & \vdots \\ & & & a_{n-1,n-1} \end{pmatrix} \quad A_{n\times n}=\begin{pmatrix} a_{0,0} & & & \\ a_{1,0} & a_{1,1} & & c \\ \vdots & \vdots & \ddots & \\ a_{n-1,0} & a_{n-1,1} & \cdots & a_{n-1,n-1} \end{pmatrix}$$

上三角矩阵   下三角矩阵

图 5-7   上三角矩阵与下三角矩阵

如果用一维数组来存储三角矩阵，则需要存储 $n(n+1)/2+1$ 个元素。一维数组的下标 k 与矩阵的下标 (i,j) 的对应关系为

$$k=\begin{cases}\dfrac{i(2n-i+1)}{2}+j-i, & \text{当 }i\leqslant j\\ \dfrac{n(n+1)}{2}, & \text{当 }i>j\end{cases} \qquad k=\begin{cases}\dfrac{i(i+1)}{2}+j, & \text{当 }i\geqslant j\\ \dfrac{n(n+1)}{2}, & \text{当 }i<j\end{cases}$$

上三角矩阵　　　　　　　　　　　　　下三角矩阵

其中，第 $k=\dfrac{n(n+1)}{2}$ 个位置存放的是常数 c 或者零元素。

5.2.3　对角矩阵的压缩存储

对角矩阵，也称带状矩阵，就是所有的非零元素都集中在以主对角线两侧的带状区域内（对角线的个数为奇数）。一个三对角矩阵的示意图如图 5-8 所示。

$$\boldsymbol{A}_{6\times 6}=\begin{pmatrix}7 & 6 & 0 & 0 & 0 & 0\\ 9 & 10 & 11 & 0 & 0 & 0\\ 0 & 5 & 7 & 2 & 0 & 0\\ 0 & 0 & 4 & 5 & 6 & 0\\ 0 & 0 & 0 & 1 & 7 & 3\\ 0 & 0 & 0 & 0 & 5 & 13\end{pmatrix}$$

图 5-8　三对角矩阵

不难看出，对角矩阵除了主对角线和主对角线两边的对角线外，其他元素的值均为零。以上对角矩阵具有以下特点：

当 $i=0$，$j=1$、2 时，也就是第 1 行，有两个非零元素；当 $0<i<n-1$，$i=1$，$j=i-1$、i 时，有 3 个非零元素；当 $i=n-1$，$j=n-2$、$n-1$ 时，有两个非零元素。除此以外，其他元素均为零。

在三对角矩阵中，第 1 行和最后一行有两个非零元素，其余各行有 3 个非零元素。因此，如果用一维数组存储矩阵中的非零元素，需要存储 $2+3(n-2)+2=3n-2$ 个非零元素。带状矩阵的压缩存储形式如图 5-9 所示。

$k=$	0	1	2	3	4	5	6	7	…	$3n-3$
矩阵	a_{00}	a_{01}	a_{10}	a_{11}	a_{12}	a_{21}	a_{22}	a_{23}	…	$a_{n-1,n-1}$

图 5-9　对角矩阵的压缩形式

下面确定一维数组的下标 k 与矩阵中的下标 (i,j) 之间的关系。先确定下标为 (i,j) 的元素与第 1 个元素之间在一维数组中的关系（$Loc(i,j)$ 表示 a_{ij} 在一维数组中的位置，$Loc(0,0)$ 表示第 1 个元素在一维数组中的地址）：

$Loc(i,j)=Loc(0,0)+$ 前 $i-1$ 行的非零元素个数 $+$ 第 i 行中 a_{ij} 的非零元素个数

其中，前 $i-1$ 行的非零元素个数为 $3(i-1)-1$，第 i 行的非零元素个数为 $j-i+1$。并且

$$j-i=\begin{cases}-1, & 当\ i>j\\ 0, & 当\ i=j\\ 1, & 当\ i<j\end{cases}$$

因此，$k=Loc(0,0)+3(i-1)-1+j-i=1=Loc(0,0)+2(i-1)+j-1$，则 $k=2(i-1)+j-1$。因为矩阵的下标与一维数组的下标都是从 0 开始的，所以 $k=2i+j$。

5.3 稀疏矩阵的压缩存储

稀疏矩阵中的大多数元素是零，因此也需要进行压缩存储。

5.3.1 稀疏矩阵

假设在 $m\times n$ 矩阵中，有 t 个元素不为零，令 $\delta=\dfrac{t}{m\times n}$，称 δ 为矩阵的稀疏因子，如果 $\delta\leqslant 0.05$，则称矩阵为稀疏矩阵。也就是说，矩阵中存在大多数为零的元素，只有很少的非零元素，这样的矩阵是稀疏矩阵。例如，图 5-10 是一个 6×7 的稀疏矩阵。

$$A_{6\times 7}=\begin{pmatrix}0&0&0&9&0&0&0\\0&3&0&0&0&0&0\\0&0&7&2&0&0&0\\7&0&0&0&-2&0&0\\0&0&4&7&0&0&0\\0&0&0&0&5&0&0\end{pmatrix}$$

图 5-10 6×7 稀疏矩阵

在稀疏矩阵中，大多数都是元素值为零的元素，只有极少数的非零元素，为了节省内存单元，稀疏矩阵也需要进行压缩存储。

稀疏矩阵的抽象数据类型定义如下：

```
ADT SpareMatrix
{
    数据对象:D = {a_ij | i = 1,2,…,m;j = 1,2,…,n;a_ij ∈ ElemSet,m 和 n 分别称为矩阵的行数和
             列数}
    数据关系:R = {Row,Col}
             Row = {<a_i,j,a_i,j+1>|1≤i≤m, 1≤j≤n-1 }
             Col = {<a_i,j,a_i+1,j>|1≤i≤m-1, 1≤j≤n}
    基本操作:
    (1)CreateMatrix(&M)
    初始条件:稀疏矩阵 M 不存在。
    操作结果:根据输入的行号、列号和元素值创建稀疏矩阵。
    (2)DestroyMatrix(&M)
    初始条件:稀疏矩阵 M 存在。
    操作结果:销毁稀疏矩阵 M。
```

(3)`PrintMatrix(M)`

初始条件:稀疏矩阵 M 存在。

操作结果:按照以行为主序或列为主序输出稀疏矩阵的元素。

(4)`CopyMatrix(M,&N)`

初始条件:稀疏矩阵 M 存在。

操作结果:由稀疏矩阵 M 复制得到稀疏矩阵 N。

(5)`AddMatrix(M,N,&Q)`

初始条件:稀疏矩阵 M 与 N 的行数和列数对应相等。

操作结果:将两个稀疏矩阵 M 和 N 的对应行和列的元素相加,将结果存入稀疏矩阵 Q。

(6)`SubMatrix(M,N,&Q)`

初始条件:稀疏矩阵 M 和 N 的行数、列数对应相等。

操作结果:将两个稀疏矩阵 M 和 N 的对应行、列的元素相减,将结果存入稀疏矩阵 Q。

(7)`MultMatrix(M,N,&Q)`

初始条件:稀疏矩阵 M 的列数等于 N 的行数。

操作结果:将两个稀疏矩阵 M 和 N 相乘,将结果存入稀疏矩阵 Q。

(8)`TransposeMatrix(M,&N)`

初始条件:稀疏矩阵 M 存在。

操作结果:将稀疏矩阵 M 中的元素对应的行和列互换,得到转置矩阵 N。

}ADT SpareMatrix

5.3.2 稀疏矩阵的三元组表示与实现

1. 稀疏矩阵的三元组表示

为了实现压缩存储,可只存储稀疏矩阵非零的元素。在存储稀疏矩阵中的非零元素时,还必须存储非零元素对应的行和列的位置 (i,j)。也就是说存储一个非零元素需要存储元素的行号、列号和元素值,即通过存储 (i,j,a_{ij}) 唯一确定一个非零的元素。这种存储表示称为稀疏矩阵的三元组表示。三元组的存储结构如图 5-11 所示。

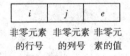

图 5-11 稀疏矩阵的三元组存储结构

图 5-10 中非零元素可以用以下三元组表示:

((0,3,9),(1,1,3),(2,2,7),(2,3,2),(3,0,7),(3,4,-2),(4,2,4),(4,3,7),(5,4,5))。

将这些三元组按照行序为主序用一维数组存放,可以得到图 5-12 的三元组的存储表示。其中 k 表示一维数组的下标。

k	i	j	e
0	0	3	9
1	1	1	3
2	2	2	7
3	2	3	2
4	3	0	7
5	3	4	-2
6	4	2	4
7	4	3	7
8	5	4	5

图 5-12 稀疏矩阵的三元组存储结构

通常数组的存储采用顺序存储结构，因此，采用顺序存储结构的三元组称为三元组顺序表。三元组顺序表的类型定义如下：

```
#define MaxSize 200
typedef struct                  /*三元组类型定义*/
{
    int i,j;
    DataType e;
}Triple;
typedef struct                  /*矩阵类型定义*/
{
    Triple data[MaxSize];
    int m,n,len;                /*矩阵的行数,列数和非零元素的个数*/
}TriSeqMatrix;
```

其中，i 和 j 分别是非零元素的行号和列号，m，n，len 分别表示矩阵的行数、列数和非零元素的个数。

2. 稀疏矩阵的三元组实现

下面给出稀疏矩阵的基本操作的算法实现（算法实现保存在文件"TriSeqMatrix.h"中）。

(1) 创建稀疏矩阵。

```
int CreateMatrix(TriSeqMatrix *M)
/*创建稀疏矩阵。要求按照行优先顺序输入非零元素值*/
{
    int i,m,n;
    DataType e;
    int flag;
    printf("请输入稀疏矩阵的行数、列数、非零元素数:");
    scanf("%d,%d,%d",&M->m,&M->n,&M->len);
    if(M->len>MaxSize)
        return 0;
```

```c
    for(i = 0;i<M->len;i++)
    {
        do
        {
            printf("请按行序顺序输入第%d个非零元素所在的行(1~%d),列(1~%d),元素
                值:",i,M->m,M->n);
            scanf("%d,%d,%d",&m,&n,&e);
            flag = 0;                                    /* 初始化标志位 */
            if(m<0||m>M->m||n<0||n>M->n)     /* 如果行号或列号正确,标志位为1 */
                flag = 1;                                /* 如果输入的顺序正确,标志位为1 */
            if(i>0&&m<M->data[i-1].i||m==M->data[i-1].i&&n<=M->data[i-1].j)
                flag = 1;
        }while(flag);
        M->data[i].i = m;
        M->data[i].j = n;
        M->data[i].e = e;
    }
    return 1;
}
```

(2) 销毁稀疏矩阵。

```c
void DestroyMatrix(TriSeqMatrix * M)
/* 销毁稀疏矩阵操作。因为是静态分配,所以只需要将矩阵的行、列数和个数置为 0 */
{
    M->m = M->n = M->len = 0;
}
```

(3) 稀疏矩阵的复制。

```c
void CopyMatrix(TriSeqMatrix M,TriSeqMatrix * N)
/* 由稀疏矩阵 M 复制得到另一个矩阵 N */
{
    int i;
    N->len = M.len;              /* 修改稀疏矩阵 N 的非零元素的个数 */
    N->m = M.m;                  /* 修改稀疏矩阵 N 的行数 */
    N->n = M.n;                  /* 修改稀疏矩阵 N 的列数 */
    for(i = 0;i<M.len;i++)       /* 把稀疏矩阵 M 的非零元素的行号、列号及元素值依次赋值
                                    给矩阵 N 的行号、列号及元素值 */
    {
        N->data[i].i = M.data[i].i;
        N->data[i].j = M.data[i].j;
        N->data[i].e = M.data[i].e;
    }
```

}

（4）稀疏矩阵的相加。将两个稀疏矩阵 **M** 和 **N** 的对应非零元素相加，得到两个矩阵之和——矩阵 **Q**。具体实现：先比较两个稀疏矩阵 **M** 和 **N** 的行号，如果行号相等，则比较列号；如果行号与列号都相等，则将对应的元素值相加，并将下标 m 与 n 都加 1 继续比较下一个元素；如果行号相等，列号不相等，则将列号较小的矩阵的元素赋值给矩阵 **Q**，并将列号小的下标继续比较下一个元素；如果行号与列号都不相等，则将行号较小的矩阵的元素赋值给 **Q**，并将行号小的下标继续比较下一个元素。

```
int AddMatrix(TriSeqMatrix M,TriSeqMatrix N,TriSeqMatrix *Q)
/*两个稀疏矩阵的和。将两个矩阵 M 和 N 对应的元素值相加,得到另一个稀疏矩阵 Q*/
{
    int m=0,n=0,k=-1;
    if(M.m!=N.m||M.n!=N.n)              /*如果两个矩阵的行数与列数
                                           不相等,则不能够进行相加
                                           运算*/
        return 0;
    Q->m=M.m;
    Q->n=M.n;
    while(m<M.len&&n<N.len)
    {
        switch(CompareElement(M.data[m].i,N.data[n].i))   /*比较两个矩阵对应元素的
                                                            行号*/
        {
        case -1:
            Q->data[++k]=M.data[m++];                      /*将矩阵 M,即行号小的元素
                                                            赋值给 Q*/
            break;
        case 0:                                            /*如果矩阵 M 和 N 的行号相
                                                            等,则比较列号*/
            switch(CompareElement(M.data[m].j,N.data[n].j))
            {
            case -1:                                       /*如果 M 的列号小于 N 的列
                                                            号,将矩阵 M 的元素赋
                                                            值给 Q*/
                Q->data[++k]=M.data[m++];
                break;
            case 0:                                        /*如果 M 和 N 的行号、列号
                                                            均相等,则将两元素相加,
                                                            存入 Q*/
                Q->data[++k]=M.data[m++];
                Q->data[k].e+=N.data[n++].e;
                if(Q->data[k].e==0)                        /*如果两个元素的和为 0,则
```

```
                        k--;
                    break;
                case 1:                                 /*如果M的列号大于N的列
                                                           号,则将矩阵N的元素赋
                                                           值给Q*/

                    Q->data[++k] = N.data[n++];
                }
                break;
            case 1:                                     /*如果M的行号大于N的行
                                                           号,则将矩阵N的元素赋
                                                           值给Q*/

                Q->data[++k] = N.data[n++];
            }
        }
        while(m<M.m)                                    /*如果矩阵M的元素还没处
                                                           理完毕,则将M中的元素
                                                           赋值给Q*/

            Q->data[++k] = M.data[m++];
        while(n<N.n)                                    /*如果矩阵N的元素还没处
                                                           理完毕,则将N中的元素
                                                           赋值给Q*/

            Q->data[++k] = N.data[n++];
        Q->len = k;                                     /*修改非零元素的个数*/
        if(k>MaxSize)
            return 0;
        return 1;
}
```

其中比较两个矩阵的元素值的函数实现如下所示。

```
int CompareElement(int a,int b)
/*比较两个矩阵的元素值大小。前者小于后者,返回-1;相等,返回0;大于,返回1*/
{
    if(a<b)
        return -1;
    if(a==b)
        return 0;
    return 1;
}
```

(5) 稀疏矩阵的相减。

```
int SubMatrix(TriSeqMatrix M,TriSeqMatrix N,TriSeqMatrix *Q)
```

```
/*稀疏矩阵的相减操作*/
{
    int i;
    for(i = 0;i<N.len;i++)
        N.data[i].e* = -1;                    /*将矩阵 N 的元素都乘-1,然后将两个矩阵
                                               相加*/
    return AddMatrix(M,N,Q);
}
```

(6) 稀疏矩阵的转置操作。稀疏矩阵的转置就是将矩阵中元素由原来的存放位置 (i, j) 变为 (j, i)，也就是将元素的行列互换。例如，图 5-10 是一个 6×7 的矩阵，经过转置后变为 7×6 的矩阵，并且矩阵的元素也要以主对角线为中心进行交换。

实现稀疏矩阵转置的方法为：将矩阵 M 的三元组中的行和列互换就可以得到转置后的矩阵 N，如图 5-13 所示。经过转置后的稀疏矩阵的三元组顺序表表示如图 5-14 所示。

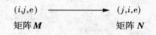

图 5-13 稀疏矩阵转置下标的变化情况

k	i	j	e
0	0	3	9
1	1	1	3
2	2	2	7
3	2	3	2
4	3	0	7
5	3	4	-2
6	4	2	4
7	4	3	7
8	5	4	5

转置前

k	i	j	e
0	3	0	9
1	1	1	3
2	2	2	7
3	3	2	2
4	0	3	7
5	4	3	-2
6	2	4	4
7	3	4	7
8	4	5	5

转置后

图 5-14 矩阵转置的三元组表示

经过转置后的矩阵还需要对行、列下标进行排序，才能保证转置后的矩阵也是以行序优先存放的。但是为了避免行、列互换后排序，可以采用以矩阵的列序进行转置，这样经过转置后得到的三元组顺序表正好是以行序为主序存放的，不需要再对得到的三元组进行排序。

具体实现：逐次扫描三元组顺序表 M，第一次扫描 M，找到 $j=0$ 的元素，将行号和列号互换后存入到三元组顺序表 N 中。然后第二次扫描 M，找到 $j=1$ 的元素，将行号和列号互换后存入到三元组顺序表 N 中。依次类推，直到所有的元素都保存至 N 中。最后得到如图 5-15 所示的三元组顺序表 N。

在算法实现中，矩阵中的元素以（0，0）表示第 1 个元素的下标。

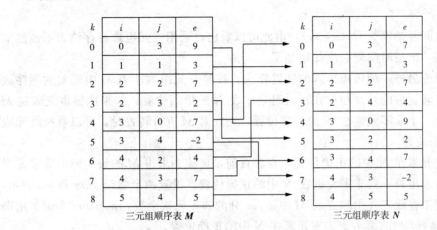

图 5-15 稀疏矩阵转置的三元组顺序表表示

稀疏矩阵的转置实现如下。

```
void TransposeMatrix(TriSeqMatrix M,TriSeqMatrix * N)
/* 稀疏矩阵的转置 */
{
    int i,k,col;
    N->m = M.n;
    N->n = M.m;
    N->len = M.len;
    if(N->len)
    {
        k = 0;
        for(col = 0;col<M.n;col++)              /* 按照列号扫描三元组顺序表 */
            for(i = 0;i<M.len;i++)
                if(M.data[i].j == col)          /* 如果元素的列号是当前列,则进行转置 */
                {
                    N->data[k].i = M.data[i].j;
                    N->data[k].j = M.data[i].i;
                    N->data[k].e = M.data[i].e;
                    k++;
                }
    }
}
```

通过分析该转置算法，其时间复杂度主要体现在 for 语句的两层循环上，因此算法的时间复杂度是 $O(n \times len)$。当非零元素的个数 len 与 $m \times n$ 同数量级时，算法的时间复杂度就变为 $O(m \times n^2)$ 了。如果稀疏矩阵仍然采用二维数组存放，则转置算法为

```
for(col = 0;col<M.n; ++col)
```

```
for(row = 0;row<M.len;row++)
    N[col][row] = M[row][col];
```

以上算法的时间复杂度为 $O(n \times m)$。由此可以看出,采用三元组顺序存储表示虽然节省了存储空间,但是时间复杂度却增加了。

接下来讨论另外一种稀疏矩阵的转置算法。按照三元组顺序表 M 中元素的顺序进行转置,并将转置后的元素存放在三元组顺序表 N 的恰当位置。如果能够事先确定 M 中每一列的第 1 个非零元素在 N 的正确位置,则在对 M 进行转置时,可以直接将元素放在 N 的恰当位置。

为了确定元素在 N 中的正确位置,在转置前,应该先求得 M 的每一列中非零元素的个数,然后求出每一列非零元素在 N 中的正确位置。设置两个数组 num 和 position,num[col] 用来存放三元组顺序表 M 中第 col 列的非零元素个数,position[col] 用来存放 M 中的第 col 列的第 1 个非零元素在 N 中的正确位置。

依次扫描三元组顺序表 M,可以求出每一列非零元素的个数,即 num[col]。position[col] 的值可以由 num[col] 得到,position[col] 与 num[col] 存在以下关系:

position[0] = 0;

position[col] = position[col−1] + num[col−1],其中 $1 \leqslant col \leqslant M.n-1$。

例如,图 5-10 的 num[col] 和 position[col] 的值如表 5-1 所示。

表 5-1 矩阵 M 的 num[col] 与 position[col] 的值

列号 col	0	()	3	3	4	5	6
num[col]	1	1	2	3	2	0	0
position[col]	0	1	2	4	7	9	9

具体实现:position[col] 的初值是 M 的第 col 列第 1 个非零元素的位置,当 M 中的第 col 列有一个元素加入到 N 中时,则 position[col] 加 1,使 position[col] 始终存放下一个要转置的非零元素。这种方法称为稀疏矩阵的快速转置,其算法实现如下所示。

```
void FastTransposeMatrix(TriSeqMatrix M,TriSeqMatrix * N)
/*快速稀疏矩阵的转置运算*/
{
    int i,k,t,col,* num,* position;
    num = (int *)malloc((M.n+1) * sizeof(int));          /*数组 num 用于存放 M 中的每一
                                                           列非零元素个数*/
    position = (int *)malloc((M.n+1) * sizeof(int));     /*数组 position 用于存放 N 中
                                                           每一行中非零元素的第 1 个
                                                           位置*/
    N->n = M.n;
    N->m = M.m;
    N->len = M.len;
```

```
        if(N->len)
        {
            for(col = 0;col<M.n; ++col)
                num[col] = 0;                    /* 初始化 num 数组 */
            for(t = 0;t<M.len;t++)               /* 计算 M 中每一列非零元素的个数 */
                num[M.data[t].j]++;
            position[0] = 0;                     /* N 中第 1 行的第一个非零元素的序号为 0 */
            for(col = 1;col<M.n;col++)           /* 将 N 中第 col 行的第 1 个非零元素的位置 */
                position[col] = position[col-1] + num[col-1];
            for(i = 0;i<M.len;i++)               /* 依据 position 对 M 进行转置,存入 N */
            {
                col = M.data[i].j;
                k = position[col];               /* 取出 N 中非零元素应该存放的位置,赋值给 k */
                N->data[k].i = M.data[i].j;
                N->data[k].j = M.data[i].i;
                N->data[k].e = M.data[i].e;
                position[col]++;                 /* 修改下一个非零元素应该存放的位置 */
            }
        }
    free(num);
    free(position);
}
```

快速稀疏矩阵转置算法的时间主要耗费在 for 语句的 4 个循环上,循环次数分别是 n 和 len,总的时间复杂度为 $O(n+len)$。当 M 的非零元素的个数 len 与 $m \times n$ 一个数量级时,算法的时间复杂度变为 $O(m \times n)$,与一般矩阵的时间复杂度相同。

5.3.3 稀疏矩阵应用举例

1. 稀疏矩阵的相乘三元组表示

两个矩阵相乘是矩阵常用的一种运算。假设矩阵 **M** 是 $m_1 \times n_1$ 的矩阵,**N** 是 $m_2 \times n_2$ 的矩阵,如果矩阵 **M** 的列数与矩阵 **N** 的行数相等,即 $n_1 = m_2$,则两个矩阵 **M** 和 **N** 是可以相乘的。

在数学中,两个矩阵相乘的计算公式为

$$Q[i][j] = \sum_{k=0}^{n_1-1} M[i][k] \times N[k][j] \quad (0 \leqslant i<m_1, 0 \leqslant j<n_2)$$

相应地,两个矩阵相乘的算法可以描述如下:

```
for(i = 0;i<m1;i++)
for(j = 0;j<n2;j++)
{
    Q[i][j] = 0;
    for(k = 0;k<n1;k++)
```

```
        Q[i][j] = Q[i][j] + M[i][k] * N[k][j];
}
```

该算法的时间复杂度为 $O(m_1 \times n_1 \times n_2)$。

下面以一个例子分析稀疏矩阵相乘的三元组的算法实现。

【例 5-2】 有两个矩阵稀疏矩阵 M 和 N,使用三元组顺序表实现 M 和 N 相乘的算法。M 和 N 相乘后得到结果 Q,如图 5-16 所示。

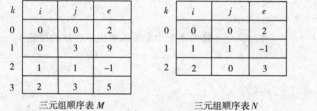

图 5-16 矩阵相乘

对于以上三个矩阵可以使用三元组存放,如图 5-17 所示。

k	i	j	e
0	0	0	2
1	0	3	9
2	1	1	-1
3	2	3	5

k	i	j	e
0	0	0	2
1	1	1	-1
2	2	0	3

k	i	j	e
0	0	0	4
1	1	1	1

　　三元组顺序表 M　　　　三元组顺序表 N　　　　三元组顺序表 Q

图 5-17 矩阵 M、N、Q 的三元组顺序表

在一般矩阵的相乘运算中,不管 $M[i][k]$ 和 $N[k][j]$ 是否为零,都要进行一次乘法运算,而在稀疏矩阵中,只需要将非零元素相乘,因为零与任何值相乘都是零。三元组顺序表实现的两个矩阵相乘的基本思想是:对于 M 中的每个非零元素 $M.data[p]$,在 N 中找到满足条件 $M.data[p].j = N.data[q].i$ 的非零元素,然后求 $M.data[p].e$ 与 $N.data[q].e$ 的乘积。按照这种思路,对 M 中的每一行的元素与 N 中对应列的元素求累加和,并保存到相应的 Q 中。

另外,需要注意的是,两个稀疏矩阵的乘积不一定是稀疏矩阵。尽管矩阵的每一个向量不为零,但是其累加和可能是零。由于矩阵的乘积是以行为单位处理的,因此,需要一个中间变量保存每一行的累加结果,在一行结束时,判断该中间变量的累加和是否为零,如果不为零,再将其存入到 Q 中相应的位置。

在求矩阵每一行的累加和时,需要设置两个数组 num 和 $rpos$,其中 $num[row]$ 保存三元组顺序表中的每一行的非零元素个数,$rpos[row]$ 保存三元组顺序表中第 row 行第 1 个非零元素的位置。$num[row]$ 与 $rpos[row]$ 的关系如下:

$rpos[0] = 0$;

$rpos[row] = rpos[row-1] + num[row-1]$ ($1 \leqslant row \leqslant m_1$ 或 m_2)

在算法实现过程中,$rpos[row]$ 还需要设置三元组顺序表最后一行最后一个元素的位置,作为控制循环的条件。图 5-16 中的矩阵 M 和 N 的 $num[row]$ 与 $rpos[row]$ 的值如表 5-2 所示。

表 5-2 矩阵 M 和 N 的 $num[row]$ 和 $rpos[row]$ 的值

矩阵 M 的 $num[row]$ 和 $rpos[row]$ 的值

行号 row	0	1	2	(3)
$num[row]$	2	1	1	
$rpos[row]$	0	2	3	4

矩阵 N 的 $num[row]$ 和 $rpos[row]$ 的值

行号 row	0	1	2	3	(4)
$num[row]$	1	1	1	0	
$rpos[row]$	0	1	2	3	3

为了实现的方便，在三元组顺序表的类型定义中，增加了一个成员变量 $rpos$，其类型修改为以下形式。

```
#define MaxSize 200
typedef int DataType;
typedef struct                    /*三元组类型定义*/
{
    int i,j;
    DataType e;
}Triple;
typedef struct                    /*矩阵类型定义*/
{
    Triple data[MaxSize];
    int rpos[MaxSize];            /*用于存储三元组中的每一行的第1个非零元素的位置*/
    int m,n,len;                  /*矩阵的行数,列数和非零元素的个数*/
}TriSeqMatrix;
```

2. 稀疏矩阵的相乘三元组实现

（1）两个矩阵相乘的算法实现。

在两个矩阵相乘之前，先要求出 $num[row]$ 和 $rpos[row]$ 的值。矩阵相乘的算法实现：依次扫描矩阵 A 中的每一行，然后取出第 row 行的元素，并将其列赋值给 $brow$，即 $brow=A.data[p].j$，在矩阵 B 中找到第 $brow$ 行的元素，即 $q=B.rpos[brow]$，取出其列号 $ccol=B.data[q].j$，最后计算 A 和 B 对应元素的乘积，并存入数组中，即 $temp[ccol]+=A.data[p].e \times B.data[q].e$。也就是在 A 中取出一个元素，该元素的列号为 $brow$，然后在 B 中找到第 $brow$ 行的元素，计算两个元素的乘积。按照这种方法，求元素的累加和，并存入 C 中，就可以得到矩阵的乘积。两个矩阵相乘的算法实现如下。

```
void MultMatrix(TriSeqMatrix A,TriSeqMatrix B,TriSeqMatrix *C)
/*稀疏矩阵相乘*/
{
    int i,k,t,p,q,arow,brow,ccol;
    int temp[MaxSize];                /*累加器*/
    int num[MaxSize];
    if(A.n! =B.m)                     /*如果矩阵A的列与B的行不相等,则返回0*/
        return 0;
```

```
    C->m = A.m;                              /* 初始化C的行数、列数和非零元素的个数 */
    C->n = B.n;
    C->len = 0;
    if(A.len * B.len == 0)                   /* 只要有一个矩阵的长度为0,则返回0 */
        return 0;
    /* 求矩阵B中每一行第1个非零元素的位置 */
    for(i = 0;i<B.m;i++)                     /* 初始化num */
        num[i] = 0;
    for(k = 0;k<B.len;k++)                   /* num存放矩阵B中每一行非零元素的个数 */
    {
        i = B.data[k].i;
        num[i]++;
    }
    B.rpos[0] = 0;
    for(i = 1;i<B.m;i++)                     /* rpos存放矩阵B中每一行第1个非零元素的
                                                位置 */
        B.rpos[i] = B.rpos[i-1] + num[i-1];
    /* 求矩阵A中每一行第1个非零元素的位置 */
    for(i = 0;i<A.m;i++)                     /* 初始化num */
        num[i] = 0;
    for(k = 0;k<A.len;k++)
    {
        i = A.data[k].i;
        num[i]++;
    }
    A.rpos[0] = 0;
    for(i = 1;i<A.m;i++)                     /* rpos存放矩阵A中每一行第1个非零元素的
                                                位置 */
        A.rpos[i] = A.rpos[i-1] + num[i-1];
    /* 计算两个矩阵的乘积 */
    for(arow = 0;arow<A.m;arow++)            /* 依次扫描矩阵A的每一行 */
    {
        for(i = 0;i<B.n;i++)                 /* 初始化累加器temp */
            temp[i] = 0;
        C->rpos[arow] = C->len;              /* 对每个非零元素处理 */
        if(arow<A.m-1)
            t = A.rpos[arow+1];
        else
            t = A.len;
        for(p = A.rpos[arow];p<t;p++)
        {
            brow = A.data[p].j;              /* 取出A中的列号 */
```

```c
            if(brow<B.m-1)
                t = B.rpos[brow+1];
            else
                t = B.len;
            for(q=B.rpos[brow];q<t;q++)          /*依次取出B中的第brow行,与
                                                   A中的元素相乘*/
            {
                ccol = B.data[q].j;
                temp[ccol] += A.data[p].e * B.data[q].e;  /*把乘积存入temp中*/
            }
        }
        for(ccol=0;ccol<C->n;ccol++)             /*将temp中元素依次赋值给C*/
            if(temp[ccol])
            {
                if(++C->len>MaxSize)
                    return;
                C->data[C->len-1].i = arow;
                C->data[C->len-1].j = ccol;
                C->data[C->len-1].e = temp[ccol];
            }
    }
}
```

(2) 算法测试部分。

```c
#include<stdlib.h>
#include<stdio.h>
#include<malloc.h>
#define MaxSize 200
typedef int DataType;              /*稀疏矩阵类型定义*/
typedef struct                     /*三元组类型定义*/
{
    int i,j;
    DataType e;
}Triple;
typedef struct                     /*矩阵类型定义*/
{
    Triple data[MaxSize];
    int rpos[MaxSize];
    int m,n,len;                   /*矩阵的行数,列数和非零元素的个数*/
}TriSeqMatrix;                     /*函数声明*/
void MultMatrix(TriSeqMatrix A,TriSeqMatrix B,TriSeqMatrix *C);
void PrintMatrix(TriSeqMatrix M);
```

```
    int CreateMatrix(TriSeqMatrix * M);        /* 创建稀疏矩阵函数在文件 TriSeqMatrix.h 中 */
void main()
{
    TriSeqMatrix M,N,Q;
    CreateMatrix(&M);
    PrintMatrix(M);
    CreateMatrix(&N);
    PrintMatrix(N);
    MultMatrix(M,N,&Q);
    PrintMatrix(Q);
}
void PrintMatrix(TriSeqMatrix M)
/* 稀疏矩阵的输出 */
{
    int i;
    printf("稀疏矩阵是%d行×%d列,共%d个非零元素。\n",M.m,M.n,M.len);
    printf("行    列    元素值\n");
    for(i = 0;i<M.len;i++)
        printf("%2d %6d %8d\n",M.data[i].i,M.data[i].j,M.data[i].e);
}
```

程序运行结果如图 5-18 所示。

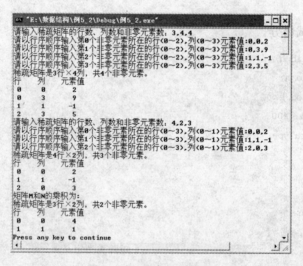

图 5-18 程序运行结果

该算法的时间复杂度是 $O(A.len \times B.n)$,当 $A.len$ 与 $A.m \times A.n$ 同数量级时,该算法的时间复杂度接近一般矩阵的相乘运算的时间复杂度 $O(A.m \times A.n \times B.n)$。

5.3.4 稀疏矩阵的十字链表表示与实现

采用三元组顺序表进行两个稀疏矩阵的相加和相乘运算时,需要移动大量的元素,算法的时间复杂度也大大增加。

1. 稀疏矩阵的十字链表表示

稀疏矩阵的链式存储，就是利用链表来表示稀疏矩阵，链表中的每个结点存储稀疏矩阵中每个非零元素。每个结点包含 5 个域：3 个数据域和两个指针域。其中 3 个数据域是 i，j 和 e，分别表示非零元素的行号、列号和元素值；两个指针域是 right 域和 down 域，right 指向同一行中的下一个非零元素，down 指向同一列的非零元素。

同一行的非零元素由 right 链接构成一个线性链表，同一列的非零元素由 down 链接构成一个线性链表。每个非零元素既是某一行链表的一个元素，又是某一列链表的一个元素，整个链表构成一个十字交叉的形状，这样的链表就称为十字链表。

在十字链表中，再增加两个分别指向行链表的头指针和列链表的头指针，每一行的头指针和列指针存放在一维数组中。十字链表中的结点如图 5-19 所示。

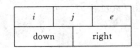

图 5-19 十字链表中的结点结构

例如，图 5-16 中的矩阵 M 表示成十字链表，如图 5-20 所示。如果该元素的同一行或同一列没有非零元素，则将 right 或 down 置为 '∧'。

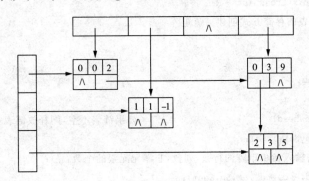

图 5-20 稀疏矩阵的十字链表表示

十字链表的类型描述如下：

```
typedef struct OLNode
{
    int i,j;
    DataType e;
    struct OLNode * right, * down;
}OLNode, * OLink;
typedef struct
{
    OLink * rowhead, * colhead;
    int m,n,len;
}CrossList;
```

其中，*i* 和 *j* 分别表示稀疏矩阵中非零元素的行号和列号，*e* 表示非零元素值，right 指向同一行的下一个非零元素，down 指向同一列的下一个非零元素。rowhead 和 colhead 分别存放指向行链表和列链表的指针，*m* 和 *n* 分别表示稀疏矩阵的行数和列数，*len* 表示稀疏矩阵中非零元素的个数。

2. 十字链表的实现

下面给出稀疏矩阵十字链表基本操作的算法实现（算法实现保存在文件"CrossList.h"中）。

（1）稀疏矩阵的初始化。

```
void InitMatrix(CrossList *M)
/*初始化稀疏矩阵*/
{
    M->rowhead = M->colhead = NULL;
    M->m = M->n = M->len = 0;
}
```

（2）稀疏矩阵的创建。创建稀疏矩阵之前，需要将十字链表的行链表指针和列链表指针置为空，然后根据输入，动态生成一个结点 p，最后将结点分别插入到行表和列表中。

```
void CreateMatrix(CrossList *M)
/*使用十字链表的存储方式创建稀疏矩阵*/
{
    int i,k;
    int m,n,num;
    OLNode *p,*q;
    if(M->rowhead)                        /*如果链表不空,则释放链表空间*/
        DestroyMatrix(M);
    printf("请输入稀疏矩阵的行数,列数,非零元元素的个数：");
    scanf("%d,%d,%d",&m,&n,&num);
    M->m = m;
    M->n = n;
    M->len = num;
    M->rowhead = (OLink *)malloc(m * sizeof(OLink));
    if(! M->rowhead)
        exit(-1);
    M->colhead = (OLink *)malloc(n * sizeof(OLink));
    if(! M->colhead)
        exit(-1);
    for(k = 0;k<m;k++)                    /*初始化十字链表,将链表的行指针置为空*/
        M->rowhead[k] = NULL;
    for(k = 0;k<n;k++)                    /*初始化十字链表,将链表的列指针置为空*/
        M->colhead[k] = NULL;
```

```c
printf("请按任意次序输入%d个非零元的行号、列号及元素值:\n",M->len);
for(k = 0;k<num;k + +)
{
    p = (OLink * )malloc(sizeof(OLNode));              /* 动态生成结点 */
    if(! p)
        exit(-1);
    scanf("%d,%d,%d",&p->i,&p->j,&p->e);    /* 依次输入行号,列号和元素值 */
    /* 将结点 * p 插入到行表中 */
    if(M->rowhead[p->i] = = NULL||M->rowhead[p->i]->j>p->j)
                                                    /* 如果是第1个结点或当前元
                                                       素的列号小于表头指向的一
                                                       个元素 */
    {
        p->right = M->rowhead[p->i];
        M->rowhead[p->i] = p;
    }
    else
    {
        q = M->rowhead[p->i];
        while(q->right&&q->right->j<p->j)   /* 找到要插入结点的位置 */
            q = q->right;
        p->right = q->right;                /* 将 * p 插入到 * q 结点之后 */
        q->right = p;
    }
    /* 将结点 * p 插入到列表中 */
    q = M->colhead[p->j];                   /* 将 q 指向待插入的链表 */
    if(! q||p->i<q->i)                      /* 如果 p 的行号小于表头指针的
                                                行号或 p 为该列的第1个结
                                                点,则直接插入 */
    {
        p->down = M->colhead[p->j];
        M->colhead[p->j] = p;
    }
    else
    {
        while(q->down&&q->down->i<p->i)     /* 如果 q 的行号小于 p 的行号,
                                                则在链表中查找插入位置 */
            q = q->down;
        p->down = q->down;                  /* 将 * p 插入到 * q 结点之下 */
        q->down = p;
    }
}
```

}

(3) 稀疏矩阵的插入。

```
void InsertMatrix(CrossList *M,OLink p)
/*按照行序将p插入到稀疏矩阵中*/
{
    OLink q = M->rowhead[p->i];                 /*q指向待插行表*/
    if(! q||p->j<q->j)                          /*待插的行表空或p所指结点的
                                                  列值小于首结点的列值,则直
                                                  接插入*/
    {
        p->right = M->rowhead[p->i];
        M->rowhead[p->i] = p;
    }
    else
    {
        while(q->right&&q->right->j<p->j)       /*q所指不是尾结点且q的下一
                                                  结点的列值小于p所指结点的
                                                  列值*/
            q = q->right;
        p->right = q->right;
        q->right = p;
    }
    q = M->colhead[p->j];                       /*q指向待插列表*/
    if(! q||p->i<q->i)                          /*待插的列表空或p所指结点的
                                                  行值小于首结点的行值*/
    {
        p->down = M->colhead[p->j];
        M->colhead[p->j] = p;
    }
    else
    {
        while(q->down&&q->down->i<p->i)         /*q所指不是尾结点且q的下一
                                                  结点的行值小于p所指结点的
                                                  行值*/
            q = q->down;
        p->down = q->down;
        q->down = p;
    }
    M->len++;
}
```

(4) 稀疏矩阵的销毁。

```
void DestroyMatrix(CrossList * M)
/*销毁稀疏矩阵*/
{
    int i;
    OLink p,q;
    for(i=0;i<M->m;i++)                        /*按行释放结点空间*/
    {
        p = *(M->rowhead+i);
        while(p)
        {
            q = p;
            p = p->right;
            free(q);
        }
    }
    free(M->rowhead);
    free(M->colhead);
    InitMatrix(M);
}
```

5.4 广义表

广义表中的元素可以是单个元素，也可以是一个广义表。

5.4.1 广义表的定义

广义表是由 n 个类型相同的数据元素（a_1, a_2, a_3, …, a_n）组成的有限序列。其中，广义表中的元素 a_i 可以是单个元素，也可以是一个广义表。广义表一般记作：

$$GL = (a_1, a_2, a_3, \cdots, a_n)$$

其中，GL 是广义表的名字，n 是广义表的长度。如果广义表中的 a_i 是单个元素，则称 a_i 是原子。如果广义表中的 a_i 是一个广义表，则称 a_i 是广义表的子表。习惯上用大写字母表示广义表的名字，用小写字母表示原子。

在广义表 GL 中，a_1 称为广义表 GL 的表头，其余元素组成的表（a_2, a_3, …, a_n）称为广义表 GL 的表尾。广义表的定义又用到了广义表，因此广义表的定义是一个递归的定义。

(1) $A = ()$，广义表 A 是一个空表，A 的长度为零。

(2) $B = (a)$，广义表 B 中只有一个原子 a，B 的长度为1。

(3) $C = (a, (b, c))$，广义表 C 中有两个元素。其中，第1个元素是原子 a，第2个元素是一个子表 (b, c)，C 的长度为2。

（4）$D = (A, B, C)$，广义表 D 中有 3 个元素，这 3 个元素都是子表，第 1 个元素是一个空表 A，D 的长度为 3。

（5）$E = (a, b, E)$，广义表 E 中有 3 个元素，前两个元素都是原子，第 3 个元素是一个子表 E。E 是一个无穷的表 $E = (a, b, (a, b, (a, b, (a, b, (a, b, \cdots)))))$。原子是不可再分的，而子表则是由原子和表构成的。

从上面的例子可以看出：

（1）广义表的元素可以是原子，也可以是子表，子表的元素还可以是子表。广义表的结构是一个多层次的结构。

（2）广义表的元素可以是其他广义表的元素，也就是说，广义表可以被其他广义表共享。例如，A、B 和 C 是 D 的子表，在表 D 中不需要列出 A、B 和 C 的元素。

（3）广义表可以是递归的表，即广义表可以是本身的一个子表。例如，E 就是一个递归的广义表。

根据前面对表头和表尾的定义可知，任何一个非空的广义表的表头可以是一个原子，也可以是一个广义表，而表尾则一定是一个广义表。例如：

$head(B) = a$，$tail(B) = ()$，$head(C) = a$，$tail(C) = ((b, c))$，$head(D) = A$，$tail(D) = (B, C)$。

其中，$head(B)$ 表示取广义表 B 的表头元素，$tail(B)$ 表示取广义表 B 的表尾元素。

注意：() 和(()) 不同，前者是空表，长度为 0；后者是含有一个空表的元素，长度为 1。

5.4.2 广义表的抽象数据类型

广义表的抽象数据类型定义了串中的数据对象、数据关系和基本操作。广义表的抽象数据类型定义如下：

```
ADT GList
{
    数据对象:D = {e_i|i = 1,2,…,n;n≥0,e_i∈AtomSet 或 e_i∈GList,AtomSet 为某个数据对象}
    数据关系:R = {<e_{i-1},e_i>|e_{i-1},e_i∈D,2≤i≤n}
    基本操作：
    (1)GetHead(L)
    初始条件:广义表 L 存在。
    操作结果:如果广义表是空表,则返回 NULL;否则,返回指向表头结点的指针。
    (2)GetTail(L)
    初始条件:广义表 L 存在。
    操作结果:如果广义表是空表,则返回 NULL;否则,返回指向表尾结点的指针。
    (3)GListLength(L)
    初始条件:广义表 L 存在。
    操作结果:如果广义表是空表,则返回 0;否则,返回广义表的长度。
    (4)GListDepth(L)
    初始条件:广义表 L 存在。
```

操作结果:如果广义表是空表,则返回1;否则返回广义表的深度。

(5)CopyGList(&T,L)

初始条件:广义表 L 存在。

操作结果:由广义表 L 复制得到广义表 T。复制成功返回1;否则,返回0。

}ADT GList

5.5 广义表的头尾链表表示与实现

在广义表中,数据元素可以是原子,也可以是广义表,因此,利用定长的顺序存储结构很难表示。通常情况下,广义表采用链式存储结构,即每个数据元素只用一个结点表示。

5.5.1 广义表的头尾链表存储结构

广义表中的每个元素可以用一个结点表示,表中有两类结点:原子结点和子表结点。广义表可以分解为表头和表尾,一个表头和一个表尾可以唯一确定一个广义表。因此,一个表结点可以由3个域组成:标志域、指向表头的指针域和指向表尾的指针域。一个原子结点可以由两个域组成:标志域和值域。表结点和原子结点的存储结构如图 5-21 所示:

图 5-21 表结点和原子结点的存储结构

其中,$tag=1$ 表示是子表,hp 和 tp 分别指向表头结点和表尾结点;$tag=0$ 表示原子,$atom$ 用于存储原子的值。

广义表的这种存储结构称为头尾链表存储表示。在上一节定义的几个广义表 $A=()$,$B=(a)$,$C=(a,(b,c))$,$D=(A,B,C)$,$E=(a,b,E)$ 的存储结构如图 5-22 所示。

广义表的头尾链表存储结构的类型定义描述如下:

```
typedef enum{ATOM,LIST}ElemTag;    /* ATOM = 0,表示原子,LIST = 1,表示子表 */
typedef struct
{
    ElemTag tag;                   /* 标志位 tag 用于区分元素是原子还是子表 */
    union
    {
        AtomType atom;             /* AtomType 是原子结点的值域,用户自己定义类型 */
        struct
        {
            struct GLNode * hp, * tp;  /* hp 指向表头,tp 指向表尾 */
        }ptr;
```

```
    }
} * GList,GLNode;
```

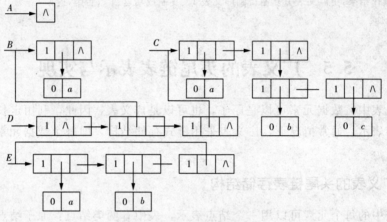

图 5-22 广义表的存储结构

5.5.2 广义表的基本运算

采用头尾链表存储结构表示广义表的基本运算实现如下所示(以下算法的实现保存在文件"GList.h"中)。

(1) 求广义表的表头。

```
GLNode * GetHead(GList L)
/*求广义表的表头结点操作*/
{
    GLNode * p;
    if(! L)                         /*如果广义表为空表,则返回 NULL*/
    {
        printf("该广义表是空表!");
            return NULL;
    }
    p = L->ptr.hp;                  /*将广义表的表头指针赋值给 p*/
    if(! p)
        printf("该广义表的表头是空表!");
    else if(p->tag = = LIST)
        printf("该广义表的表头是非空的子表。");
    else
        printf("该广义表的表头是原子。");
    return p;
}
```

(2) 求广义表的表尾。

```
GLNode * GeTail(GList L)
/* 求广义表的表尾操作 */
{
    if(! L)                      /* 如果广义表为空表,则返回 NULL */
    {
    printf("该广义表是空表!");
        return NULL;
    }
    return L->ptr.hp;            /* 如果广义表不是空表,则返回指向表尾结点的指针 */
}
```

(3) 求广义表的长度。

```
int GListLength(GList L)
/* 求广义表的长度操作 */
{
    int length = 0;
    while(L)                     /* 如果广义表非空,则将 p 指向表尾指针,统计表的长度 */
    {
        L = L->ptr.tp;
        length++;
    }
    return length;
}
```

(4) 求广义表的深度。如果广义表是空表,则返回 1。如果是原子,则返回 0。如果是一个非空的广义表,则需要把求解广义表的深度分解成若干个小问题进行处理。

广义表的深度指的是广义表中括号的层数。假设广义表 $GL = (a_1, a_2, a_3, \cdots, a_n)$,其中 a_i 可能是原子,也可能是子表,求广义表 GL 的深度可以分解为 n 个子问题,每个子问题就是求 a_i 的深度。如果 a_i 是原子,则深度为 0;如果 a_i 是子表,则继续求 a_i 的深度。广义表 GL 的深度为各元素 a_i 的深度中的最大值加 1。根据定义,空表的深度为 1。

具体实现:广义表的定义是递归的,因此,求广义表的深度可以利用递归实现。递归的返回条件有两个:当 L 为空表时,有 $GListDepth$(L)=1;当 L 为原子时,有 $GListDepth$(L)=0。如果 L 为非空的子表,则令 p 指向表头结点,即 L 的第 1 个元素 a_1(如果 a_1 是子表),求 a_1 的深度,当 a_1 的深度求出后,然后求 L 的第 2 个元素 a_2 的深度。依次类推,最后返回广义表 GL 的深度。

求广义表的深度操作的实现代码如下。

```
int GListDepth(GList L)
/* 求广义表的深度操作 */
{
    int max,depth;
```

```
    GLNode * p;
    if(L)                                /* 如果广义表非空,则返回 1 */
        return 1;
    if(L->tag = = ATOM)                  /* 如果广义表是原子,则返回 0 */
        return 0;
    for(max = 0,p = L;p;p = p->ptr.tp)   /* 逐层处理广义表 */
    {
        depth = GListDepth(p->ptr.hp);
            if(max<depth)
    max = depth;
    }
    return max + 1;
}
```

求广义表深度的递归算法的执行过程,其实就是遍历广义表的过程,在遍历中首先求得每个子表的深度,然后得到整个广义表的深度。例如,递归实现广义表 $A=((a),(),(a,(b,c)))$ 的深度过程如图 5-23 所示。

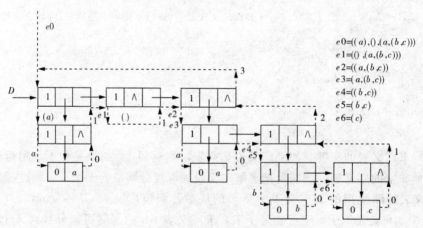

图 5-23 递归求解广义表的深度的过程

图中的虚线表示递归的路线,旁边的数字表示返回当前子表的深度。可以看出,每当一个子表结束,就要对本层进行加 1。例如,对于子表 (b,c),当本层要返回时,返回到上一层,即 $(a,(b,c))$ 这一层,因为这是一个子表,所以返回 1。

(5) 广义表的复制操作。由广义表 L 复制得到广义表 T。任何一个非空的广义表都可以分解为表头和表尾,一个表头和表尾可以唯一确定一个广义表。因此,复制广义表只需要复制表头和表尾,然后合在一起就构成一个广义表。

```
void CopyList(GList * T,GList L)
/* 广义表的复制操作。由广义表 L 复制得到广义表 T */
{
    if(! L)                              /* 如果广义表为空,则 T 为空表 */
        * T = NULL;
```

```
        else
        {
            *T = (GList)malloc(sizeof(GLNode));     /*表 L 不空,为 T 建立一个表结点*/
            if(*T = = NULL)
                exit(-1);
            (*T)->tag = L->tag;
            if(L->tag = = ATOM)                      /*复制原子*/
                (*T)->atom = L->atom;
            else                                     /*递归复制子表*/
            {
                CopyList(&((*T)->ptr.hp),L->ptr.hp);
                CopyList(&((*T)->ptr.tp),L->ptr.tp);
            }
        }
    }
```

5.5.3 广义表应用举例

【例 5-3】 使用头尾链表存储结构建立一个广义表,并求出广义表的长度和深度。

1. 创建广义表

广义表的创建分为 3 个步骤:

第一步,分离出表头和表尾:根据输入的字符串,找到串的第一个逗号,逗号之前的元素为表头,逗号之后的元素为表尾。

第二步,将表头作为参数,通过递归创建表结点。

第三步,如果表尾不空,则将已经创建的表结点的表尾指针指向表尾结点。然后重新分离出表头和表尾,为新的表头创建结点,重复执行以上步骤,直到串为空为止。

创建广义表的实现代码如下:

```
void CreateList(GList *L,SeqString S)
/*采用头尾链表创建广义表*/
{
    SeqString Sub,HeadSub,Empty;
    GList p,q;
    StrAssign(&Empty,"()");
    if(! StrCompare(S,Empty))                        /*如果输入的串是空串则创建一个空
                                                       的广义表*/
        *L = NULL;
    else
    {
        if(! (*L = (GList)malloc(sizeof(GLNode))))   /*为广义表生成一个结点*/
            exit(-1);
        if(StrLength(S) = = 1)                       /*广义表是原子,则将原子的值赋值
```

```
                                            给广义表结点 */
        {
            (*L)->tag = ATOM;
            (*L)->atom = S.str[0];
        }
        else                                /* 如果是子表 */
        {
            (*L)->tag = LIST;
            p = *L;
            SubString(&Sub,S,2,StrLength(S)-2);  /* 将 S 去除最外层的括号,然后赋值
                                                    给 Sub */
            do
            {
                DistributeString(&Sub,&HeadSub);  /* 将 Sub 分离出表头和表尾分别赋值
                                                     给 HeadSub 和 Sub */
                CreateList(&(p->ptr.hp),HeadSub);  /* 递归调用生成广义表 */
                q = p;
                if(! StrEmpty(Sub))           /* 如果表尾不空,则生成结点 p,并将
                                                 尾指针域指向 p */
                {
                    if(! (p = (GLNode *)malloc(sizeof(GLNode))))
                        exit(-1);
                    p->tag = LIST;
                    q->ptr.tp = p;
                }
            }while(! StrEmpty(Sub));
            q->ptr.tp = NULL;
        }
    }
```

2. 输出广义表

利用广义表的递归定义进行输出。如果该元素是原子,则直接输出。否则,则先输出广义表的表头,然后输出广义表的表尾。这与求广义表的深度操作类似。输出广义表的程序代码如下。

```
void PrintGList(GList L)
/* 输出广义表的元素 */
{
    if(L)                                   /* 如果广义表不空 */
    {
        if(L->tag == ATOM)                  /* 如果是原子,则输出 */
            printf("%c",L->atom);
```

```c
        else
        {
            PrintGList(L->ptr.hp);              /*递归访问L的表头*/
            PrintGList(L->ptr.tp);              /*递归访问L的表尾*/
        }
    }
}
```

3. 测试函数

包括主函数和串的处理函数。串的处理函数在创建广义表时被调用，函数 DistributeString 根据串中的第一个逗号将串分离成表头和表尾。其中串的基本操作保存在文件"SeqString.h"中。测试函数的程序代码实现如下。

```c
#include<stdio.h>
#include<malloc.h>
#include<stdlib.h>
#include<string.h>
typedef char AtomType;
#include"GList.h"
#include"SeqString.h"
void CreateList(GList *L,SeqString S);                  /*函数声明*/
void DistributeString(SeqString *Str,SeqString *HeadStr);
void PrintGList(GList L);
void main()
{
    GList L,T;
    SeqString S;
    int depth,length;
    StrAssign(&S,"(a,(a,(b,c)))");                      /*将字符串赋值给串S*/
    CreateList(&L,S);                                   /*由串创建广义表L*/
    printf("输出广义表L中的元素:\n");
    PrintGList(L);                                      /*输出广义表中的元素*/
    length = GListLength(L);                            /*求广义表的长度*/
    printf("\n广义表L的长度length = %2d\n",length);
    depth = GListDepth(L);                              /*求广义表的深度*/
    printf("广义表L的深度depth = %2d\n",depth);
    CopyList(&T,L);
    printf("由广义表L复制得到广义表T。\n广义表T的元素为:\n");
    PrintGList(T);
    length = GListLength(T);                            /*求广义表的长度*/
    printf("\n广义表T的长度length = %2d\n",length);
    depth = GListDepth(T);                              /*求广义表的深度*/
```

```
        printf("广义表 T 的深度 depth = %2d\n",depth);
}
void DistributeString(SeqString * Str,SeqString * HeadStr)
/*将串 Str 分离成两个部分,HeadStr 为第一个逗号之前的子串,Str 为逗号后的子串*/
{
    int len,i,k;
    SeqString Ch,Ch1,Ch2,Ch3;
    len = StrLength( * Str);              /* len 为 Str 的长度 */
    StrAssign(&Ch1,",");                  /*将字符',','('和')'分别赋给 Ch1、Ch2 和 Ch3 */
    StrAssign(&Ch2,"(");
    StrAssign(&Ch3,")");
    SubString(&Ch, * Str,1,1);            /*Ch 保存 Str 的第 1 个字符*/
    for(i = 1,k = 0;i< = len&&StrCompare(Ch,Ch1)||k! = 0;i + +)   /*搜索 Str 最外层的第
                                                                    一个括号*/
    {
        SubString(&Ch, * Str,i,1);        /*取出 Str 的第 1 个字符*/
        if(! StrCompare(Ch,Ch2))          /*如果第 1 个字符是'(',则令 k 加 1*/
            k + +;
        else if(! StrCompare(Ch,Ch3))     /*如果当前字符是')',则令 k 减去 1*/
            k - -;
    }
    if(i< = len)                          /*串 Str 中存在',',它是第 i-1 个字符*/
    {
        SubString(HeadStr, * Str,1,i - 2); /*HeadStr 保存串 Str',',前的字符*/
        SubString(Str, * Str,i,len - i + 1); /*Str 保存串 Str',',后的字符*/
    }
    else                                  /*串 Str 中不存在','*/
    {
        StrCopy(HeadStr, * Str);          /*将串 Str 的内容复制到串 HeadStr*/
        StrClear(Str);                    /*清空串 Str*/
    }
}
```

程序运行结果如图 5-24 所示。

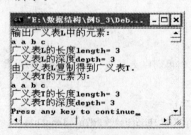

图 5-24 程序运行结果

5.6 广义表的扩展线性链表表示与实现

广义表还有一种链式的存储结构,即广义表的扩展线性链表结构。

5.6.1 广义表的扩展线性链表存储

在扩展线性链表的存储结构中,表结点和原子结点都由 3 个域构成。表结点包括 3 个域:标志域、表头指针域和表尾指针域。原子结点包括 3 个域:标志域、原子的值域和表尾指针域。其中,标志域 tag 用来区分表结点和原子结点,$tag=1$ 表示表结点,$tag=0$ 表示原子结点,hp 和 tp 分别指向广义表的表头和表尾,$atom$ 存储原子结点的值。扩展性链表的结点结构如图 5-25 所示。

图 5-25 扩展性链表结点存储结构

例如,广义表 D 的扩展线性链表存储结构如图 5-26 所示。

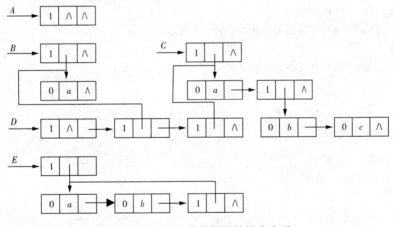

图 5-26 广义表的扩展性链表表示

广义表的扩展线性链表存储结构的类型描述如下:

```
typedef enum{ATOM,LIST}ElemTag;      /* ATOM = 0,表示原子,LIST = 1,表示子表 */
typedef struct
{
    ElemTag tag;                     /* 标志位 tag 用于区分元素是原子还是子表 */
    union
    {
        AtomType atom;               /* AtomType 是原子结点的值域,用户自己定义类型 */
    struct GLNode * hp;              /* hp 指向表头 */
    }ptr;
```

```
    struct GLNode * tp;              /* tp指向表尾 */
} * GList,GLNode;
```

5.6.2 广义表的基本运算

采用扩展性链表存储结构表示广义表的基本运算实现如下所示(以下算法的实现保存在文件"GList2.h"中)。

(1) 求广义表的表头。

```
GLNode *  GetHead(GList L)
/* 求广义表的表头结点操作 */
{
    GLNode  * p;
    p = L->ptr.hp;                  /* 将广义表的表头指针赋值给 p */
    if(! p)                         /* 如果广义表为空表,则返回 NULL */
    {
        printf("该广义表是空表!");
            return NULL;
    }
    else if(p->tag = = LIST)
        printf("该广义表的表头是非空的子表。");
    else
        printf("该广义表的表头是原子。");
    return p;
}
```

(2) 求广义表的表尾。

```
GLNode *  GeTail(GList L)
/* 求广义表的表尾操作 */
{
    GLNode  * p, * tail;
    p = L->ptr.hp;
    if(! p)                                         /* 如果广义表为空表,则返回 NULL */
    {
        printf("该广义表是空表!");
            return NULL;
    }
    tail = (GLNode * )malloc(sizeof(GLNode));       /* 生成 tail 结点 */
    tail->tag = LIST;                               /* 将标志域置为 LIST */
    tail->ptr.hp = p->tp;                           /* 将 tail 的表头指针域指向广义表的表尾 */
    tail->tp = NULL;                                /* 将 tail 的表尾指针置为空 */
    return tail;                                    /* 返回指向广义表表尾结点的指针 */
}
```

（3）求广义表的长度。

```
int GListLength(GList L)
/*求广义表的长度操作*/
{
    int length = 0;                          /*初始化化广义表的长度*/
    GLNode *p = L->ptr.hp;
    while(p)                                 /*如果广义表非空,则将p指向表尾指针,
                                               统计表的长度*/
    {
        length++;
        p = p->tp;
    }
    return length;
}
```

（4）求广义表的深度。如果广义表是空表，则返回1。如果是原子，则返回0。如果是一个非空的广义表，则需要把求解广义表的深度分解成若干个小问题进行处理。

采用扩展线性链表存储结构的广义表的子表为空时，有 L->tag==LIST&&L->ptr.hp==NULL，即头指针域为 NULL。采用扩展线性链表表示的广义表的递归求广义表的深度，先利用头指针域找到下一层的子表，如果该层还有子表，则继续利用头指针域找到下一层，直到该层次结点为原子或者是空表，返回到上一层，并返回求解的深度值。然后在该层中利用表尾指针找到该表的表尾，继续利用表头指针进行扫描，重复执行以上操作，直到所有层都返回。

求广义表的深度操作的实现如下。

```
int GListDepth(GList L)
/*求广义表的深度操作*/
{
    int max,depth;
    GLNode *p;
    if(L->tag==LIST&&L->ptr.hp==NULL)        /*如果广义表非空,则返回1*/
        return 1;
    if(L->tag==ATOM)                         /*如果广义表是原子,则返回0*/
        return 0;
    p = L->ptr.hp;
    for(max=0;p;p=p->tp)                     /*逐层处理广义表*/
    {
        depth = GListDepth(p);
        if(max<depth)
            max = depth;
    }
    return max+1;
```

}

采用扩展线性链表结构求解广义表的深度与采用头尾链表求解广义表深度类似。例如，采用扩展线性链表结构递归求广义表 $A = ((a),(),(a,(b,c)))$ 的深度过程如图 5-27 所示。

图中的虚线表示递归所走的路线，旁边的数字表示返回当前子表的深度。可以看出，每当一个子表结束，就要对本层进行加 1。

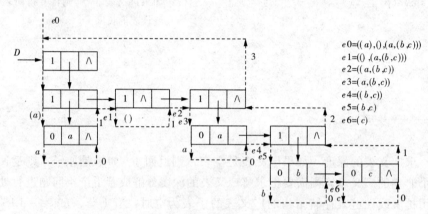

图 5-27 采用扩展线性链表递归求解广义表的深度的过程

(5) 广义表的复制。

```
void CopyList(GList *T,GList L)
/*广义表的复制操作。由广义表 L 复制得到广义表 T*/
{
    if(! L)                                      /*如果广义表为空,则 T 为空表*/
        *T = NULL;
    else
    {
        *T = (GList)malloc(sizeof(GLNode));      /*表 L 不空,为 T 建立一个表结点*/
        if( *T = = NULL)
            exit(-1);
        ( *T)->tag = L->tag;
        if(L->tag = = ATOM)                      /*复制原子*/
            ( *T)->ptr.atom = L->ptr.atom;
        else
            CopyList(&(( *T)->ptr.hp),L->ptr.hp);  /*递归复制表头*/
        if(L->tp = = NULL)
            ( *T)->tp = L->tp;
        else
            CopyList(&(( *T)->tp),L->tp);         /*递归复制表尾*/
    }
}
```

5.6.3 采用扩展线性链表存储结构的广义表应用举例

【例5-4】 使用扩展线性链表存储结构建立一个广义表,并求出广义表的长度和深度。

```c
#include<stdio.h>
typedef char AtomType;
#include"GList2.h"
#include"SeqString.h"
void CreateList(GList *L,SeqString S);
void DistributeString(SeqString *Str,SeqString *HeadStr);
void PrintGList(GList L);
void main()
{
    GList L,T;
    int length,depth;
    SeqString S;
    StrAssign(&S,"((a),(),(a,(b,c)))");
    CreateList(&L,S);
    printf("广义表L为:\n");
    PrintGList(L);
    printf("\n由广义表L复制得到T,广义表T为:\n");
    CopyList(&T,L);
    PrintGList(T);
    length = GListLength(L);
    printf("\n广义表L的长度为:Length = %2d\n",length);
    depth = GListLength(L);
    printf("广义表L的深度为:Depth = %2d\n",depth);
}
void CreateList(GList *L,SeqString S)
/* 采用扩展线性链表创建广义表 */
{
    SeqString Sub,HeadSub,Empty;
    GList p,q;
    StrAssign(&Empty,"()");
    if(!(*L=(GList)malloc(sizeof(GLNode))))    /* 为广义表生成一个结点 */
        exit(-1);
    if(!StrCompare(S,Empty))                    /* 如果输入的串是空串则创建一个空
                                                   的广义表 */
    {
        (*L)->tag = LIST;
        (*L)->ptr.hp = (*L)->tp = NULL;
```

```
        }
        else
        {
            if(StrLength(S) = = 1)                    /*广义表是原子,则将原子的值赋值
                                                        给广义表结点*/
            {
                (*L)->tag = ATOM;
                (*L)->ptr.atom = S.str[0];
                (*L)->tp = NULL;
            }
            else                                       /*如果是子表*/
            {
                (*L)->tag = LIST;
                (*L)->tp = NULL;
                SubString(&Sub,S,2,StrLength(S)-2);    /*将S去除最外层的括号,然后赋
                                                        值给Sub*/
                DistributeString(&Sub,&HeadSub);       /*将Sub分离出表头和表尾分别赋
                                                        值给HeadSub和Sub*/
                CreateList(&((*L)->ptr.hp),HeadSub);   /*递归调用生成广义表*/
                p = (*L)->ptr.hp;
                while(! StrEmpty(Sub))                 /*如果表尾不空,则生成结点p,并
                                                        将尾指针域指向p*/
                {
                    DistributeString(&Sub,&HeadSub);
                    CreateList(&(p->tp),HeadSub);
                    p = p->tp;
                }
            }
        }
    }
    void PrintGList(GList L)
    /*以广义表的形式输出*/
    {
        if(L->tag = = LIST)
        {
            printf("(");                               /*如果子表存在,先输出左括号*/
            if(L->ptr.hp = = NULL)                     /*如果子表为空,则输出' '字符*/
                printf(" ");
            else                                       /*递归输出表头*/
                PrintGList(L->ptr.hp);
            printf(")");                               /*在子表的最后输出右括号*/
        }
```

```
        else                              /*如果是原子,则输出结点的值*/
            printf("%c",L->ptr.atom);
        if(L->tp! = NULL)
        {

            printf(",");                  /*输出逗号*/
            PrintGList(L->tp);            /*递归输出表尾*/
        }
}
```

程序运行结果如图 5-28 所示。

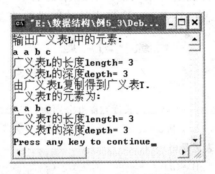

图 5-28 程序运行结果

小 结

数组和广义表都是扩展的线性表。

数组是由 n 个相同数据类型的数据元素 (a_0,a_1,a_2,…,a_{n-1})组成的有限序列。其中,数组中的元素占用一块连续的内存单元,数据元素 a_i 可以是原子类型也可以是一个线性表。因此,数组是一种扩展类型的线性表。

一般情况下,数组是以顺序存储结构的形式存放。采用顺序存储结构的数组具有随机存取的特点,这使得数组中元素的查找等操作很方便。

特殊矩阵可以通过转换,存储在一个一维数组中,这种存储方式可以节省存储空间,称为特殊矩阵的压缩存储。最常见的特殊矩阵有 3 种:对称矩阵、三角矩阵和对角矩阵。

稀疏矩阵也存在压缩存储,稀疏矩阵的压缩存储通常分为两种方式:稀疏矩阵的三元组顺序表表示和稀疏矩阵的十字链表表示。

三元组顺序表通过存储矩阵中非零元素的行号、列号和非零元素值,来唯一确定该元素在矩阵中的位置。三元组顺序表通常利用一个一维数组实现,采用的是顺序存储结构。十字链表采用链式存储结构实现稀疏矩阵的压缩存储,通过定义一个链表,链表中的每一个结点包含 3 个数据域和两个指针域。其中 3 个数据域分别存放矩阵中非零元素的行号、列号和非零元素值;两个指针域分别指向同一行的下一个元素和同一列的下一个元素。

十字链表在实现各种操作时比较麻烦，但是在进行稀疏矩阵的相加和相乘等操作时，因为主要是进行插入和删除操作，因此，时间复杂度较低。

广义表也是一种扩展的线性表。广义表是由 n 个相同数据类型的数据元素（a_0，a_1，a_2，…，a_{n-1}）组成的有限序列。其中，广义表中的元素 a_i 可以是单个元素，也可以是一个广义表。如果广义表中的元素 a_i 是单个原子，则称 a_i 是原子。如果广义表中的 a_i 是一个广义表，则称 a_i 是广义表的子表。习惯上广义表的名字用大写字母表示，原子用小写字母表示。

由于广义表中的数据元素既可以是原子，也可以是广义表，因此，利用定长的顺序存储结构很难表示。广义表通常采用链式存储结构表示。广义表的链式存储结构包括两种：广义表的头尾链表存储表示和广义表的扩展线性链表存储表示。

练 习 题

选择题

1. 设广义表 $L=((a,b,c))$，则 L 的长度和深度分别为（　　）。
   A. 1 和 1 B. 1 和 3 C. 1 和 2 D. 2 和 3
2. 广义表（(a)，a）的表尾是（　　）。
   A. a B. (a) C. $()$ D. $((a))$
3. 稀疏矩阵常见的压缩存储方法有（　　）两种。
   A. 二维数组和三维数组 B. 三元组和散列表
   C. 三元组和十字链表 D. 散列表和十字链表
4. 一个非空广义表的表头（　　）。
   A. 不可能是子表 B. 只能是子表
   C. 只能是原子 D. 可以是子表或原子
5. 广义表 $G=(a,b,(c,d,(e,f)),g)$ 的长度是（　　）。
   A. 3 B. 4 C. 7 D. 8
6. 采用稀疏矩阵的三元组表形式进行压缩存储，若要完成对三元组表进行转置，只要将行和列对换，这种说法（　　）。
   A. 正确 B. 错误 C. 无法确定 D. 以上均不对
7. 广义表 (a,b,c) 的表尾是（　　）。
   A. b,c B. (b,c) C. c D. (c)
8. 对一些特殊矩阵采用压缩存储的目的主要是为了（　　）。
   A. 使表达变得简单 B. 对矩阵元素的存取变得简单
   C. 去掉矩阵中的多余元素 D. 减少不必要的存储空间的消耗
9. 设矩阵 A 是一个对称矩阵，为了节省存储，将其下三角部分按行序存放在一维数组 $B[1..n(n-1)/2]$ 中，对下三角部分中任一元素 $a_{i,j}$（$i>=j$），在一维数组 B 的下标位置 k 的值是（　　）。
   A. $i(i-1)/2+j-1$ B. $i(i-1)/2+j$ C. $i(i+1)/2+j-1$ D. $i(i+1)/2+j$
10. 广义表 $A=((a),a)$ 的表头是（　　）。
    A. a B. (a) C. b D. $((a))$

11. 假设以三元组表表示稀疏矩阵，则与如图所示三元组表对应的 4×5 的稀疏矩阵是（注：矩阵的行列下标均从 1 开始）（ ）。

A. $\begin{pmatrix} 0 & -8 & 0 & 6 & 0 \\ 7 & 0 & 0 & 0 & 0 \\ 0 & 0 & 0 & 0 & 0 \\ -5 & 0 & 4 & 0 & 0 \end{pmatrix}$
B. $\begin{pmatrix} 0 & -8 & 0 & 6 & 0 \\ 7 & 0 & 0 & 0 & 3 \\ -5 & 0 & 4 & 0 & 0 \\ 0 & 0 & 0 & 0 & 0 \end{pmatrix}$

C. $\begin{pmatrix} 0 & -8 & 0 & 6 & 0 \\ 0 & 0 & 0 & 0 & 3 \\ 7 & 0 & 0 & 0 & 0 \\ -5 & 0 & 4 & 0 & 0 \end{pmatrix}$
D. $\begin{pmatrix} 0 & -8 & 0 & 6 & 0 \\ 7 & 0 & 0 & 0 & 0 \\ -5 & 0 & 4 & 0 & 3 \\ 0 & 0 & 0 & 0 & 0 \end{pmatrix}$

0	1	2	-8
1	1	4	6
2	2	1	7
3	2	5	3
4	3	1	-5
5	3	3	4

算法设计题

1. 已知一个稀疏矩阵是以三元组顺序表存储，请编写一个将三元组按矩阵形式输出的算法。
2. 以下是 5×5 的螺旋方阵，请编写一个算法输出该形式的 $n×n$ 阶方阵。

$$A_{5\times 5} = \begin{pmatrix} 1 & 2 & 3 & 4 & 5 \\ 16 & 17 & 18 & 19 & 6 \\ 15 & 24 & 25 & 20 & 7 \\ 14 & 23 & 22 & 21 & 8 \\ 13 & 12 & 11 & 10 & 9 \end{pmatrix}$$

3. 已知稀疏矩阵是以十字链表形式存储，请编写一个两个矩阵相乘的算法。
4. 假如有两个稀疏矩阵 **A** 和 **B**，相加得到 **C**，如图 1 所示。请利用十字链表实现两个稀疏矩阵的相加，并输出结果。

$$A_{4\times 4} = \begin{pmatrix} 2 & 0 & 0 & 0 \\ 0 & 3 & 0 & 0 \\ 0 & 0 & 0 & 2 \\ 1 & 0 & 0 & 0 \end{pmatrix} \quad B_{4\times 4} = \begin{pmatrix} 0 & 3 & 0 & 1 \\ 0 & -3 & 0 & 0 \\ 0 & 0 & 0 & 0 \\ 0 & 0 & 1 & 0 \end{pmatrix} \quad C_{4\times 4} = \begin{pmatrix} 2 & 3 & 0 & 1 \\ 0 & 0 & 0 & 0 \\ 0 & 0 & 0 & 2 \\ 1 & 0 & 0 & 0 \end{pmatrix}$$

图 1 十字链表表示的稀疏矩阵的相加

提示：矩阵中两个元素相加可能会出现 3 种情况：第一种情况，**A** 中的元素 $a_{ij} \neq 0$ 且 **B** 中的元素 $b_{ij} \neq 0$，但是结果可能为零，如果结果为零，则将该动态生成的结点释放掉；如果结果不为零，则将该结点插入到十字链表中，成为 **C** 的一个新结点。第二种情况，**A** 中的第 (i, j) 个位置存在非零元素 a_{ij}，而 **B** 中不存在非零元素，则只需要将该值赋值给新结点 p，将 p 插入到 **C** 中。第三种情况，**B** 中的第 (i, j) 个位置存在非零元素 b_{ij}，而 **A** 中不存在非零元素，则只需要将 b_{ij} 赋值给新结点 p，将 p 插入到 **C** 中。

5. 假设广义表以头尾链表方式存储，请写出以广义表形式输出的算法。
6. 请写出求广义表长度的非递归算法。
7. 编写算法，要求计算一个广义表的原子结点个数。

第6章 树

第2章至第5章介绍的线性表、栈、队列、串、数组和广义表都属于线性结构。本章与下章将介绍非线性数据结构——树和图。线性结构中的每个元素有唯一的前驱元素和唯一的后继元素，即前驱元素和后继元素是一对一的关系。而非线性结构中元素间前驱和后继的关系并不具有唯一性。其中，树形结构结点间的关系是前驱唯一而后继不唯一，即结点间是一对多的关系；而在图结构中结点间前驱和后继都不唯一，即结点间是多对多的关系。树形结构应用非常广泛，特别是对大量数据进行处理方面，如文件系统、编译系统、目录组织等，显得更加突出。

6.1 树

树是一种非线性的数据结构，树中元素之间的关系是一对多的层次关系。

6.1.1 树的定义

树（Tree）是 n（$n \geqslant 0$）个结点的有限集合。当 $n=0$ 时，称为空树；当 $n>0$ 时，称为非空树，该集合满足以下条件：

（1）有且只有一个称为根（root）的结点。

（2）当 $n>1$ 时，其余 $n-1$ 个结点可以划分为 m 个有限集合 T_1，T_2，…，T_m，且这 m 个有限集合不相交，其中 T_i（$1 \leqslant i \leqslant m$）也是一棵树，称为根的子树。

图 6-1 给出了一棵树的逻辑结构，它如同一棵倒立的树。

在图 6-1 中，'A' 为根结点，左边的树只有根结点，右边的树有 14 个结点，除了根结点，其余的 13 个结点分为 3 个不相交的子集：$T_1=$ {B, E, F, K, L}、$T_2=$ {C, G, H, I, M, N} 和 $T_3=$ {D, J}。其中，T_1、T_2 和 T_3 是根结点 'A' 的子树，并且它们本身也是一棵树。例如，T_2 的根结点是 'C'，其余的 5 个结点又分为 3 个不相交的子集：$T_{21}=$ {G, M}、$T_{22}=$ {H} 和 $T_{23}=$ {I, N}。其中，T_{21}、T_{22} 和 T_{23} 是 T_2 的子树，'G' 是 T_{21} 的根结点，{M} 是 'G' 的子树，'I' 是 T_{23} 的根结点，{N} 是 'I' 的子树。

下面介绍关于树的一些基本概念。

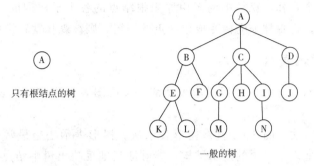

图 6-1 树的逻辑结构

树的结点：包含一个数据元素及若干指向子树分支的信息。

结点的度：一个结点拥有子树的个数称为结点的度。例如，结点'C'有 3 个子树，则度为 3。

叶子结点：也称为终端结点，没有子树的结点也就是度为零的结点称为该结点的叶子结点。例如，结点'K'和'L'不存在子树，度为 0，称为叶子结点；'F'、'M'、'H'、'N'和'J'也是叶子结点。

分支结点：也称为非终端结点，度不为零的结点称为非终端结点。例如，'B'、'C'、'D'、'E'等都是分支结点。

孩子结点：一个结点的子树的根结点称为该结点的孩子结点。例如，{E, K, L}是根结点'B'的子树，而'E'又是这棵子树的根结点，因此，'E'是'B'孩子结点。

双亲结点：也称父结点，如果一个结点存在孩子结点，则该结点就称为孩子结点的双亲结点。例如，'E'是'B'孩子结点，而'B'又是'E'的双亲结点。

子孙结点：在一个根结点的子树中的任何一个结点都称为该根结点的子孙结点。例如，{G, H, I, M, N}是'C'的子树，子树中的结点'G'、'H'、'I'、'M'和'N'都是'C'的子孙结点。

祖先结点：从根结点开始到达一个结点，所经过的所有分支结点，都称为该结点的祖先结点。例如，'N'的祖先结点为'A'、'C'和'I'。

兄弟结点：一个双亲结点的所有孩子结点之间互相称为兄弟结点。例如，'E'和'F'是'B'的孩子结点，因此，'E'和'F'互为兄弟结点。

树的度：树中所有结点的度的最大值。例如，图 6-1 中右边的树的度为 3，因为结点'C'的度为 3，该结点是树中拥有最大的度的结点。

树的层次：从根结点开始，根结点为第 1 层，根结点的孩子结点为第 2 层，依此类推，如果某一个结点是第 L 层，则其孩子结点位于第 $L+1$ 层。

树的深度：也称为树的高度，树中所有结点的层次最大值称为树的深度。例如，图 6-1 中的右边的树的深度为 4。

有序树：如果树中各个子树的次序是有先后次序的，则称该树为有序树。

无序树：如果树中各个子树的次序没有先后次序，则称该树为无序树。

森林：m 棵互不相交的树构成一个森林。如果把一棵非空的树的根结点删除，则该树就变成了一个森林，森林中的树由原来根结点的各个子树构成。如果把一个森林加上一个根结点，将森林中的树变成根结点的子树，则该森林就转换成一棵树。

6.1.2 树的逻辑表示

树的逻辑表示可分为 4 种：树形表示法、文氏图表示法、广义表表示法和凹入表示法。

（1）树形表示法。图 6-1 就是树形表示法。树形表示法是最常用的一种表示法，它能直观、形象地表示出树的逻辑结构，能够清晰地反映出树中结点之间的逻辑关系。树中的结点使用圆圈表示，结点间的关系使用直线表示，位于直线上方的结点是双亲结点，直线下方的结点是孩子结点。

（2）文氏图表示法。文氏图表示是利用数学中的集合来图形化描述树的逻辑关系。图 6-1 的树用文氏图表示如图 6-2 所示。

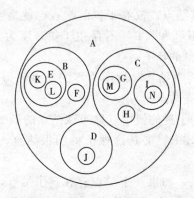

图 6-2 树的文氏图表示法

（3）广义表表示法。采用广义表的形式表示树的逻辑结构，广义表的子表表示结点的子树。图 6-1 的树利用广义表表示如下所示：

(A (B (E (K, L), F), C (G (M), H, I (N)), D (J)))

（4）凹入表示法。图 6-1 的树采用凹入表示法如图 6-3 所示。

图 6-3 树的凹入法表示

在这 4 种树的表示法中，树形表示法最为常用。

6.1.3 树的抽象数据类型

树的抽象数据类型定义了树中的数据对象、数据关系及基本操作。树的抽象数据类型定义如下：

ADT Tree
{
  数据对象 D:D 是具有相同特性的数据元素的集合。
  数据关系 R:若 D 为空集,则称为空树。
  若 D 仅含一个数据元素,则 R 为空集,否则 R={H},H 有如下二元关系:
  (1)在 D 中存在唯一的称为根的数据元素 root,它在关系 H 下无前驱;
  (2)若 D-{root}≠∅,则存在 D-{root}的一个划分 $D_1,D_2,\cdots,D_m(m>0)$,对任意的 j≠k(1≤j,k≤m)有 $D_j \cap D_k = \emptyset$,且对任意的 i(1≤i≤m),存在唯一数据元素 $x_i \in D_i$,有 $\langle root, x_i \rangle \in H$;
  (3)对应于 D-{root}的划分,H-{$\langle root,x_1 \rangle$},…,$\langle root,x_n \rangle$}有唯一的一个划分 $H_1,H_2,\cdots,H_m(m>0)$,对任意的 j≠k(1≤j,k≤m)有 $D_j \cap D_k = \emptyset$,且对任意的 i(1≤i≤m),H_i 是 D_i 上的二元关系,$(D_i,\{H_i\})$ 是一棵符合本定义的树,称为 root 的子树。

  基本操作：

  (1)InitTree(&T)

  初始条件:树 T 不存在。

  操作结果:构造空树 T。

  (2)DestroyTree(&T)

  初始条件:树 T 存在。

  操作结果:销毁树 T。

  (3)CreateTree(&T)

  初始条件:树 T 存在。

  操作结果:根据给定条件构造树 T。

  (4)TreeEmpty(T)

  初始条件:树 T 存在。

  操作结果:若树 T 为空树,则返回 1;否则返回 0。

  (5)Root(T)

  初始条件:树 T 存在。

  操作结果:若树 T 非空,则返回树的根结点,否则返回 NULL。

  (6)Parent(T,e)

  初始条件:树 T 存在,e 是 T 中的某个结点。

  操作结果:若 e 不是根结点,则返回该结点的双亲。否则,返回空。

  (7)FirstChild(T,e)

  初始条件:树 T 存在,e 是 T 中的某个结点。

  操作结果:若 e 是树 T 的非叶子结点,则返回该结点的第 1 个孩子结点,否则,返回 NULL。

  (8)NextSibling(T,e)

  初始条件:树 T 存在,e 是 T 中某个结点。

  操作结果:若 e 不是其双亲结点的最后一个孩子结点,则返回它的下一个兄弟结点,否则,返回 NULL。

(9)InsertChild(&T,p,Child)

初始条件:树 T 存在,p 指向 T 中某个结点,非空树 Child 与 T 不相交。

操作结果:将非空树 Child 插入到 T 中,使 Child 成为 p 指向的结点的子树。

(10)DeleteChild(&T,p,i)

初始条件:树 T 存在,p 指向 T 中某个结点,1≤i≤d,d 为 p 所指向结点的度。

操作结果:将 p 所指向的结点的第 i 棵子树删除。如果删除成功,返回 1,否则返回 0。

(11)TraverseTree(T)

初始条件:树 T 存在。

操作结果:按照某种次序对 T 的每个结点访问且仅访问一次。

(12)TreeDepth(T)

初始条件:树 T 存在。

操作结果:若树 T 非空,返回树的深度,如果是空树,返回 0。

}ADT Tree

6.2 二叉树

在深入学习树之前,我们先来认识一种比较简单的树——二叉树。

6.2.1 二叉树的定义

二叉树(Binary Tree)是另一种树结构,它的特点是每个结点最多只有两棵子树。在二叉树中,每个结点的度只可能是 0、1 和 2,每个结点的孩子结点有左右之分,位于左边的孩子结点称为左孩子结点或左孩子,位于右边的孩子结点称为右孩子结点或右孩子。如果 $n=0$,则称该二叉树为空二叉树。

下面给出二叉树的 5 种基本形态,如图 6-4 所示。

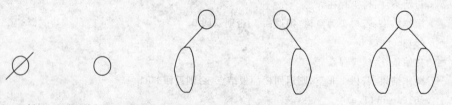

空二叉树　　只有根结点的二叉树　　只有左子树的二叉树　　只有右子树的二叉树　　左右子树非空的二叉树

图 6-4　二叉树的 5 种基本形态

一个由 12 个结点构成的二叉树如图 6-5 所示。'F'是'C'的左孩子结点,'G'是'C'的右孩子结点,'L'是'G'的右孩子结点,'G'的左孩子结点不存在。

每层结点都是满的二叉树称为满二叉树,即在满二叉树中,每一层的结点都具有最大的结点个数。图 6-6 就是一棵满二叉树。在满二叉树中,每个结点的度或者为 2,或者为 0(叶子结点),不存在度为 1 的结点。

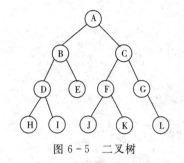

图 6-5 二叉树

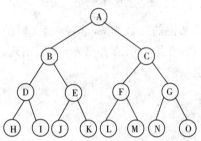

图 6-6 满二叉树

从满二叉树的根结点开始,从上到下,从左到右,依次对每个结点进行连续编号,如图 6-7 所示。

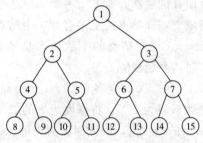

图 6-7 满二叉树及编号

如果一棵二叉树有 n 个结点,并且二叉树的 n 个结点的结构与满二叉树的前 n 个结点的结构完全相同,则称这样的二叉树为完全二叉树。完全二叉树及对应编号如图 6-8 所示,而图 6-9 所示就不是一棵完全二叉树。

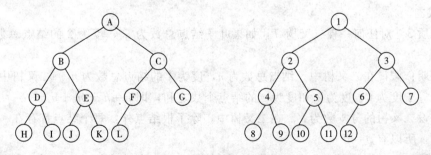

图 6-8 完全二叉树及编号

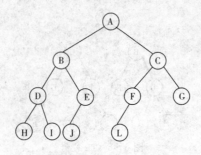

图 6-9 非完全二叉树

由此可以看出，如果二叉树的层数为 k，则满二叉树的叶子结点一定是在第 k 层，而完全二叉树的叶子结点一定在第 k 层或者第 $k-1$ 层出现。满二叉树一定是完全二叉树，而完全二叉树却不一定是满二叉树。

6.2.2 二叉树的性质

二叉树具有以下重要的性质。

性质 1 在二叉树中，第 m（$m \geqslant 1$）层上至多有 2^{m-1} 个结点（规定根结点为第 1 层）。

证明：利用数学归纳法证明。

当 $m=1$ 时，即根结点所在的层次，有 $2^{m-1}=2^{1-1}=2^0=1$，命题成立。

假设当 $m=k$ 时，命题成立，即第 k 层至多有 2^{k-1} 个结点。因为在二叉树中，每个结点的度最大为 2，则在第 $k+1$ 层，结点的个数最多是第 k 层的 2 倍，即 $2\times 2^{k-1}=2^{k-1+1}=2^k$。即当 $m=k+1$ 时，命题成立。

性质 2 深度为 k（$k \geqslant 1$）的二叉树至多有 2^k-1 个结点。

证明：第 i 层结点的个数最多为 2^{i-1}，将深度为 k 的二叉树中的每一层结点的最大值相加，就得到二叉树中结点的最大值，因此深度为 k 的二叉树的结点总数至多有

$$\sum_{i=1}^{k}(\text{第 } i \text{ 层结点的最大个数}) = \sum_{i=1}^{k} 2^{i-1} = 2^0 + 2^1 + \cdots + 2^{k-1}$$

$$= \frac{2^0(2^k-1)}{2-1} = 2^k - 1$$

命题成立。

性质 3 对任何一棵二叉树 T，如果叶子结点总数为 n_0，度为 2 的结点总数为 n_2，则有 $n_0 = n_2 + 1$。

证明：假设在二叉树中，结点总数为 n，度为 1 的结点总数为 n_1。二叉树中结点的总数 n 等于度为 0、度为 1 和度为 2 的结点个数之和，即 $n = n_0 + n_1 + n_2$。

假设二叉树的分支数为 Y。在二叉树中，除了根结点外，每个结点都存在一个进入的分支，所以有 $n = Y + 1$。

又因为二叉树的所有分支都是由度为 1 和度为 2 的结点发出，所以分支数 $Y = n_1 + 2n_2$。故 $n = Y + 1 = n_1 + 2n_2 + 1$。

由 $n=n_0+n_1+n_2$ 和 $n=n_1+2n_2+1$，得到 $n_0+n_1+n_2=n_1+2n_2+1$，即 $n_0=n_2+1$。命题成立。

性质 4 如果完全二叉树有 n 个结点，则深度为 $\lfloor \log_2 n \rfloor +1$。符号 $\lfloor x \rfloor$ 表示不大于 x 的最大整数。

证明： 假设具有 n 个结点的完全二叉树的深度为 k。k 层完全二叉树的结点个数介于 $k-1$ 层满二叉树与 k 层满二叉树结点个数之间。根据性质 2，$k-1$ 层满二叉树的结点总数为 $n_1=2^{k-1}-1$，k 层满二叉树的结点总数为 $n_2=2^k-1$。因此有 $n_1<n\leqslant n_2$，即 $n_1+1\leqslant n<n_2+1$，又 $n_1=2^{k-1}-1$ 和 $n_2=2^k-1$，故得到 $2^{k-1}-1\leqslant n<2^k-1$，同时对不等式两边取对数，有 $k-1\leqslant \log_2 n <k$。因为 k 是整数，$k-1$ 也是整数，所以 $k-1=\lfloor \log_2 n \rfloor$，即 $k=\lfloor \log_2 n \rfloor +1$。命题成立。

性质 5 如果完全二叉树有 n 个结点，按照从上到下，从左到右的顺序对二叉树中的每个结点从 1 到 n 进行编号，则对于任意结点 i 有以下性质：

(i) 如果 $i=1$，则序号 i 对应的结点就是根结点，该结点没有双亲结点。如果 $i>1$，则序号为 i 的结点的双亲结点序号为 $\lfloor i/2 \rfloor$。

(ii) 如果 $2i>n$，则序号为 i 的结点没有左孩子结点。如果 $2i\leqslant n$，则序号为 i 的结点的左孩子结点序号为 $2i$。

(iii) 如果 $2i+1>n$，则序号为 i 的结点没有右孩子结点。如果 $2i+1\leqslant n$，则序号为 i 的结点的右孩子结点序号为 $2i+1$。

证明： (1) 利用性质 (ii) 和性质 (iii) 证明性质 (i)。当 $i=1$ 时，该结点一定是根结点，根结点没有双亲结点。当 $i>1$ 时，假设序号为 m 的结点是序号为 i 结点的双亲结点。如果序号为 i 的结点是序号为 m 结点的左孩子结点，则根据性质 (ii) 有 $2m=i$，即 $m=i/2$。如果序号为 i 的结点是序号为 m 结点的右孩子结点，则根据性质 (iii) 有 $2m+1=i$，即 $m=(i-1)/2=i/2-1/2$。综合以上两种情况，当 $i>1$ 时，序号为 i 的结点的双亲结点序号为 $\lfloor i/2 \rfloor$。结论成立。

(2) 利用数学归纳法证明。当 $i=1$ 时，有 $2i=2$，如果 $2>n$，则二叉树中不存在序号为 2 的结点，也就不存在序号为 i 的左孩子结点。如果 $2\leqslant n$，则该二叉树中存在两个结点，序号 2 是序号为 i 的结点的左孩子结点的序号。

假设当序号 $i=k$ 时，当 $2k\leqslant n$ 时，序号为 k 的结点的左孩子结点存在且序号为 $2k$，当 $2k>n$ 时，序号为 k 的结点的左孩子结点不存在。

当 $i=k+1$ 时，在完全二叉树中，如果序号为 $k+1$ 的结点的左孩子结点存在 ($2i\leqslant n$)，则其左孩子结点的序号为 k 的结点的右孩子结点序号加 1，即序号为 $k+1$ 的结点的左孩子结点序号为 $(2k+1)+1=2(k+1)=2i$。因此，当 $2i>n$ 时，序号为 i 的结点的左孩子不存在。结论成立。

(3) 同理，利用数学归纳法证明。当 $i=1$ 时，如果 $2i+1=3>n$，则该二叉树中不存在序号为 3 的结点，即序号为 i 的结点的右孩子不存在。如果 $2i+1=3\leqslant n$，则该二叉树存在序号为 3 的结点，且序号为 3 的结点是序号为 i 的结点的右孩子结点。

假设当序号 $i=k$ 时，当 $2k+1\leqslant n$ 时，序号为 k 的结点的右孩子结点存在且序号为 $2k+1$，当 $2k+1>n$ 时，序号为 k 的结点的右孩子结点不存在。

当 $i=k+1$ 时,在完全二叉树中,如果序号为 $k+1$ 的结点的右孩子结点存在($2i+1 \leqslant n$),则其右孩子结点的序号为 k 的结点的右孩子结点序号加 2,即序号为 $k+1$ 的结点的右孩子结点序号为 $(2k+1)+2=2(k+1)+1=2i+1$。因此,当 $2i+1>n$ 时,序号为 i 的结点的右孩子不存在。结论成立。

6.2.3　二叉树的抽象数据类型

二叉树的抽象数据类型定义了二叉树中的数据对象、数据关系及基本操作。二叉树的抽象数据类型定义如下:

```
ADT BinaryTree
{
```
　　　　数据对象 D:D 是具有相同特性的数据元素的集合。
　　　　数据关系 R:若 D = ∅,则称 BinaryTree 为空二叉树。
　　　　若 D≠∅,则 R = {H},H 有如下二元关系:
　　　　(1)在 D 中存在唯一的称为根的数据元素 root,它在关系 H 下无前驱;
　　　　(2)若 D-{root}≠∅,则存在 D-{root} = {D_l,D_r},且 $D_l \cap D_r$ = ∅;
　　　　(3)若 D_l≠∅,则 D_l 中存在唯一的元素 x_l,⟨root,x_l⟩∈H,且存在 D_l 上的关系 $H_l \subset H$;若 D_r≠∅,则 D_r 中存在唯一的元素 x_r,⟨root,x_r⟩∈H,且存在 D_r 上的关系 $H_r \subset H$;H = {⟨root,x_l⟩,⟨root,x_r⟩,H_l,H_r};
　　　　(4)(D_l,{H_l})是一棵符合本定义的二叉树,称为根的左子树,(D_r,{H_r})是一棵符合本定义的二叉树,称为根的右子树。
　　　　基本操作:
　　　　(1)InitBiTree(&T)
　　　　初始条件:二叉树 T 不存在。
　　　　操作结果:构造空二叉树 T。
　　　　(2)CreateBiTree(&T)
　　　　初始条件:给出了二叉树 T 的定义。
　　　　操作结果:创建一棵非空的二叉树 T。
　　　　(3)DestroyBiTree(&T)
　　　　初始条件:二叉树 T 存在。
　　　　操作结果:销毁二叉树 T。
　　　　(4)InsertLeftChild(p,c)
　　　　初始条件:二叉树 c 存在且非空。
　　　　操作结果:将 c 插入到 p 所指向的左子树,使 p 原来的左子树成为 c 的右子树。
　　　　(5)InsertRightChild(p,c)
　　　　初始条件:二叉树 c 存在且非空。
　　　　操作结果:将 c 插入到 p 所指向的右子树,使 p 原来的右子树成为 c 的右子树。
　　　　(6)LeftChild(&T,e)
　　　　初始条件:二叉树 T 存在,e 是 T 中的某个结点。
　　　　操作结果:若结点 e 存在左孩子结点,则将 e 的左孩子结点返回,否则返回空。
　　　　(7)RigthChild(&T,e)
　　　　初始条件:二叉树 T 存在,e 是 T 的某个结点。

操作结果:若结点 e 存在右孩子结点,则将 e 的右孩子结点返回,否则返回空。

(8) DeleteLeftChild(&T,p)

初始条件:二叉树 T 存在,p 指向 T 中的某个结点。

操作结果:将 p 所指向的结点的左子树删除。如果删除成功,返回 1,否则返回 0。

(9) DeleteRightChild(&T,p)

初始条件:二叉树 T 存在,p 指向 T 中的某个结点。

操作结果:将 p 所指向的结点的右子树删除。如果删除成功,返回 1,否则返回 0。

(10) PreOrderTraverse(T)

初始条件:二叉树 T 存在。

操作结果:先序遍历二叉树 T,即先访问根结点、再访问左子树、最后访问右子树,对二叉树中的每个结点访问且仅访问一次。

(11) InOrderTraverse(T)

初始条件:二叉树 T 存在。

操作结果:中序遍历二叉树 T,即先访问左子树、再访问根结点、最后访问右子树,对二叉树中的每个结点访问,且仅访问一次。

(12) PostOrderTraverse(T)

初始条件:二叉树 T 存在。

操作结果:后序遍历二叉树 T,即先访问左子树、再访问右子树、最后访问根结点,对二叉树中的每个结点访问,且仅访问一次。

(13) LevelTraverse(T)

初始条件:二叉树 T 存在。

操作结果:对二叉树进行层次遍历。即按照从上到下、从左到右,依次对二叉树中的每个结点进行访问。

(14) BiTreeDepth(T)

初始条件:二叉树 T 存在。

操作结果:若二叉树非空,返回二叉树的深度;若是空二叉树,返回 0。

}ADT BinaryTree

6.2.4 二叉树的存储表示与实现

二叉树的存储结构有两种:顺序存储表示和链式存储表示。

1. 二叉树的顺序存储

我们已经知道,完全二叉树中每个结点的编号可以通过公式计算得到,因此,完全二叉树的存储可以按照从上到下、从左到右的顺序依次存储在一维数组中。完全二叉树的顺序存储如图 6-10 所示。

如果按照从上到小、从左到右的顺序对非完全二叉树也进行同样的编号,将结点依次存放在一维数组中。为了能够正确反映二叉树中结点之间的逻辑关系,需要在一维数组中将二叉树中不存在的结点位置空出,并用'∧'填充。非完全二叉树的顺序存储结构如图 6-11 所示。

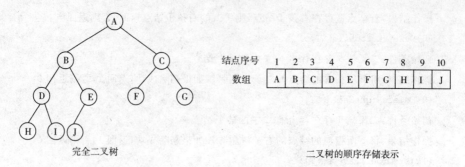

图 6-10 完全二叉树的顺序存储表示

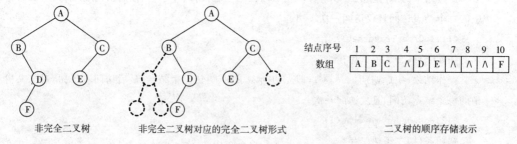

图 6-11 非完全二叉树的顺序存储表示

顺序存储对于完全二叉树来说是比较适合的，因为采用顺序存储能够节省内存单元，并能够利用公式得到每个结点的存储位置。但是，对于非完全二叉树来说，这种存储方式会浪费内存空间。在最坏的情况下，如果每个结点只有右孩子结点，而没有左孩子结点，则需要占用 2^k-1 个存储单元，而实际上，该二叉树只有 k 个结点。

2. 二叉树的链式存储

在二叉树中，每个结点有一个双亲结点和两个孩子结点。从一棵二叉树的根结点开始，通过结点的左右孩子地址就可以找到二叉树的每一个结点。因此二叉树的链式存储结构包括 3 个域：数据域、左孩子指针域和右孩子指针域。其中，数据域存放结点的值，左孩子指针域指向左孩子结点，右孩子指针域指向右孩子结点。这种链式存储结构称为二叉链表存储结构，如图 6-12 所示。

| lchild | data | rchild |

左孩子指针域　数据域　右孩子指针域

图 6-12 二叉链表的结点结构

如果二叉树采用二叉链表存储结构表示，其二叉树的存储表示如图 6-13 所示。

有时为了方便找到结点的双亲结点，在二叉链表的存储结构中增加一个指向双亲结点的指针域 parent。该结点的存储结构如图 6-14 所示。这种存储结构称为三叉链表结点存储结构。

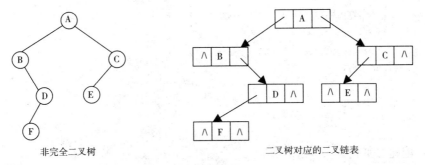

非完全二叉树　　　　　　　　　二叉树对应的二叉链表

图 6-13　二叉树的二叉链表存储表示

lchild	data	rchild	parent
左孩子 指针域	数据域	右孩子 指针域	双亲结点 指针域

图 6-14　三叉链表结点结构

通常情况下，二叉树采用二叉链表表示。二叉链表存储结构的类型定义描述如下：

```
typedef struct Node                    /*二叉链表存储结构类型定义*/
{
    DataType data;                     /*数据域*/
    struct Node * lchild;              /*指向左孩子结点*/
    struct Node * rchild;              /*指向右孩子结点*/
} * BiTree,BiNode;
```

3. 二叉树的基本运算

采用二叉链表存储结构表示的二叉树的基本运算实现如下（以下算法的实现保存在文件"LinkBiTree.h"中）。

（1）二叉树的初始化。

```
void InitBiTree(BiTree * T)
/*二叉树的初始化操作*/
{
    * T = NULL;
}
```

（2）二叉树的销毁。

```
void DestroyBiTree(BiTree * T)
/*销毁二叉树操作*/
{
    if( * T)                                        /*如果是非空二叉树*/
    {
```

```
            if((*T)->lchild)
                DestroyBiTree(&((*T)->lchild));
            if((*T)->rchild)
                DestroyBiTree(&((*T)->rchild));
            free(*T);
            *T = NULL;
        }
    }
```

(3) 创建二叉树。

```
void CreateBiTree(BiTree *T)
/*递归创建二叉树*/
{
    DataType ch;
    scanf("%c",&ch);
    if(ch = ='#')
        *T = NULL;
    else
    {
        *T = (BiTree)malloc(sizeof(BiNode));     /*生成根结点*/
        if(!(*T))
            exit(-1);
        (*T)->data = ch;
        CreateBiTree(&((*T)->lchild));           /*构造左子树*/
        CreateBiTree(&((*T)->rchild));           /*构造右子树*/
    }
}
```

(4) 二叉树的左插入。指针 p 指向二叉树 T 的某个结点，将子树 c 插入到 T 中，使 c 成为 p 指向结点的左子树，p 原来的左子树成为 c 的右子树。

```
int InsertLeftChild(BiTree p,BiTree c)
/*二叉树的左插入操作*/
{
    if(p)                                        /*如果指针p不空*/
    {
        c->rchild = p->lchild;                   /*p的原来的左子树成为c的右子树*/
        p->lchild = c;                           /*子树c作为p的左子树*/
        return 1;
    }
    return 0;
}
```

(5) 二叉树的右插入。指针 p 指向二叉树 T 的某个结点，将子树 c 插入到 T 中，使 c 成为 p 指向结点的右子树，p 原来的左子树成为 c 的右子树。

```
int InsertRightChild(BiTree p,BiTree c)
/*二叉树的右插入操作*/
{
    if(p)                              /*如果指针 p 不空*/
    {
      c->rchild = p->rchild;           /*p 的原来的右子树作为 c 的右子树*/
      p->rchild = c;                   /*子树 c 作为 p 的右子树*/
        return 1;
    }
    return 0;
}
```

(6) 返回二叉树结点的指针操作。在二叉树中查找指向元素值为 e 的结点，如果找到该结点，则将该结点的指针返回，否则，返回 NULL。

具体实现：定义一个队列 Q，用来存放二叉树中结点的指针，从根结点开始，判断结点的值是否等于 e，如果相等，则返回该结点的指针；否则，如果该结点存在左孩子结点，则将其左孩子的指针入队列；如果该结点存在右孩子结点，则将其右孩子的指针入队列。然后将队头的指针出队列，判断该指针指向的结点的元素值是否等于 e，如果相等返回该结点的指针，否则继续将结点的左孩子结点的指针和右孩子结点的指针入队列。重复执行此操作，直到队列为空。

返回二叉树指定结点的指针操作的实现如下。

```
BiTree Point(BiTree T,DataType e)
/*查找元素值为 e 的结点的指针*/
{
    BiTree Q[MaxSize];                 /*定义一个队列,用于存放二叉树中结点的指针*/
    int front = 0,rear = 0;            /*初始化队列*/
    BiNode *p;
    if(T)                              /*如果二叉树非空*/
    {
        Q[rear] = T;
        rear++;

        while(front! = rear)           /*如果队列非空*/
        {
            p = Q[front];              /*取出队头指针*/
            front++;                   /*将队头指针出队*/
            if(p->data = = e)
            return p;
            if(p->lchild)              /*如果左孩子结点存在,将左孩子指针入队*/
            {
```

```
                    Q[rear] = p->lchild;      /*左孩子结点的指针入队*/
                    rear++;
                }
                if(p->rchild)                 /*如果右孩子结点存在,将右孩子指针入队*/
                {
                    Q[rear] = p->rchild;      /*右孩子结点的指针入队*/
                    rear++;
                }
            }
        }
        return NULL;
    }
```

(7) 返回二叉树的结点的左孩子元素值。

```
DataType LeftChild(BiTree T,DataType e)
/*返回二叉树的左孩子结点元素值*/
{
    BiTree p;
    if(T)                                     /*如果二叉树不空*/
    {
        p = Point(T,e);                       /*p是元素值e的结点的指针*/
        if(p&&p->lchild)                      /*如果p不为空且p的左孩子结点存在*/
            return p->lchild->data;           /*返回p的左孩子结点的元素值*/
    }
    return 0;
}
```

(8) 返回二叉树结点的右孩子元素值。如果元素值为 e 的结点存在,并且该结点的右孩子结点存在,则将该结点的右孩子结点的元素值返回。

```
DataType RightChild(BiTree T,DataType e)
/*返回二叉树的右孩子结点元素值操作*/
{
    BiTree p;
    if(T)                                     /*如果二叉树不空*/
    {
        p = Point(T,e);                       /*p是元素值e的结点的指针*/
        if(p&&p->rchild)                      /*如果p不为空且p的右孩子结点存在*/
            return p->rchild->data;           /*返回p的右孩子结点的元素值*/
    }
    return 0;
}
```

(9) 删除二叉树的左子树。在二叉树中,指针 p 指向二叉树中的某个结点,将 p

所指向的结点的左子树删除。如果删除成功,返回 1,否则返回 0。

```
int DeleteLeftChild(BiTree p)
/*二叉树的左子树删除操作*/
{
    if(p)                                    /*如果p不空*/
    {
        DestroyBitTree(&(p->lchild));        /*删除左子树*/
        return 1;
    }
    return 0;
}
```

(10) 删除二叉树的右子树。

```
int DeleteRightChild(BiTree p)
/*二叉树的右子树删除操作*/
{
    if(p)                                    /*如果p不空*/
    {
        DestroyBitTree(&(p->rchild));        /*删除右子树*/
        return 1;
    }
    return 0;
}
```

6.3 二叉树的遍历

在二叉树的应用中,常常需要对二叉树中的每个结点进行访问,即二叉树的遍历。

6.3.1 二叉树遍历的定义

二叉树的遍历,即按照某种规律对二叉树的每个结点进行访问,且每个结点仅被访问一次的操作。这里的访问,包括对结点的输出、统计结点的个数等。

二叉树的遍历过程其实也是将二叉树的非线性序列转换成一个线性序列的过程。二叉树是一种非线性的结构,通过遍历二叉树,按照某种规律对二叉树中的每个结点进行访问,且仅访问一次,得到一个顺序序列。

根据二叉树的定义,二叉树是由根结点、左子树和右子树构成。如果将这 3 个部分依次遍历,就完成了整个二叉树的遍历。二叉树结点的基本结构如图 6-15 所示。如果用 D、L、R 分别代表遍历根结点、遍历左子树和遍历右子树,根据组合原理,有 6 种遍历方案:DLR、DRL、LDR、LRD、RDL 和 RLD。

216 数据结构

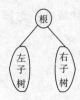

图 6-15 二叉树的结点的基本结构

如果限定先左后右的次序，则在以上 6 种遍历方案中，只剩下 3 种方案：DLR、LDR 和 LRD。其中，DLR 称为先序遍历，LDR 称为中序遍历，LRD 称为后序遍历。

6.3.2 二叉树的先序遍历

二叉树的先序遍历的递归定义如下。

如果二叉树为空，则执行空操作。如果二叉树非空，则执行以下操作：

(1) 访问根结点；
(2) 先序遍历左子树；
(3) 先序遍历右子树。

根据二叉树的先序递归定义，得到图 6-16 的二叉树的先序序列为：A、B、D、G、E、H、I、C、F、J。

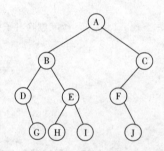

图 6-16 二叉树

在二叉树先序遍历的过程中，对每一棵二叉树重复执行以上的递归遍历操作，就可以得到先序序列。例如，在遍历根结点 A 的左子树 {B，D，E，G，H，I} 时，根据先序遍历的递归定义，先访问根结点 B，然后遍历 B 的左子树为 {D，G}，最后遍历 B 的右子树为 {E，H，I}。访问过 B 之后，开始遍历 B 的左子树 {D，G}，在子树 {D，G} 中，先访问根结点 D，因为 D 没有左子树，所以遍历其右子树，右子树只有一个结点 G，所以访问 G。B 的左子树遍历完毕，按照以上方法遍历 B 的右子树。最后得到结点 A 的左子树先序序列：B、D、G、E、H、I。

依据二叉树的先序递归定义，可以得到二叉树的先序递归算法。

```
void PreOrderTraverse(BiTree T)
/* 先序遍历二叉树的递归实现 */
{
    if(T)                                    /* 如果二叉树不为空 */
    {
```

```
        printf("%2c",T->data);              /*访问根结点*/
        PreOrderTraverse(T->lchild);        /*先序遍历左子树*/
        PreOrderTraverse(T->rchild);        /*先序遍历右子树*/
    }
}
```

下面来介绍二叉树的非递归算法实现。在第 4 章学习栈的时候,已经对递归的消除作了具体讲解,现在利用栈来实现二叉树的非递归算法。

算法实现:从二叉树的根结点开始,访问根结点,然后将根结点的指针入栈,重复执行以下两个步骤。

(1) 如果该结点的左孩子结点存在,访问左孩子结点,并将左孩子结点的指针入栈。重复执行此操作,直到结点的左孩子不存在。

(2) 将栈顶的元素(指针)出栈,如果该指针指向的右孩子结点存在,则将当前指针指向右孩子结点。

重复执行以上两个步骤,直到栈空为止。以上算法思想的执行流程如图 6-17 所示。

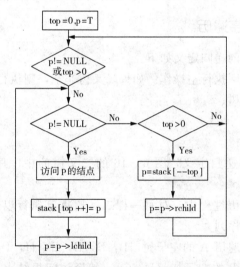

图 6-17 二叉树的非递归先序遍历执行流程图

二叉树的先序遍历非递归算法实现如下。

```
void PreOrderTraverse(BiTree T)
/*先序遍历二叉树的非递归实现*/
{
    BiTree stack[MaxSize];          /*定义一个栈,用于存放结点的指针*/
    int top;                        /*定义栈顶指针*/
    BitNode *p;                     /*定义一个结点的指针*/
    top = 0;                        /*初始化栈*/
    p = T;
    while(p! = NULL||top>0)
```

```
    {
        while(p! = NULL)                    /*如果p不空,访问根结点,遍历左子树*/
        {
            printf(" %2c",p->data);         /*访问根结点*/
            stack[top++] = p;               /*将p入栈*/
            p = p->lchild;                  /*遍历左子树*/
        }
        if(top>0)                           /*如果栈不空*/
        {
            p = stack[--top];               /*栈顶元素出栈*/
            p = p->rchild;                  /*遍历右子树*/
        }
    }
}
```

以上算法是直接利用数组来模拟栈的实现,当然也可以定义一个栈类型实现。如果用第4章的链式栈实现,需要将数据类型改为指向二叉树结点的指针类型。

6.3.3 二叉树的中序遍历

二叉树的中序遍历的递归定义如下。

如果二叉树为空,则执行空操作。如果二叉树非空,则执行以下操作:

(1) 中序遍历左子树;

(2) 访问根结点;

(3) 中序遍历右子树。

根据二叉树的中序递归定义,图6-16的二叉树的中序序列为:D、G、B、H、E、I、A、F、J、C。

在二叉树中序的遍历过程中,对每一棵二叉树重复执行以上的递归遍历操作,就可以得到二叉树的中序序列。

例如,如果要中序遍历A的左子树{B, D, E, G, H, I},根据中序遍历的递归定义,需要先中序遍历B的左子树{D, G},然后访问根结点B,最后中序遍历B的右子树为{E, H, I}。在子树{D, G}中,D是根结点,没有左子树,因此访问根结点D,接着遍历D的右子树,因为右子树只有一个结点G,所以直接访问G。

在左子树遍历完毕之后,访问根结点B。最后要遍历B的右子树{E, H, I},E是子树{E, H, I}的根结点,需要先遍历左子树{H},因为左子树只有一个H,所以直接访问H,然后访问根结点E,最后要遍历右子树{I},右子树也只有一个结点,所以直接访问I,B的右子树访问完毕。因此,A的左子树的中序序列为:D、G、B、H、E、I。

从中序遍历的序列可以看出,A左边的序列是A的左子树元素,右边是A的右子树序列。同样,B的左边是其左子树的元素序列,右边是其右子树序列。根结点把二叉树的中序序列分为左右两棵子树序列,左边为左子树序列,右边是右子树序列。

依据二叉树的中序递归定义，可以得到二叉树的中序递归算法。

```
void InOrderTraverse(BiTree T)
/* 中序遍历二叉树的递归实现 */
{
    if(T)                              /* 如果二叉树不为空 */
    {
        InOrderTraverse(T->lchild);    /* 中序遍历左子树 */
        printf(" %2c",T->data);        /* 访问根结点 */
        InOrderTraverse(T->rchild);    /* 中序遍历右子树 */
    }
}
```

下面来介绍二叉树中序遍历的非递归算法实现。

二叉树的中序遍历非递归算法实现：从二叉树的根结点开始，将根结点的指针入栈，执行以下两个步骤。

（1）如果该结点的左孩子结点存在，将左孩子结点的指针入栈。重复执行此操作，直到结点的左孩子不存在。

（2）将栈顶的元素（指针）出栈，并访问该指针指向的结点，如果该指针指向的右孩子结点存在，则将当前指针指向右孩子结点。

重复执行以上（1）和（2），直到栈空为止。以上算法思想的执行流程如图6-18所示。

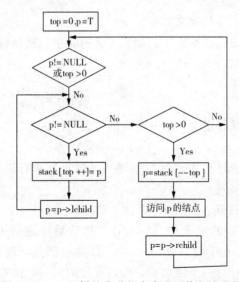

图6-18 二叉树的非递归中序遍历执行流程图

二叉树的中序遍历非递归算法实现如下。

```
void InOrderTraverse(BiTree T)
/* 中序遍历二叉树的非递归实现 */
{
    BiTree stack[MaxSize];             /* 定义一个栈,用于存放结点的指针 */
```

```
        int top;                          /*定义栈顶指针*/
        BiNode *p;                        /*定义一个结点的指针*/
        top = 0;                          /*初始化栈*/
        p = T;
        while(p! = NULL||top>0)
        {
            while(p! = NULL)              /*如果p不空,访问根结点,遍历左子树*/
            {
                stack[top++] = p;         /*将p入栈*/
                p = p->lchild;            /*遍历左子树*/
            }
            if(top>0)                     /*如果栈不空*/
            {
                p = stack[--top];         /*栈顶元素出栈*/
                printf(" %2c",p->data);   /*访问根结点*/
                p = p->rchild;            /*遍历右子树*/
            }
        }
```

6.3.4 二叉树的后序遍历

二叉树的后序遍历的递归定义如下。

如果二叉树为空,则执行空操作。如果二叉树非空,则执行以下操作:

(1) 后序遍历左子树;

(2) 后序遍历右子树;

(3) 访问根结点。

根据二叉树的后序递归定义,图 6-16 的二叉树的后序序列为:G、D、H、I、E、B、J、F、C、A。

在二叉树后序的遍历过程中,对每一棵二叉树重复执行以上的递归遍历操作,就可以得到二叉树的后序序列。

例如,如果要后序遍历 A 的左子树 {B, D, E, G, H, I},根据后序遍历的递归定义,需要先后序遍历 B 的左子树 {D, G},然后后序遍历 B 的右子树为 {E, H, I},最后访问根结点 B。在子树 {D, G} 中,D 是根结点,没有左子树,因此遍历 D 的右子树,因为右子树只有一个结点 G,所以直接访问 G,接着访问根结点 D。

在左子树遍历完毕之后,需要遍历 B 的右子树 {E, H, I},E 是子树 {E, H, I} 的根结点,需要先遍历左子树 {H},因为左子树只有一个 H,所以直接访问 H,然后遍历右子树 {I},右子树也只有一个结点,所以直接访问 I,最后访问子树 {E, H, I} 的根结点 E。此时,B 的左、右子树均访问完毕。最后访问结点 B。因此,A 的左子树的后序序列为:G、D、H、I、E、B。

依据二叉树的后序递归定义,可以得到二叉树的后序递归算法。

```
void PostOrderTraverse(BiTree T)
/*后序遍历二叉树的递归实现*/
{
    if(T)                                    /*如果二叉树不为空*/
    {
        PostOrderTraverse(T->lchild);       /*后序遍历左子树*/
        PostOrderTraverse(T->rchild);       /*后序遍历右子树*/
        printf("%2c",T->data);              /*访问根结点*/
    }
}
```

下面来介绍二叉树后序遍历的非递归算法实现。

二叉树的后序遍历非递归算法实现：从二叉树的根结点开始，将根结点的指针入栈，执行以下两个步骤。

（1）如果该结点的左孩子结点存在，将左孩子结点的指针入栈。重复执行此操作，直到结点的左孩子不存在。

（2）取栈顶元素（指针）并赋给 p，如果 p->rchild==NULL 或 p->rchild=q，即 p 没有右孩子或右孩子结点已经访问过，则访问根结点，即 p 指向的结点，并用 q 记录刚刚访问过的结点指针，将栈顶元素退栈。如果 p 有右孩子且右孩子结点没有被访问过，则执行 p=p->rchild。

重复执行以上（1）和（2），直到栈空为止。以上算法思想的执行流程如图 6-19 所示。

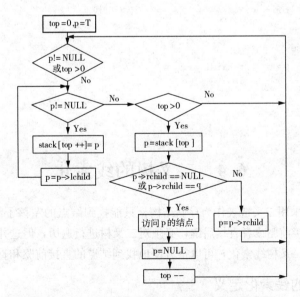

图 6-19　二叉树的非递归后序遍历执行流程图

二叉树的后序遍历非递归算法实现如下。

```
void PostOrderTraverse(BiTree T)
```

```
/*后序遍历二叉树的非递归实现*/
{
    BiTree stack[MaxSize];              /*定义一个栈,用于存放结点的指针*/
    int top;                            /*定义栈顶指针*/
    BiNode *p, *q;                      /*定义结点的指针*/
    top = 0;                            /*初始化栈*/
    p = T, q = NULL;                    /*初始化结点的指针*/
    while(p! = NULL||top>0)
    {
        while(p! = NULL)                /*如果p不空,访问根结点,遍历左子树*/
        {
            stack[top + +] = p;         /*将p入栈*/
            p = p->lchild;              /*遍历左子树*/
        }
        if(top>0)                       /*如果栈不空*/
        {
            p = stack[top - 1];         /*取栈顶元素*/
            if(p->rchild = = NULL||p->rchild = = q)   /*如果p没有右孩子结点,或右
                                                       孩子结点已经访问过*/
            {
                printf("%2c",p->data);  /*访问根结点*/
                q = p;                  /*如果栈不空*/
                p = NULL;               /*遍历右子树*/
                top - - ;               /*出栈*/
            }
            else
                p = p->rchild;
        }
    }
}
```

6.4 二叉树的线索化

在二叉树中,采用二叉链表作为存储结构,只能找到结点的左孩子结点和右孩子结点。要想找到结点的直接前驱或者直接后继,必须对二叉树进行遍历,但这并不是最直接、最简便的方法。通过对二叉树线索化,可以很方便地找到结点的直接前驱和直接后继。

6.4.1 二叉树的线索化定义

为了能够在二叉树的遍历过程中,直接找到结点的直接前驱或者直接后继,可在二叉链表结点中增加两个指针域:一个用来指向结点的前驱,另一个用来指向结点的后继。但这样做需要为结点增加更多的存储单元,使存储结构的利用率大大下降。

在二叉链表的存储结构中，具有 n 个结点的二叉链表有 $n+1$ 个空指针域。由此，可以利用这些空指针域存放结点的直接前驱和直接后继的信息。我们可以做以下规定：如果结点存在左子树，则指针域 lchild 指向其左孩子结点，否则，指针域 lchild 指向其直接前驱结点。如果结点存在右子树，则指针域 rchild 指向其右孩子结点，否则，指针域 rchild 指向其直接后继结点。

为了区分指针域指向的是左孩子结点还是直接前驱结点，右孩子结点还是直接后继结点，增加两个标志域 ltag 和 rtag。结点的存储结构如图 6-20 所示：

其中，当 $ltag=0$ 时，lchild 指向结点的左孩子；当 $ltag=1$ 时，lchild 指向结点的直接前驱结点。当 $rtag=0$ 时，rchild 指向结点的右孩子；当 $rtag=1$ 时，lchild 指向结点的直接后继结点。

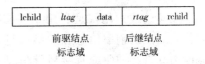

图 6-20 结点的存储结构

采用这种存储结构的二叉链表称为线索链表。其中，指向结点直接前驱和直接后继的指针，称为线索。在二叉树的先序遍历过程中，加上线索之后，得到先序线索二叉树。同理，在二叉树的中序（后序）遍历过程中，加上线索之后，得到中序（后序）线索二叉树。二叉树按照某种遍历方式使二叉树变为线索二叉树的过程称为二叉树的线索化。图 6-21 就是将二叉树进行先序、中序和后序遍历得到的线索二叉树。

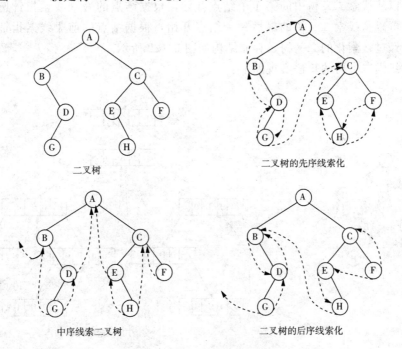

图 6-21 二叉树的线索化

线索二叉树的存储结构类型描述如下：

```
typedef enum {Link,Thread}PointerTag;
/* Link=0 表示指向孩子结点,Thread=1 表示指向前驱结点或后继结点 */
```

```
typedef struct Node                    /*线索二叉树存储结构类型定义*/
{
    DataType data;                     /*数据域*/
    struct Node * lchild,rchild;       /*指向左孩子结点的指针和右孩子结点的指针*/
    PointerTag ltag,rtag;              /*标志域*/
} * BiThrTree,BiThrNode;
```

6.4.2 二叉树的线索化

二叉树的线索化就是利用二叉树中结点的空指针域表示结点的前驱或后继信息。而要得到结点的前驱信息和后继信息，需要对二叉树进行遍历，同时将结点的空指针域修改为其直接前驱或直接后继信息。因此，二叉树的线索化就是对二叉树进行遍历的过程。这里以二叉树的中序线索化为例介绍二叉树的线索化。

为了方便，在对二叉树线索化时，可增加一个头结点。使头结点的指针域 lchild 指向二叉树的根结点，指针域 rchild 指向二叉树中序遍历时的最后一个结点，二叉树中的第 1 个结点的线索指针指向头结点。在初始化时，使二叉树的头结点指针域 lchild 和 rchild 均指向头结点，并将头结点的标志域 ltag 置为 Link，标志域 rtag 置为 Thread。

线索化以后的二叉树类似于一个循环链表，操作线索二叉树就像操作循环链表一样，既可以从线索二叉树中的第 1 个结点开始，根据结点的后继线索指针遍历整个二叉树，也可以从线索二叉树的最后一个结点开始，根据结点的前驱线索指针遍历整个二叉树。经过线索化的二叉树及存储结构如图 6-22 所示。

中序线索二叉树的算法实现如下。

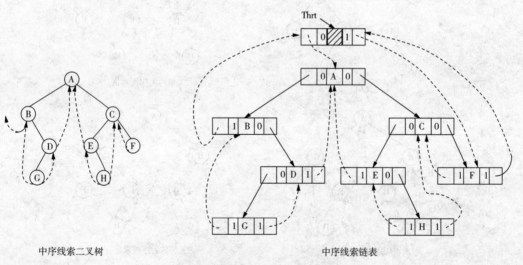

图 6-22 中序线索二叉树及链表

```
BiThrTree pre;                         /* pre 始终指向已经线索化的
                                          结点*/

int InOrderThreading(BiThrTree * Thrt,BiThrTree T)
/*通过中序遍历二叉树 T,使 T 中序线索化。Thrt 是指向头结点的指针*/
```

```
{
    if(!( * Thrt = (BiThrTree)malloc(sizeof(BiThrNode))))    /*为头结点分配内存单元*/
        exit(-1);
    /*将头结点线索化*/
    ( * Thrt)->ltag = Link;              /*修改前驱线索标志*/
    ( * Thrt)->rtag = Thread;            /*修改后继线索标志*/
    ( * Thrt)->rchild = * Thrt;          /*将头结点的rchild指针指向自己*/
    if(!T)                               /*如果二叉树为空,则将lchild指针指向自己*/
        ( * Thrt)->lchild = * Thrt;
    else
    {
        ( * Thrt)->lchild = T;           /*将头结点的左指针指向根结点*/
        pre = * Thrt;                    /*将pre指向已经线索化的结点*/
        InThreading(T);                  /*中序遍历进行中序线索化*/
                                         /*将最后一个结点线索化*/
        pre->rchild = * Thrt;            /*将最后一个结点的右指针指向头结点*/
        pre->rtag = Thread;              /*修改最后一个结点的rtag标志域*/
        ( * Thrt)->rchild = pre;         /*将头结点的rchild指针指向最后一个结点*/
    }
    return 1;
}
void InThreading(BiThrTree p)
/*二叉树的中序线索化*/
{
    if(p)
    {
        InThreading(p->lchild);          /*左子树线索化*/
        if(!p->lchild)                   /*前驱线索化*/
        {
            p->ltag = Thread;
            p->lchild = pre;
        }
        if(!pre->rchild)                 /*后继线索化*/
        {
            pre->rtag = Thread;
            pre->rchild = p;
        }
        pre = p;                         /*pre指向的结点线索化完毕,使p指向的结点成
                                           为前驱*/
        InThreading(p->rchild);          /*右子树线索化*/
    }
}
```

6.4.3 线索二叉树的遍历

利用在线索二叉树中查找结点的前驱和后继的思想,遍历线索二叉树。

1. 查找指定结点的中序直接前驱

在中序线索二叉树中,对于指定的结点 * p,即指针 p 指向的结点。如果 p—>ltag =1,那么 p—>lchild 指向的结点就是 p 的中序直接前驱结点。例如,在图 6 - 22 中,结点 'E' 的前驱标志域为 1,即 Thread,则中序直接前驱为 'A',即 lchild 指向的结点。如果 p—>ltag=0,那么 p 的中序直接前驱就是 p 的左子树的最右下端的结点。例如,结点 'A' 的中序直接前驱结点为 'D',即结点 'A' 的左子树的最右下端结点。

查找指定结点的中序直接前驱的算法实现如下。

```
BiThrNode * InOrderPre(BiThrNode * p)
/*在中序线索树中找结点*p的中序直接前驱*/
{
    BiThrNode * pre;
    if (p->ltag = = Thread)         /*如果p的标志域ltag为线索,则p的左子树结
                                       点为前驱*/
        return p->lchild;
    else{
        pre = p->lchild;            /*查找p的左孩子的最右下端结点*/
        while (pre->rtag = = Link)  /*右子树非空时,沿右链往下查找*/
            pre = pre->rchild;
        return pre;                 /*pre就是最右下端结点*/
    }
}
```

2. 查找指定结点的中序直接后继

在中序线索二叉树中,查找指定的结点 * p 的中序直接后继,与查找指定结点的中序直接前驱类似。如果 p—>rtag=1,那么 p—>rchild 指向的结点就是 p 的直接后继结点。例如,在图 6 - 22 中,结点 'G' 的后继标志域为 1,即 Thread,则中序直接后继为 'D',即 rchild 指向的结点。如果 p—>rtag=0,那么 p 的中序直接后继就是 p 的右子树的最左下端的结点。例如,结点 'B' 的中序直接后继为 'G',即结点 'B' 的右子树的最左下端结点。

查找指定结点的中序直接后继的算法实现如下。

```
BiThrNode * InOrderPost(BiThrNode * p)
/*在中序线索树中查找结点*p的中序直接后继*/
{
    BiThrNode * pre;
    if (p->rtag = = Thread)         /*如果p的标志域ltag为线索,则p的右子树结
                                       点为后继*/
```

```
            return p->rchild;
        else
        {
            pre = p->rchild;                    /*查找p的右孩子的最左下端结点*/
            while(pre->ltag==Link)              /*左子树非空时,沿左链往下查找*/
                pre = pre->lchild;
            return pre;                         /*pre就是最左下端结点*/
        }
}
```

3. 中序遍历线索二叉树

中序遍历线索二叉树的实现思想分为 3 个步骤：第一步，从第 1 个结点开始，找到二叉树的最左下端结点，并访问之；第二步，判断该结点的右标志域是否为线索指针，如果是线索指针即 p->rtag==Thread，说明 p->rchild 指向结点的中序后继，则将指针指向右孩子结点，并访问右孩子结点；第三步，将当前指针指向该右孩子结点。重复执行以上 3 个步骤，直到遍历完毕。中序遍历线索二叉树的整个过程，就是线索查找后继和查找右子树的最左下端结点的过程。

中序遍历线索二叉树的算法实现如下。

```
int InOrderTraverse(BiThrTree T,int (*visit)(BiThrTree e))
/*中序遍历线索二叉树。其中visit是函数指针,指向访问结点的函数实现*/
{
    BiThrTree p;
    p = T->lchild;                              /*p指向根结点*/
    while(p! = T)                               /*空树或遍历结束时,p==T*/
    {
        while(p->ltag==Link)
            p = p->lchild;
        if(! visit(p))                          /*打印*/
            return 0;
        while(p->rtag==Thread&&p->rchild! = T)  /*访问后继结点*/
        {
            p = p->rchild;
            visit(p);
        }
        p = p->rchild;
    }
    return 1;
}
```

6.4.4 线索二叉树的应用举例

【例 6-1】 编写程序，建立如图 6-22 所示的二叉树，并将其中序线索化。任意输入一个结点,输出该结点的中序前驱和中序后继。例如,结点'D'的中序直接前驱是'G',其中序直接后继是'A'。

测试程序代码如下。

```c
#include<stdio.h>
#include<malloc.h>
#include<stdlib.h>
#define MaxSize 100
typedef char DataType;
typedef enum {Link,Thread}PointerTag;
typedef struct Node                              /*结点类型*/
{
    DataType data;
    struct Node * lchild, * rchild;              /*左右孩子子树*/
    PointerTag ltag,rtag;                        /*线索标志域*/
}BiThrNode;
typedef BiThrNode * BiThrTree;                   /*二叉树类型*/
void DestroyBiTree(BiThrTree * T);
void CreateBitTree2(BiThrTree * T,char str[]);   /*创建线索二叉树*/
void InThreading(BiThrTree p);                   /*中序线索化二叉树*/
int InOrderThreading(BiThrTree * Thrt,BiThrTree T);  /*通过中序遍历二叉树T,使T中序线
                                                       索化。Thrt是指向头结点的指针*/
int InOrderTraverse(BiThrTree T,int ( * visit)(BiThrTree e));  /*中序遍历线索二叉树*/
int Print(BiThrTree T);                          /*打印二叉树中的结点及线索标志*/
BiThrNode * FindPoint(BiThrTree T,DataType e);   /*在线索二叉树中查找结点为e的指针*/
BiThrNode * InOrderPre(BiThrNode * p);           /*查找中序线索二叉树的中序前驱*/
BiThrNode * InOrderPost(BiThrNode * p);          /*查找中序线索二叉树的中序后继*/
BiThrTree pre;                                   /*pre始终指向已经线索化的结点*/
void main()
{
    BiThrTree T,Thrt;
    BiThrNode * p, * pre, * post;
    CreateBitTree2(&T,"(A(B(,D(G)),C(E(,H),F)))");
    printf("线索二叉树的输出序列:\n");
    InOrderThreading(&Thrt,T);
    printf("序列    前驱标志    结点    后继标志\n");
    InOrderTraverse(Thrt,Print);
    p = FindPoint(Thrt,'D');
    pre = InOrderPre(p);
    printf("元素 D 的中序直接前驱元素是:%c\n",pre->data);
    post = InOrderPost(p);
    printf("元素 D 的中序直接后继元素是:%c\n",post->data);
```

```c
        p = FindPoint(Thrt,'E');
        pre = InOrderPre(p);
        printf("元素 E 的中序直接前驱元素是：%c\n",pre->data);
        post = InOrderPost(p);
        printf("元素 E 的中序直接后继元素是：%c\n",post->data);
        DestroyBiTree(&Thrt);
}
int Print(BiThrTree T)
/*打印线索二叉树中的结点及线索*/
{
        static int k = 1;
        printf("%2d\t%s\t  %2c\t  %s\t\n",k++,T->ltag==0?"Link":"Thread",
                T->data,T->rtag==1?"Thread":"Link");
        return 1;
}
void CreateBitTree2(BiThrTree *T,char str[])
/*利用括号嵌套的字符串建立二叉链表*/
{
        char ch;
        BiThrTree stack[MaxSize];        /*定义栈,用于存放指向二叉树中结点的指针*/
        int top = -1;                    /*初始化栈顶指针*/
        int flag,k;
        BiThrNode *p;
        *T = NULL,k = 0;
        ch = str[k];
        while(ch! = '\0')                /*如果字符串没有结束*/
        {
                switch(ch)
                {
                case '(':
                        stack[++top] = p;
                        flag = 1;
                        break;
                case ')':
                        top--;
                        break;
                case ',':
                        flag = 2;
                        break;
                default:
                        p = (BiThrTree)malloc(sizeof(BiThrNode));
                        p->data = ch;
```

```
                p->lchild = NULL;
                p->rchild = NULL;

                if( * T = = NULL)          /*如果是第1个结点,表示是根结点*/
                    * T = p;
                else
                {
                    switch(flag)
                    {
                    case 1:
                        stack[top]->lchild = p;
                        break;
                    case 2:
                        stack[top]->rchild = p;
                        break;
                    }
                    if(stack[top]->lchild)
                        stack[top]->ltag = Link;
                    if(stack[top]->rchild)
                        stack[top]->rtag = Link;
                }


            }
            ch = str[ + + k];
        }
    }
    BiThrNode * FindPoint(BiThrTree T,DataType e)
    /*中序遍历线索二叉树,返回元素值为 e 的结点的指针。*/
    {
        BiThrTree p;
        p = T->lchild;                              /* p 指向根结点*/
        while(p! = T)                               /*如果不是空二叉树*/
        {
            while(p->ltag = = Link)
                p = p->lchild;
            if(p->data = = e)                       /*找到结点,返回指针*/
                return p;
            while(p->rtag = = Thread&&p->rchild! = T)  /*访问后继结点*/
            {
                p = p->rchild;
                if(p->data = = e)                    /*找到结点,返回指针*/
                    return p;
```

```
        }
        p = p->rchild;
    }
    return NULL;
}
void DestroyBiTree(BiThrTree * T)
/*销毁线索二叉树*/
{
    if( * T)                                              /*如果是非空二叉树*/
    {
        if(( * T)->lchild)
            DestroyBiTree(&(( * T)->lchild));
        if(( * T)->rchild)
            DestroyBiTree(&(( * T)->rchild));
        free( * T);
        * T = NULL;
    }
}
```

程序运行结果如图 6-23 所示。

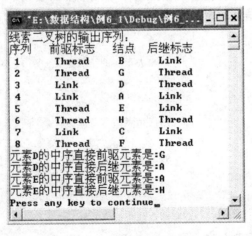

图 6-23 程序运行结果

6.5 树、森林与二叉树

本节我们将介绍树的表示及遍历操作,并建立森林与二叉树的关系。

6.5.1 树的存储结构

树的存储结构有 3 种:双亲表示法、孩子表示法和孩子兄弟表示法。

1. 双亲表示法

双亲表示法是利用一组连续的存储单元存储树的每个结点,并利用一个指示器表示结点的双亲结点在树中的相对位置。通常在 C 语言中,利用数组实现连续单元的存储。类似于静态链表的实现。树的双亲表示法如图 6-24 所示:

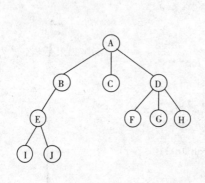

图 6-24 树的双亲表示法

其中,树的根结点的双亲位置用-1表示。

树的双亲表示法使得查找已知结点的双亲结点非常容易。通过反复调用求双亲结点,可以找到树的根结点。树的双亲表示法存储结构描述如下。

```
#define MaxSize 200
typedef struct PNode          /*双亲表示法的结点定义*/
{
    DataType data;
    int parent;               /*指向结点的双亲*/
}PNode;
typedef struct                /*双亲表示法的类型定义*/
{
    PNode node[MaxSize];
    int num;                  /*结点的个数*/
}PTree;
```

2. 孩子表示法

把每个结点的孩子结点排列起来,看成是一个线性表,且以单链表作为存储结构,则 n 个结点有 n 个孩子链表(叶子结点的孩子链表为空表),这样的链表称为孩子链表。例如,图 6-24 所示的树,其孩子表示法如图 6-25 所示,其中,'∧'表示空。

树的孩子表示法使得查找已知结点的孩子结点非常容易。通过查找某结点的链表,找到该结点的每个孩子。但是查找双亲结点不方便,可以把双亲表示法与孩子表示法结合在一起,图 6-26 就是将二者结合在一起的带双亲的孩子链表。

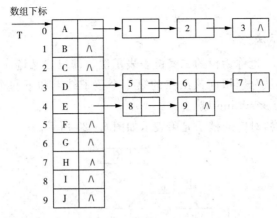

图 6-25 树的孩子表示法

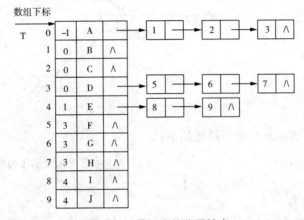

图 6-26 带双亲的孩子链表

树的孩子表示法的类型描述如下。

```
#define MaxSize 200
typedef struct CNode                    /*孩子结点的类型定义*/
{
    int child;
    struct CNode * next;                /*指向下一个结点*/
}ChildNode;
typedef struct                          /*n个结点数据与孩子链表的指针构成一个结构*/
{
    DataType data;
    ChildNode * firstchild;             /*孩子链表的指针*/
}DataNode;
typedef struct                          /*孩子表示法类型定义*/
{
    DataNode node[MaxSize];
    int num,root;                       /*结点的个数,根结点在顺序表中的位置*/
```

}CTree;

3. 孩子兄弟表示法

孩子兄弟表示法，也称为树的二叉链表表示法，即以二叉链表作为树的存储结构。链表中结点的两个链域分别指向该结点的第 1 个孩子结点和下一个兄弟结点，分别命名为 firstchild 域和 nextsibling 域。

图 6-27 所示的树对应的孩子兄弟表示如图 6-27 所示。

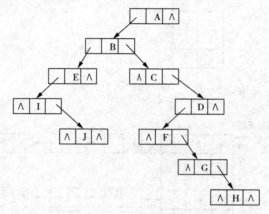

图 6-27 树的孩子兄弟表示法

树的孩子兄弟表示法的类型描述如下：

```
typedef struct CSNode                       /*孩子兄弟表示法的类型定义*/
{
    DataType data;
    struct CSNode * firstchild, * nextsibling;    /*指向第1个孩子和下一个兄弟*/
}CSNode, * CStree;
```

其中，指针 firstchild 指向结点的第 1 个孩子结点，nextsibling 指向结点的下一个兄弟结点。

利用孩子兄弟表示法可以实现树的各种操作。例如，要查找树中'D'的第 3 个孩子结点，则只需要从'D'的 firstchild 找到第 1 个孩子结点，然后顺着结点的 nextsibling 域走两步，就可以找到'D'的第 3 个孩子结点。

6.5.2 树转换为二叉树

从树的孩子兄弟表示和二叉树的二叉链表表示来看，它们在物理上的存储方式是相同的，也就是说，从它们相同的物理结构可以得到一棵树，也可以得到一棵二叉树。因此，树与二叉树存在着一种对应关系。从图 6-28 可以看出，树与二叉树存在相同的存储结构。

下面来讨论树是如何转换为二叉树的。树中双亲结点的孩子结点是无序的，二叉树中的左右孩子是有序的。为了说明的方便，规定树中的每一个孩子结点从左至右按照顺序编号。例如，图 6-28 中，结点 A 有 3 个孩子结点 B、C 和 D，规定 B 是 A 的第 1 个孩子结点，C 是 A 的第 2 个孩子结点，D 是 A 的第 3 个孩子结点。

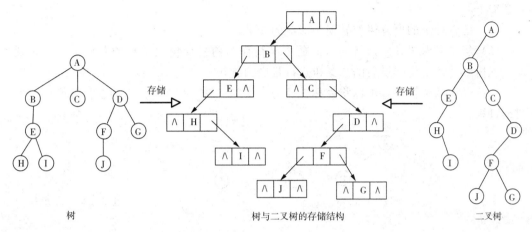

图 6-28 树与二叉树的存储结构

按照以下步骤,可以将一棵树转换为对应的二叉树。
(1) 在树中的兄弟结点之间加一条连线。
(2) 只保留树中双亲结点与第 1 个孩子结点之间的连线,将双亲结点与其他孩子结点的连线删除。
(3) 将树中的各个分支,以某个结点为中心进行旋转,子树以根结点为中心成对称形状。

按照以上步骤,图 6-28 中的树可以转换为对应的二叉树,如图 6-29 所示。

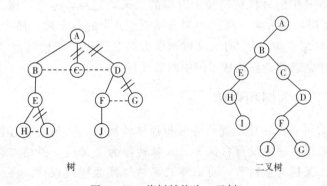

图 6-29 将树转换为二叉树

将树转换为对应的二叉树后,树中的每个结点与二叉树中的结点一一对应,树中每个结点的第 1 个孩子变为二叉树的左孩子结点,第 2 个孩子结点变为第 1 个孩子结点的右孩子结点,第 3 个孩子结点变为第 2 个孩子结点的右孩子结点,依次类推。例如,结点'C'变为结点'B'的右孩子结点,结点'D'变为结点'C'的右孩子结点。

6.5.3 森林转换为二叉树

森林是由若干棵树组成的集合,既然树可以转换为二叉树,那么森林也可以转换为对应的二叉树。如果将森林中的每棵树转换为对应的二叉树,再将这些二叉树按照规则转换为一棵二叉树，就实现了森林到二叉树的转换。森林转换为对应的二叉树的步骤如下：

（1）把森林中的所有树都转换为对应的二叉树。

（2）从第二棵树开始，将转换后的二叉树作为前一棵树根结点的右孩子，插入到前一棵树中。然后将转换后的二叉树进行相应的旋转。

按照以上两个步骤，可以将森林转换为一棵二叉树。如图 6-30 为森林转换为二叉树的过程。

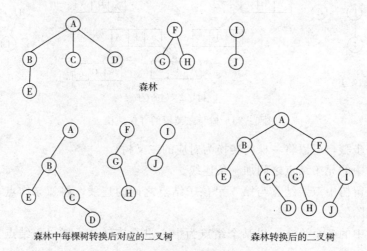

图 6-30 森林转换为二叉树的过程

在图中，将森林中的每棵树转换为对应的二叉树之后，将第二棵二叉树，即根结点为'F'的二叉树，作为第一棵二叉树根结点'A'的右子树，插入到第一棵树中。第三棵二叉树即根结点为'I'的二叉树，作为第二棵二叉树根结点'F'的右子树，插入到第一棵树中。这样，就构成了图中的二叉树。

6.5.4 二叉树转换为树和森林

二叉树转换为树或者森林，就是将树和森林转换为二叉树的逆过程。树转换为二叉树，二叉树的根结点一定没有右孩子。森林转换为二叉树，根结点有右孩子。根据树或森林转换为二叉树的逆过程，可以将二叉树转换为树或森林。将一棵二叉树转换为树或者森林的步骤如下：

（1）在二叉树中，将某结点的所有右孩子结点、右孩子的右孩子结点…都与该结点的双亲结点用线条连接。

（2）删除掉二叉树中双亲结点与原来的右孩子结点的连线。

（3）调整转换后的树或森林，使结点的所有孩子结点处于同一层次。

利用以上方法，一棵二叉树转换为树的过程如图 6-31 所示。

同理，利用以上方法，可以将一棵二叉树转换为森林，如图 6-32 所示。

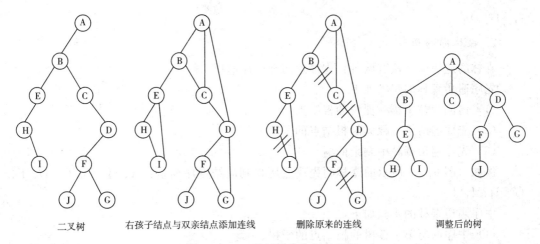

图 6-31 二叉树转换为树的过程

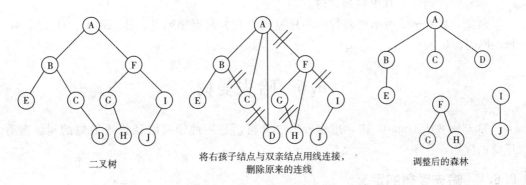

图 6-32 二叉树转换为森林的过程

6.5.5 树和森林的遍历

与二叉树的遍历类似,树和森林的遍历也是按照某种规律对树或者森林中的每个结点进行访问,且仅访问一次的操作。

1. 树的遍历

通常情况下,按照访问树中根结点的先后次序,树的遍历方式分为两种:先根遍历和后根遍历。先根遍历的步骤:

(1) 访问根结点。

(2) 按照从左到右的顺序依次先根遍历每一棵子树。

例如,图 6-31 所示树的先根遍历后得到的结点序列是:A、B、E、H、I、C、D、F、J、G。

后根遍历的步骤:

(1) 按照从左到右的顺序依次后根遍历每一棵子树。

(2) 访问根结点。

例如,图 6-31 所示树的后根遍历后得到的结点序列是:H、I、E、B、C、J、F、

G、D、A。

2. 森林的遍历

森林的遍历的方法有两种：先序遍历和中序遍历。

先序遍历森林的步骤如下：

(1) 访问森林中第一棵树的根结点。
(2) 先序遍历第一棵树的根结点的子树。
(3) 先序遍历森林中剩余的树。

例如，图 6-32 所示的森林的先序遍历得到的结点序列是：A、B、E、C、D、F、G、H、I、J。

中序遍历森林的步骤如下：

(1) 中序遍历第一棵树的根结点的子树。
(2) 访问森林中第一棵树的根结点。
(3) 中序遍历森林中剩余的树。

例如，图 6-32 所示的森林的中序遍历得到的结点序列是：E、B、C、D、A、G、H、F、J、I。

6.6 哈夫曼树

哈夫曼 (Huffman) 树，也称最优二叉树，是一种带权路径长度最短的树，有着广泛的应用。

6.6.1 哈夫曼树的定义

在介绍哈夫曼树之前，先了解一下几个与哈夫曼树相关的定义。

1. 路径和路径长度

路径是指在树中，从一个结点到另一个结点所走过的路程。路径长度是一个结点到另一个结点的分支数目。树的路径长度是指从树的根结点到每一个结点的路径长度之和。

2. 树的带权路径长度

在一些实际应用中，根据结点的重要程度，将树中的某一个结点赋予一个有意义的值，则这个值就是结点的权。带权路径长度是指在一棵树中，某一个结点的路径长度与该结点的权的乘积。而树的带权路径长度是指树中所有叶子结点的带权路径长度之和。树的带权路径长度公式记作：

$$WPL = \sum_{i=1}^{n} w_i \times l_i$$

其中，n 是树中叶子结点的个数，w_i 是第 i 个叶子结点的权值，l_i 是第 i 个叶子结点的路径长度。

例如，图 6-33 所示的二叉树的带权路径长度分别是：

(1) $WPL=8\times2+4\times2+2\times2+3\times2=34$
(2) $WPL=8\times2+4\times3+2\times3+3\times1=37$
(3) $WPL=8\times1+4\times2+2\times3+3\times3=31$

由计算可以看出,第三棵树的带权路径长度最小,其实它就是一棵哈夫曼树。

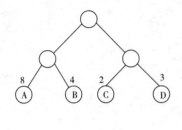
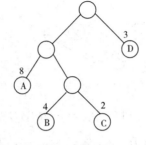
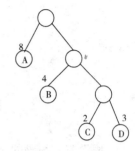

（1）带权路径长度为34　　　（2）带权路径长度为37　　　（3）带权路径长度为31

图 6-33　二叉树的带权路径长度

3. 哈夫曼树

哈夫曼树就是带权路径长度最小的树,权值最小的结点远离根结点,权值越大的结点越靠近根结点。哈夫曼树的构造算法如下:

(1) 由给定的 n 个权值 $\{w_1,w_2,\cdots,w_n\}$,构成 n 棵只有根结点的二叉树集合 $F=\{T_1,T_2,\cdots,T_n\}$,每个结点的左右子树均为空。

(2) 在二叉树集合 F 中,找两个根结点的权值最小和次小的树,作为左、右子树构造一棵新的二叉树,新二叉树的根结点的权值为左、右子树根结点的权值之和。

(3) 在二叉树集合 F 中,删除作为左、右子树的两个二叉树,并将新二叉树加入到集合 F 中。

(4) 重复执行步骤（2）和（3）,直到集合 F 中只剩下一棵二叉树为止。这颗二叉树就是要构造的哈夫曼树。

例如,假设给定一组权值 $\{1,3,6,9\}$,按照哈夫曼树的构造算法构造哈夫曼树的过程如图 6-34 所示。

6.6.2　哈夫曼编码

哈夫曼编码常应用在数据通信中,在数据传送时,需要将字符转换为二进制的字符串。例如,假设传送的电文是 ABDAACDA,电文中有 A、B、C 和 D 四种字符,如果规定 A、B、C 和 D 的编码分别为 00、01、10 和 11,则上面的电文代码为 0001110000101100,总共 16 个二进制数。

在传送电文时,希望电文的代码尽可能的短。如果对每个字符进行长度不等的编码,将出现频率高的字符采用尽可能短的编码,则电文的代码长度就会减少。可以利用哈夫曼树对电文进行编码,最后得到的编码就是长度最短的编码。具体构造方法如下:

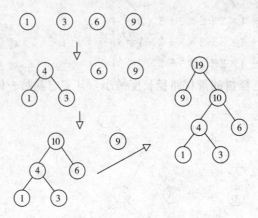

图 6-34 哈夫曼构造过程

假设需要编码的字符集合为 $\{c_1, c_2, \cdots, c_n\}$，相应地，字符在电文中的出现次数为 $\{w_1, w_2, \cdots, w_n\}$，以字符 $c_1, c_2, \cdots, c_n$ 作为叶子结点，以 $w_1, w_2, \cdots, w_n$ 为对应叶子结点的权值构造一棵二叉树，规定哈夫曼树的左孩子分支为 0，右孩子分支为 1，从根结点到每个叶子结点经过的分支组成的 0 和 1 序列就是结点对应的编码。

按照以上构造方法，字符集合为 {A, B, C, D}，各个字符相应的出现次数为 {4, 1, 1, 2}，这些字符作为叶子结点构成的哈夫曼树如图 6-35 所示。字符 A 的编码为 0，字符 B 的编码为 110，字符 C 的编码为 111，字符 D 的编码为 10。

因此，得到电文 ABDAACDA 的哈夫曼编码为：01101000111100，共 13 个二进制字符。这样就保证了电文的编码最短。

在设计不等长编码时，必须使任何一个字符的编码都不是另外一个字符编码的前缀。例如，字符 A 的编码为 10，字符 B 的编码为 100，则字符 A 的编码就称为字符 B 的编码的前缀。如果一个代码为 10010，在进行译

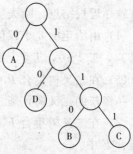

图 6-35 哈夫曼编码

码时，无法确定是将前两位译为 A，还是要将前三位译为 B。但是在利用哈夫曼树进行编码时，每个编码是叶子结点的编码，一个字符不会出现在另一个字符的前面，也就不会出现一个字符的编码是另一个字符编码的前缀。

6.6.3 哈夫曼编码算法的实现

下面利用哈夫曼编码的设计思想，通过一个实例实现哈夫曼编码算法的编写。

【例6-2】 假设一个字符序列为 {A, B, C, D}，对应的权值为 {1, 3, 6, 9}。设计一个哈夫曼树，并输出相应的哈夫曼编码。

分析：在哈夫曼的算法中，为了设计的方便，利用一个二维数组实现。需要保存字符的权值、双亲结点的位置、左孩子结点的位置和右孩子结点的位置，因此需要设计 n 行 4 列。哈夫曼树的类型定义如下：

```
typedef struct                              /*哈夫曼树类型定义*/
```

```
{
    unsigned int weight;
    unsigned int parent,lchild,rchild;
}HTNode, * HuffmanTree;
typedef char * * HuffmanCode;              /*存放哈夫曼编码*/
```

算法实现：定义一个类型为 HuffmanCode 的变量 HT，用来存放每一个叶子结点的哈夫曼编码。初始时，将每一个叶子结点的双亲结点域、左孩子域和右孩子域初始化为 0。如果有 n 个叶子结点，则非叶子结点有 $n-1$ 个，所以结点数目总共是 $2n-1$ 个。同时也要将剩下的 $n-1$ 个双亲结点域初始化为 0，这主要是为了方便查找权值最小的结点。

依次选择两个权值最小的结点，分别作为左子树结点和右子树结点，修改它们的双亲结点域，使它们指向同一个双亲结点，同时修改双亲结点的权值，使其等于两个左、右子树结点权值的和，并修改左、右孩子结点域，使其分别指向左、右孩子结点。重复执行这种操作 $n-1$ 次，即求出 $n-1$ 个非叶子结点的权值。这样就得到了一棵哈夫曼树。

通过求得的哈夫曼树，得到每一个叶子结点的哈夫曼编码。从叶子结点 c 开始，通过结点 c 的双亲结点域，找到结点的双亲，然后通过双亲结点的左孩子域和右孩子域判断该结点 c 是其双亲结点的左孩子还是右孩子，如果是左孩子，则编码为 '0'，否则编码为 '1'。按照这种方法，直到找到根结点，即可以求出叶子结点的编码。

1. 哈夫曼编码的实现

这部分主要是哈夫曼树的实现和哈夫曼编码的实现。程序代码如下所示。

```
void HuffmanCoding(HuffmanTree * HT,HuffmanCode * HC,int * w,int n)
/*构造哈夫曼树 HT,哈夫曼树的编码存放在 HC 中,w 为 n 个字符的权值*/
{
    int m,i,s1,s2,start;
    unsigned int c,f;
    HuffmanTree p;
    char * cd;
    if(n<=1)
        return;
    m=2*n-1;
    * HT=(HuffmanTree)malloc((m+1)*sizeof(HTNode));   /*第 0 个单元未用*/
    for(p= * HT+1,i=1;i<=n;i++,p++,w++)               /*初始化 n 个叶子结点*/
    {
        (*p).weight = *w;
        (*p).parent = 0;
        (*p).lchild = 0;
        (*p).rchild = 0;
    }
```

```c
        for(;i<=m;i++,p++)                              /*将n-1个非叶子结点的双亲结点
                                                           初始化为0*/
            (*p).parent=0;
        for(i=n+1;i<=m;++i)                             /*构造哈夫曼树*/
        {
            Select(HT,i-1,&s1,&s2);                     /*查找树中权值最小的两个结点*/
            (*HT)[s1].parent=(*HT)[s2].parent=i;
            (*HT)[i].lchild=s1;
            (*HT)[i].rchild=s2;
            (*HT)[i].weight=(*HT)[s1].weight+(*HT)[s2].weight;
        }
        /*从叶子结点到根结点求每个字符的哈夫曼编码*/
        *HC=(HuffmanCode)malloc((n+1)*sizeof(char*));
        cd=(char*)malloc(n*sizeof(char));               /*为哈夫曼编码动态分配空间*/
        cd[n-1]='\0';
        for(i=1;i<=n;i++)                               /*求n个叶子结点的哈夫曼编码*/
        {
            start=n-1;                                  /*编码结束符位置*/
            for(c=i,f=(*HT)[i].parent;f!=0;c=f,f=(*HT)[f].parent)  /*从叶子结点
                                                                     到根结点求
                                                                     编码*/
                if((*HT)[f].lchild==c)
                    cd[--start]='0';
                else
                    cd[--start]='1';
            (*HC)[i]=(char*)malloc((n-start)*sizeof(char));  /*为第i个字符编码
                                                                分配空间*/
            strcpy((*HC)[i],&cd[start]);                /*将当前求出结点的哈夫曼编码复
                                                          制到HC*/
        }
        free(cd);
    }
```

2. 查找权值最小和次小的两个结点

这部分主要是在结点的权值中,选择权值最小和次小的两个结点作为二叉树的叶子结点。其程序代码实现如下所示。

```c
    int Min(HuffmanTree t,int n)
    /*返回树中n个结点中权值最小的结点序号*/
    {
        int i,flag;
        int f=infinity;                                 /*f为一个无限大的值*/
        for(i=1;i<=n;i++)
```

```
            if(t[i].weight<f&&t[i].parent==0)
                f=t[i].weight,flag=i;
            t[flag].parent=1;                        /*给选中的结点的双亲结点赋值1,
                                                        避免再次查找该结点*/
            return flag;
}
void Select(HuffmanTree *t,int n,int *s1,int *s2)
/*在n个结点中选择两个权值最小的结点序号,其中s1最小,s2次小*/
{
    int x;
    *s1=Min(*t,n);
    *s2=Min(*t,n);
    if((*t)[*s1].weight>(*t)[*s2].weight)     /*如果序号s1的权值大于序号s2
                                                  的权值,将二者交换,使s1最小,
                                                  s2次小*/
    {
        x=*s1;
        *s1=*s2;
        *s2=x;
    }
}
```

3. 测试代码部分

这部分主要包括头文件、宏定义、函数的声明和主函数。程序代码实现如下所示。

```
/*包含头文件*/
#include<stdio.h>
#include<stdlib.h>
#include<string.h>
#include<malloc.h>
#define infinity 10000              /*定义一个无限大的值*/
typedef struct                      /*哈夫曼树类型定义*/
{
    unsigned int weight;
    unsigned int parent,lchild,rchild;
}HTNode,HuffmanTree;
typedef char * HuffmanCode;         /*存放哈夫曼编码*/
int Min(HuffmanTree t,int n);
void Select(HuffmanTree *t,int n,int *s1,int *s2);
void HuffmanCoding(HuffmanTree *HT,HuffmanCode *HC,int *w,int n);
void main()
{
    HuffmanTree HT;
```

```
HuffmanCode HC;
int *w,n,i;
printf("请输入叶子结点的个数：");
scanf("%d",&n);
w=(int *)malloc(n*sizeof(int));        /*为n个结点的权值分配内存空间*/
for(i=0;i<n;i++)
{
    printf("请输入第%d个结点的权值:",i+1);
    scanf("%d",w+i);
}
HuffmanCoding(&HT,&HC,w,n);
for(i=1;i<=n;i++)
{
    printf("哈夫曼编码:");
    puts(HC[i]);
}
for(i=1;i<=n;i++)                       /*释放内存空间*/
    free(HC[i]);
free(HC);
free(HT);
}
```

在算法的实现过程中，其中数组 HT 在初始时的状态和生成哈夫曼树后的状态如图 6-36 所示。

生成的哈夫曼树如图 6-37 所示。从图中，可以看出，权值为 1、3、6 和 9 的哈夫曼编码分别是 100、101、11 和 0。

以上算法是从叶子结点到根结点逆向求哈夫曼编码的算法。当然也可以从根结点到叶子结点正向求哈夫曼编码的算法，这个留给大家思考。

程序运行结果如图 6-38 所示。

数组下标	weight	parent	lchild	rchild
1	1	0	0	0
2	3	0	0	0
3	6	0	0	0
4	9	0	0	0
5		0		
6		0		
7		0		

HT数组初始化状态

数组下标	weight	parent	lchild	rchild
1	1	5	0	0
2	3	5	0	0
3	6	6	0	0
4	9	7	0	0
5	4	6	1	2
6	10	7	5	3
7	19	0	4	6

生成哈夫曼树后HT的状态

图 6-36　数组 HT 在初始化和生成哈夫曼树后的状态变化

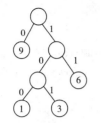
图 6-37 哈夫曼树

图 6-38 程序运行结果

小　结

　　树在数据结构中占据着非常重要的地位,树反映的是一种层次结构的关系。在树中,每个结点只允许有一个直接前驱结点,允许有多个直接后继结点,结点与结点之间是一种一对多的关系。

　　树的定义是递归的。一棵树或者为空,或者是由 m 棵子树 T_1,T_2,…,T_m 组成,这 m 棵子树又由其他子树构成。树中的孩子结点没有次序之分,是一种无序树。

　　二叉树最多有两棵子树,两棵子树分别叫做左子树和右子树。二叉树可以看做是树的特例,但与树不同的是,二叉树的两棵子树有次序之分。二叉树也是递归定义的,二叉树的两棵子树又由左子树和右子树构成。

　　在二叉树中,有两种特殊的树:满二叉树和完全二叉树。满二叉树中每个非叶子结点都存在左子树和右子树,所有的叶子结点都处在同一层次上。完全二叉树与满二叉树的前 n 个结点结构相同,满二叉树是一种特殊的完全二叉树。

　　采用顺序存储的完全二叉树可实现随机存取,实现起来也比较方便。但是,如果二叉树不是完全二叉树,则采用顺序存储会浪费大量的存储空间。因此,一般情况下,二叉树采用链式存储——二叉链表。在二叉链表中,结点有一个数据域和两个指针域。其中一个指针域指向左孩子结点,另一个指针域指向右孩子结点。

　　二叉树的遍历分为先序遍历、中序遍历和后序遍历。二叉树遍历的过程就是将二叉树这种非线性结构转换成线性结构。通过将二叉树线索化,不仅可充分利用二叉链表中的空指针域,还能很方便地找到指定结点的前驱和后继结点。

　　在哈夫曼树中,只有叶子结点和度为 2 的结点。哈夫曼树是带权路径最小的二叉树,通常用于解决最优化问题。

　　树、森林和二叉树可以相互进行转换,树实现起来不是太方便,在实际应用中,可以将相关问题转化为二叉树的问题加以解决。

练　习　题

选择题

1. 二叉树的深度为 k,则二叉树最多有(　　)个结点。
    A. $2k$　　　　　　B. 2^{k-1}　　　　　　C. 2^k-1　　　　　　D. $2k-1$
2. 用顺序存储的方法,将完全二叉树中所有结点逐个按层从左到右的顺序存放在一维数组

R [1..N]中,若结点 R [i] 有右孩子,则其右孩子是( )。
   A. R [2i-1]   B. R [2i+1]   C. R [2i]   D. R [2/i]
3. 设 a,b 为一棵二叉树上的两个结点,在中序遍历时,a 在 b 前面的条件是( )。
   A. a 在 b 的右方   B. a 在 b 的左方   C. a 是 b 的祖先   D. a 是 b 的子孙
4. 在一棵具有 5 层的满二叉树中,结点总数为( )。
   A. 31   B. 32   C. 33   D. 16
5. 由二叉树的前序和后序遍历序列( )唯一确定这棵二叉树。
   A. 能   B. 不能
6. 某二叉树的中序遍历序列为 A、B、C、D、E、F、G,后序遍历序列为 B、D、C、A、F、G、E,则其左子树中结点数目为( )。
   A. 3   B. 2   C. 4   D. 5
7. 若以 {4,5,6,7,8} 作为权值构造哈夫曼树,则该树的带权路径长度为( )。
   A. 67   B. 68   C. 69   D. 70
8. 将一棵有 100 个结点的完全二叉树从根这一层开始,每一层上从左到右依次对结点进行编号,根结点的编号为 1,则编号为 49 的结点的左孩子编号为( )。
   A. 98   B. 99   C. 50   D. 48
9. 表达式 a×(b+c)−d 的后缀表达式是( )。
   A. abcd+−   B. abc+×d−   C. abc×+d−   D. −+×abcd
10. 对某二叉树进行先序遍历的结果为 A、B、D、E、F、C,中序遍历的结果为 D、B、F、E、A、C,则后序遍历的结果是( )。
    A. D、B、F、E、A、C   B. D、F、E、B、C、A
    C. B、D、F、E、C、A   D. B、D、E、F、A、C
11. 树最适合用来表示( )。
    A. 有序数据元素
    B. 无序数据元素
    C. 元素之间具有分支层次关系的数据
    D. 元素之间无联系的数据
12. 表达式 A×(B+C) / (D−E+F) 的后缀表达式是( )。
    A. A×B+C/D−E+F   B. AB×C+D/E−F+
    C. ABC+×DE−F+/   D. ABCDED×+/−+
13. 在下列情况中,可称为二叉树的是( )。
    A. 每个结点至多有两棵子树的树
    B. 哈夫曼树
    C. 每个结点至多有两棵子树的有序树
    D. 每个结点只有一棵子树
14. 按照二叉树的定义,具有 3 个结点的二叉树有( )种。
    A. 3   B. 4   C. 5   D. 6
15. 由权值为 {3,6,7,2,5} 的叶子结点生成一棵哈夫曼树,它的带权路径长度为( )。
    A. 51   B. 23   C. 53   D. 74

算法分析题

1. 函数 *depth* 实现返回二叉树的高度,请在空格处将算法补充完整。

```
int depth(Bitree * t)
{
    if(t = = NULL)
        return 0;
    else
    {
        hl = depth(t - >lchild);
        hr =                    ;
        if(         )
            return hl + 1;
        else
            return hr + 1;
    }
}
```

2. 写出下面算法的功能。

```
Bitree * function(Bitree * bt)
{
    Bitree * t, * t1, * t2;
    if(bt = = NULL)
        t = NULL;
    else
    {
        t = (Bitree * )malloc(sizeof(Bitree));
        t - >data = bt - >data;
        t1 = function(bt - >left);
        t2 = function(bt - >right);
        t - >left = t2;
        t - >right = t1;
    }
    return(t);
}
```

3. 写出下面算法的功能。

```
void function(Bitree * t)
{
    if(p! = NULL)
    {
        function(p - >lchild);
        function(p - >rchild);
        printf(" % d",p - >data);
    }
}
```

综合题

1. 假设一棵二叉树的先序遍历序列为 E、B、A、D、C、F、H、G、I、K、J，中序遍历序列为 A、B、C、D、E、F、G、H、I、J、K，请画出该二叉树。

2. 假设用于通讯的电文仅由 8 个字母 A、B、C、D、E、F、G、H 组成，字母在电文中出现的频率分别为：0.07、0.19、0.02、0.06、0.32、0.03、0.21、0.10。请为这 8 个字母设计哈夫曼编码。

3. 已知二叉树的先序遍历序列为 A、B、C、D、E、F、G、H，中序遍历序列为 C、B、E、D、F、A、G、H，画出二叉树。

4. 试用权集合 {12, 4, 5, 6, 1, 2} 构造哈夫曼树，并计算哈夫曼树的带权路径长度。

5. 已知权值集合为 {5, 7, 2, 3, 6, 9}，要求给出哈夫曼树，并计算带权路径长度 WPL。

6. 已知一棵二叉树的先序遍历序列：A、B、D、G、J、E、H、C、F、I、K、L，中序遍历序列：D、J、G、B、E、H、A、C、K、I、L、F。画出二叉树的形态。

7. 一份电文中有 6 种字符：A、B、C、D、E、F，它们的出现频率依次为 16、5、9、3、30、1，完成问题：

    (1) 设计一棵哈夫曼树；（画出其树结构）

    (2) 计算其带权路径长度 WPL。

8. 已知某森林的二叉树如下所示，试画出它所表示的森林。

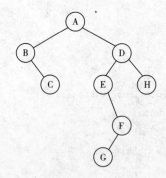

9. 如下所示的二叉树，请写出先序、中序、后序遍历的序列。

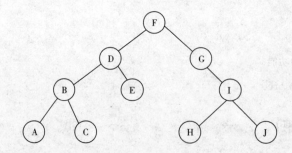

算法设计题

1. 给出二叉树所有结点的算法实现。

2. 编写一个算法，判断二叉树是否是完全二叉树。

3. 在二叉链表存储结构的二叉树中，p 是指向二叉树中的某个结点的指针，编写算法，求 p 的所有祖先结点。

4. 编写算法，创建一个如图 1 所示的二叉树，并按照先序遍历、中序遍历和后序遍历的方式输出二叉树中每个结点的值。

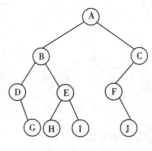

图 1　二叉树

5. 创建一个二叉树，按照层次输出二叉树的每个结点，并按照树状打印二叉树。例如，一棵二叉树如图 2 所示，按照层次输出的序列为：A、B、C、D、E、F、G、H、I，按照树状输出的二叉树如图 3 所示。

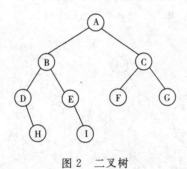

图 2　二叉树

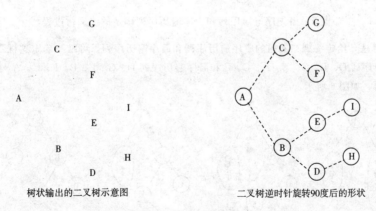

树状输出的二叉树示意图　　　　　　二叉树逆时针旋转90度后的形状

图 3　二叉树的树状输出

6. 创建一个二叉树，计算二叉树的叶子结点数目、非叶子结点数目和二叉树的深度。例如，图 4 所示的二叉树的叶子结点数目为 5 个，非叶子结点数目为 7 个，深度为 5。

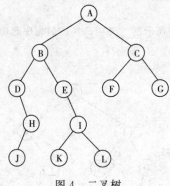

图 4 二叉树

7. 编写一个判断两颗二叉树是否相似的算法。

相似二叉树指的是二叉树的结构相似。假设存在两棵二叉树 T1 和 T2，T1 和 T2 都是空二叉树或者 T1 和 T2 都不为空树，且 T1 和 T2 的左、右子树的结构分别相似。则称 T1 和 T2 是相似二叉树。

与相似二叉树相对应地是等价二叉树，两棵二叉树等价是指两棵二叉树不仅相似，且所有二叉树上对应结点的数据元素也相等。

8. 编写算法，给定一棵二叉树的先序遍历序列和中序遍历序列，可唯一确定这棵二叉树。例如，已知先序遍历序列 A、B、C、D、E、F、G 和中序遍历序列 B、D、C、A、F、E、G，则可以确定一棵二叉树，如图 5 所示。

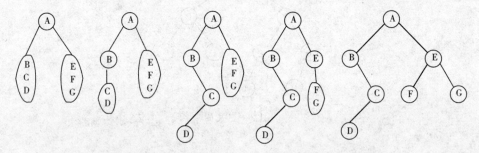

图 5 由先序遍历序列和中序遍历序列确定的二叉树过程

9. 编写算法，给定一棵二叉树的中序遍历序列和后序遍历序列，可唯一确定这棵二叉树。例如，已知中序遍历序列 D、B、G、E、A、C、F 和后序遍历序列 D、G、E、B、F、C、A，则可以唯一确定一棵二叉树，如图 6 所示。

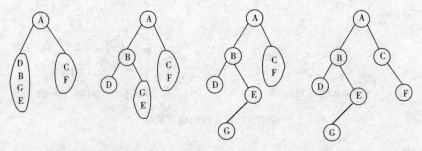

图 6 由中序遍历序列和后序遍历序列确定二叉树的过程

第 7 章 图

图（Graph）是一种比树更复杂的非线性数据结构，图结构中的结点关系是任意的，每个元素都可以与其他任何元素相关，元素之间是多对多的关系，即一个元素对应多个直接前驱元素和多个直接后继元素。图作为一种非线性数据结构，被广泛应用于许多技术领域，如系统工程、化学分析、遗传学、控制论、人工智能等领域。离散数学侧重于对图理论的研究，本章主要应用图论知识来讨论图在计算机中的表示与处理。

7.1 图的定义与相关概念

7.1.1 图的定义

图由数据元素集合与边的集合构成。在图中，数据元素常称为顶点（Vertex），因此数据元素集合称为顶点集合。其中，顶点集合（V）不能为空，边（E）表示顶点之间的关系，用连线表示。图（G）的形式化定义为：$G=(V, E)$，其中，$V=\{x \mid x \in$ 数据元素集合$\}$，$E=\{\langle x, y\rangle / Path(x, y) \mid (x \in V, y \in V)\}$。$Path(x, y)$ 表示从 x 与 y 的关系属性。

如果 $\langle x, y\rangle \in E$，则 $\langle x, y\rangle$ 表示从顶点 x 到顶点 y 的一条弧（Arc），x 称为弧尾（Tail）或起始点（Initial node），y 称为弧头（Head）或终端点（Terminal node）。这种图的边是有方向的，这样的图被称为有向图（Digraph）。如果 $\langle x, y\rangle \in E$ 且有 $\langle y, x\rangle \in E$，则用无序对 (x, y) 代替有序对 $\langle x, y\rangle$ 和 $\langle y, x\rangle$，表示 x 与 y 之间存在一条边（Edge），将这样的图称为无向图。如图 7-1 所示。

在图 7-1 中，有向图 G_1 可以表示为 $G_1=(V_1, E_1)$，其中，顶点集合 $V_1=\{A, B, C, D\}$，边的集合 $E_1=\{\langle A, B\rangle, \langle A, C\rangle, \langle A, D\rangle, \langle C, A\rangle, \langle C, B\rangle, \langle D, A\rangle\}$。无向图 G_2 可以表示为 $G_2=(V_2, E_2)$，其中，顶点集合 $V_2=\{A, B, C, D\}$，边的集合 $E_2=\{(A, B), (A, D), (B, C), (B, D), (C, D)\}$。

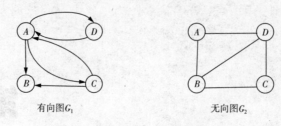

图 7-1 有向图 G_1 与无向图 G_2

在图中,通常将有向图的边称为弧,无向图的边称为边。顶点的顺序可以是任意的。

假设图的顶点数目是 n,图的边数或者弧的数目是 e。如果不考虑顶点到自身的边或弧,即如果 $\langle v_i, v_j \rangle$,则 $v_i \neq v_j$。对于无向图,边数 e 的取值范围为 $0 \sim n(n-1)/2$。将具有 $n(n-1)/2$ 条边的无向图称为完全图(Completed graph)。对于有向图,弧度 e 的取值范围是 $0 \sim n(n-1)$。将具有 $n(n-1)$ 条弧的有向图称为有向完全图。具有 $e < n\log n$ 条弧或边的图,称为稀疏图(Sparse graph)。具有 $e > n\log n$ 条弧或边的图,称为稠密图(Dense graph)。

7.1.2 图的相关概念

下面介绍一些有关图的概念。

1. 邻接点

在无向图 $G=(V, E)$ 中,如果存在边 $(v_i, v_j) \in E$,则称 v_i 和 v_j 互为邻接点(Adjacent),即 v_i 和 v_j 相互邻接。边 (v_i, v_j) 依附于顶点 v_i 和 v_j,或者称边 (v_i, v_j) 与顶点 v_i 和 v_j 相互关联。在有向图 $G=(V, A)$ 中,如果存在弧 $\langle v_i, v_j \rangle \in A$(这里的 A 表示弧),则称顶点 v_j 邻接自顶点 v_i,顶点 v_i 邻接到顶点 v_j。弧 $\langle v_i, v_j \rangle$ 与顶点 v_i 和 v_j 相互关联。

在图 7-1 中,无向图 G_2 的边的集合为 $E=\{(A, B), (A, D), (B, C), (B, D), (C, D)\}$,如顶点 A 和 B 互为邻接点,边 (A, B) 依附于顶点 A 和 B;顶点 B 和 C 互为邻接点,边 (B, C) 依附于顶点 B 和 C。有向图 G_1 的弧的集合为 $A=\{\langle A, B \rangle, \langle A, C \rangle, \langle A, D \rangle, \langle C, A \rangle, \langle C, B \rangle, \langle D, A \rangle\}$,如顶点 A 邻接到顶点 B,弧 $\langle A, B \rangle$ 与顶点 A 和 B 相互关联;顶点 A 邻接到顶点 C,弧 $\langle A, C \rangle$ 与顶点 A 和 C 相互关联。

2. 顶点的度

在无向图中,顶点 v 的度是指与 v 相关联的边的数目,记作 $TD(v)$。在有向图中,以顶点 v 为弧头的数目称为顶点 v 的入度(InDegree),记作 $ID(v)$。以顶点 v 为弧尾的数目称为 v 的出度(OutDegree),记作 $OD(v)$。顶点 v 的度为以 v 为顶点的入度和出度之和,即 $TD(v) = ID(v) + OD(v)$。

在图 7-1 中,无向图 G_2 的边的集合为 $E=\{(A, B), (A, D), (B, C), (B, D), (C, D)\}$,如顶点 A 的度为 2,顶点 B 的度为 3,顶点 C 的度为 2,顶点 D

的度为3。有向图 G_1 的弧的集合为 $A=$ {⟨A，B⟩，⟨A，C⟩，⟨A，D⟩，⟨C，A⟩，⟨C，B⟩，⟨D，A⟩}，顶点 A、B、C 和 D 的入度分别为2、2、1和1，顶点 A、B、C 和 D 的出度分别为3、0、2和1，顶点 A、B、C 和 D 的度分别为5、2、3和2。

在图中，假设顶点的个数为 n，边数或弧数记为 e，顶点 v_i 的度记作 $TD(v_i)$，则顶点的度与弧或者边数满足关系：

$$e = \frac{1}{2}\sum_{i=1}^{n} TD(v_i)$$

3. 路径

在图中，从顶点 v_i 出发经过一系列的顶点序列到达顶点 v_j，称为从顶点 v_i 到 v_j 的路径（Path）。路径的长度是路径上弧或边的数目。在路径中，如果第1个顶点与最后一个顶点相同，则这样的路径称为回路或环。在路径所经过的顶点序列中，如果顶点不重复出现，则称这样的路径为简单路径。在回路中，除了第1个顶点和最后一个顶点外，如果其他的顶点不重复出现，则称这样的回路为简单回路或环（Cycle）。

例如，在图7-1有向图 G_1 中，顶点序列 A、C 和 A 就构成了一个简单回路。在无向图 G_2 中，从顶点 A 到顶点 C 所经过的路径为 A、B 和 C。

4. 子图

假设存在两个图 $G=\{V, E\}$ 和 $G'=\{V', E'\}$，如果 G' 的顶点和关系都是 V 的子集，即有 $V'\subseteq V$，$E'\subseteq E$，则 G' 为 G 的子图。子图的示例如图7-2所示。

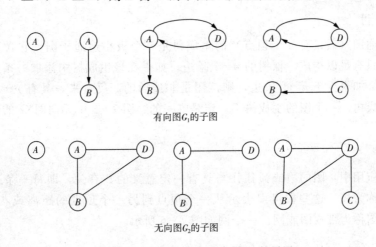

有向图 G_1 的子图

无向图 G_2 的子图

图7-2 有向图 G_1 与无向图 G_2 的子图

5. 连通图和强连通图

在无向图中，如果从顶点 v_i 到顶点 v_j 存在路径，则称顶点 v_i 到 v_j 是连通的。推广到图中所有顶点，如果图中的任何两个顶点之间都是连通的，则称图是连通图（Connected Graph）。无向图中的极大连通子图称为连通分量（Connected Component）。无向图 G_3 与连通分量如图7-3所示。

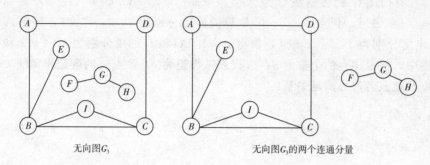

图 7-3 无向图 G_3 的连通分量

在有向图中，如果任意两个顶点 v_i 和 v_j（$v_i \neq v_j$）从顶点 v_i 到顶点 v_j 和顶点 v_j 到顶点 v_i 都存在路径，则该图称为强连通图。在有向图中，极大强连通子图称为强连通分量。有向图 G_4 与强连通分量如图 7-4 所示。

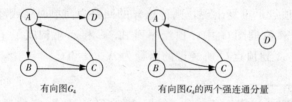

图 7-4 有向图 G_4 的强连通分量

6. 生成树

一个连通图（假设有 n 个顶点）的生成树是一个极小连通子图，它含有图中的全部顶点，但只有足以构成一棵树的 $n-1$ 条边。如果在该生成树中添加一条边，则必定构成一个环。如果少于 $n-1$ 条边，则该图是非连通的。反过来，具有 $n-1$ 条边的图不一定是生成树。一个图的生成树不一定是唯一的。图 7-3 中无向图 G_3 的生成树如图 7-5 所示。

7. 网

在实际应用中，图的边或弧往往与具有一定意义的数有关，即每一条边都有与它相关的数，称为权，这些权可以表示从一个顶点到另一个顶点的距离或花费等信息。这种带权的图称为带权图或网。一个网如图 7-6 所示。

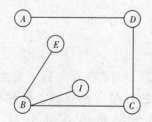

图 7-5 无向图 G_3 的生成树

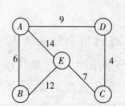

图 7-6 网

7.1.3 图的抽象数据类型

图的抽象数据类型定义了图中数据对象、数据关系和基本操作。图的抽象数据类型定义如下。

```
ADT Graph
{
```
　　数据对象 V:V 是具有相同特性的数据元素的集合,称为顶点集。

　　数据关系 R:R={VR}

　　　　　　VR={⟨x,y⟩|x,y∈V 且 P(x,y),⟨x,y⟩表示从 x 到 y 的弧,谓词 P(x,y)定义了弧
　　　　　　⟨x,y⟩的意义或信息}

　　基本操作:

　　(1)CreateGraph(&G)

　　初始条件:图 G 不存在。

　　操作结果:创建一个图 G。

　　(2)DestroyGraph(&T)

　　初始条件:图 G 存在。

　　操作结果:销毁图 G。

　　(3)LocateVertex(G,v)

　　初始条件:图 G 存在,顶点 v 合法。

　　操作结果:若图 G 存在顶点 v,则返回顶点 v 在图 G 中的位置。若图 G 中没有顶点 v,则函数返回值为空。

　　(4)GetVertex(G,i)

　　初始条件:图 G 存在。

　　操作结果:返回图 G 中序号 i 对应的值。i 是图 G 某个顶点的序号,返回图 G 中序号 i 对应的值。

　　(5)FirstAdjVertex(G,v)

　　初始条件:图 G 存在,顶点 v 的值合法。

　　操作结果:返回图 G 中 v 的第 1 个邻接顶点。若 v 无邻接顶点或图 G 中无顶点 v,则函数返回-1。

　　(6)NextAdjVertex(G,v,w)

　　初始条件:图 G 存在,w 是图 G 中顶点 v 的某个邻接顶点。

　　操作结果:返回顶点 v 的下一个邻接顶点。若 w 是 v 的最后一个邻接顶点,则函数返回-1。

　　(7)InsertVertex(&G,v)

　　初始条件:图 G 存在,v 和图 G 中顶点有相同的特征。

　　操作结果:在图 G 中增加新的顶点 v,并将图的顶点数增 1。

　　(8)DeleteVertex(&G,v)

　　初始条件:图 G 存在,v 是图 G 中的某个顶点。

　　操作结果:删除图 G 中顶点 v 及相关的弧。

　　(9)InsertArc(&G,v,w)

　　初始条件:图 G 存在,v 和 w 是 G 中的两个顶点。

　　操作结果:在图 G 中增加弧⟨v,w⟩。对于无向图,还要插入弧⟨w,v⟩。

(10)DeleteArc(&G,v,w)

初始条件：图 G 存在，v 和 w 是 G 中的两个顶点。

操作结果：在 G 中删除弧⟨v,w⟩。对于无向图，还要删除弧⟨w,v⟩。

(11)DFSTraverseGraph(G)

初始条件：图 G 存在。

操作结果：从图中的某个顶点出发，对图进行深度遍历。

(12)BFSTraverseGraph(G)

初始条件：图 G 存在。

操作结果：从图中的某个顶点出发，对图进行广度遍历。

}ADT Graph

7.2 图的存储结构

图的存储方式有 4 种：邻接矩阵表示法、邻接表表示法、十字链表表示法和多重表表示法。

7.2.1 邻接矩阵表示法

图的邻接矩阵表示（Adjacency Matrix）也称为数组表示。它采用两个数组来表示图：一个是用于存储顶点信息的一维数组，另一个是用于存储图中顶点之间的关联关系的二维数组，这个关联关系数组称为邻接矩阵。对于无权图，则邻接矩阵表示为

$$\boldsymbol{A}[i][j]=\begin{cases}1, & \text{当 } \langle v_i, v_j\rangle \in E \text{ 或 } (v_i, v_j) \in E \\ 0, & \text{反之}\end{cases}$$

对于带权图，有

$$\boldsymbol{A}[i][j]=\begin{cases}w_{ij}, & \text{当 } \langle v_i, v_j\rangle \in E \text{ 或 } (v_i, v_j) \in E \\ \infty, & \text{反之}\end{cases}$$

其中，w_{ij} 表示顶点 i 与顶点 j 构成的弧或边的权值，如果顶点之间不存在弧或边，则用∞表示。

在图 7-1 中，两个图弧和边的集合分别为 $A=\{\langle A, B\rangle, \langle A, C\rangle, \langle A, D\rangle, \langle C, A\rangle, \langle C, B\rangle, \langle D, A\rangle\}$ 和 $E=\{(A, B), (A, D), (B, C), (B, D), (C, D)\}$。它们的邻接矩阵表示如图 7-7 所示。

$$\boldsymbol{G}_1=\begin{array}{c} \begin{matrix} A & B & C & D \end{matrix} \\ \begin{bmatrix} 0 & 1 & 1 & 1 \\ 0 & 0 & 0 & 0 \\ 1 & 1 & 0 & 0 \\ 1 & 0 & 0 & 0 \end{bmatrix} \end{array} \begin{matrix} A \\ B \\ C \\ D \end{matrix}$$

有向图G_1的邻接矩阵表示

$$\boldsymbol{G}_2=\begin{array}{c} \begin{matrix} A & B & C & D \end{matrix} \\ \begin{bmatrix} 0 & 1 & 0 & 1 \\ 1 & 0 & 1 & 1 \\ 0 & 1 & 0 & 1 \\ 1 & 1 & 1 & 0 \end{bmatrix} \end{array} \begin{matrix} A \\ B \\ C \\ D \end{matrix}$$

无向图G_2的邻接矩阵表示

图 7-7 图的邻接矩阵表示

在无向图的邻接矩阵中,如果有边(A,B)存在,需要将⟨A,B⟩和⟨B,A⟩的对应位置都置为1。

带权图的邻接矩阵表示如图7-8所示。

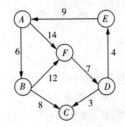

$$G=\begin{bmatrix} & A & B & C & D & E & F \\ \infty & 6 & \infty & \infty & \infty & 14 \\ \infty & \infty & 8 & \infty & \infty & 12 \\ \infty & \infty & \infty & \infty & \infty & \infty \\ \infty & \infty & 3 & \infty & 4 & \infty \\ 9 & \infty & \infty & \infty & \infty & \infty \\ \infty & \infty & \infty & 7 & \infty & \infty \end{bmatrix} \begin{matrix} A \\ B \\ C \\ D \\ E \\ F \end{matrix}$$

图7-8 带权图的邻接矩阵表示

图的邻接矩阵存储结构描述如下:

```
#define INFINITY 65535           /*一个无限大的值*/
#define MaxSize 50               /*最大顶点个数*/
typedef enum{DG,DN,UG,UN}GraphKind;  /*图的类型:有向图、有向网、无向图和无向网*/
typedef struct
{
    VRType adj;         /*对于无权图,用1表示相邻,0表示不相邻;对于带权图,存储权值*/
    InfoPtr * info;                /*与弧或边的相关信息*/
}ArcNode,AdjMatrix[MaxSize][MaxSize];
typedef struct                   /*图的类型定义*/
{
    VertexType vex[MaxSize];     /*用于存储顶点*/
    AdjMatrix arc;               /*邻接矩阵,存储边或弧的信息*/
    int vexnum,arcnum;           /*顶点数和边(弧)的数目*/
    GraphKind kind;              /*图的类型*/
}MGraph;
```

其中,数组 vex 用于存储图中的顶点信息,如'A'、'B'、'C'、'D',arcs 用于存储图中顶点信息,称为邻接矩阵。

【例7-1】 编写算法,利用邻接矩阵表示法创建一个有向网。

```
#include<stdio.h>
#include<string.h>
#include<malloc.h>
#include<stdlib.h>
typedef char VertexType[4];
typedef char InfoPtr;
typedef int VRType;
#define INFINITY 65535           /*定义一个无限大的值*/
#define MaxSize 50               /*最大顶点个数*/
typedef enum{DG,DN,UG,UN}GraphKind;  /*图的类型:有向图、有向网、无向图和无向网*/
```

```
typedef struct
{
    VRType adj;         /*对于无权图,用1表示相邻,0表示不相邻;对于带权图,存储权值*/
    InfoPtr * info;     /*与弧或边的相关信息*/
}ArcNode,AdjMatrix[MaxSize][MaxSize];
typedef struct                      /*图的类型定义*/
{
    VertexType vex[MaxSize];        /*用于存储顶点*/
    AdjMatrix arc;                  /*邻接矩阵,存储边或弧的信息*/
    int vexnum,arcnum;              /*顶点数和边(弧)的数目*/
    GraphKind kind;                 /*图的类型*/
}MGraph;
void CreateGraph(MGraph * N);
int LocateVertex(MGraph N,VertexType v);
void DestroyGraph(MGraph * N);
void DisplayGraph(MGraph N);
void main()
{
    MGraph N;
    printf("创建一个网N:\n");
    CreateGraph(&N);
    printf("输出网的顶点和弧:\n");
    DisplayGraph(N);
    printf("销毁网:\n");
    DestroyGraph(&N);
}
void CreateGraph(MGraph * N)
/*采用邻接矩阵表示法创建有向网N*/
{
    int i,j,k,w,InfoFlag,len;
    char s[MaxSize];
    VertexType v1,v2;
    printf("请输入有向网N的顶点数,弧数,弧的信息(是:1,否:0): ");
    scanf("%d,%d,%d",&(* N).vexnum,&(* N).arcnum,&InfoFlag);
    printf("请输入%d个顶点的值(<%d个字符):\n",N->vexnum,MaxSize);
    for(i=0;i<N->vexnum;i++)           /*创建一个数组,用于保存网的各个顶点*/
        scanf("%s",N->vex[i]);
    for(i=0;i<N->vexnum;i++)           /*初始化邻接矩阵*/
        for(j=0;j<N->vexnum;j++)
        {
            N->arc[i][j].adj=INFINITY;
            N->arc[i][j].info=NULL;    /*弧的信息初始化为空*/
```

```c
        }
        printf("请输入%d条弧的弧尾 弧头 权值(以空格作为间隔):\n",N->arcnum);
        for(k=0;k<N->arcnum;k++)
        {
            scanf("%s%s%d",v1,v2,&w);          /*输入两个顶点和弧的权值*/
            i=LocateVertex(*N,v1);
            j=LocateVertex(*N,v2);
            N->arc[i][j].adj=w;
            if(InfoFlag)                       /*如果弧包含其他信息*/
            {
                printf("请输入弧的相关信息:");
                gets(s);
                len=strlen(s);
                if(len)
                {
                    N->arc[i][j].info=(char*)malloc((len+1)*sizeof(char));/* 有向 */
                    strcpy(N->arc[i][j].info,s);
                }
            }
        }
        N->kind=DN;                            /*图的类型为有向网*/
    }
int LocateVertex(MGraph N,VertexType v)
/*在顶点向量中查找顶点v,找到返回在向量的序号,否则返回-1*/
{
    int i;
    for(i=0;i<N.vexnum;++i)
        if(strcmp(N.vex[i],v)==0)
            return i;
    return -1;
}
void DestroyGraph(MGraph *N)
/*销毁网N*/
{
    int i,j;
    for(i=0;i<N->vexnum;i++)                   /*释放弧的相关信息*/
      for(j=0;j<N->vexnum;j++)
        if(N->arc[i][j].adj!=INFINITY)         /*如果存在弧*/
            if(N->arc[i][j].info!=NULL)        /*如果弧有相关信息,释放该信息所占用空间*/
            {
                free(N->arc[i][j].info);
                N->arc[i][j].info=NULL;
```

```
        }
    N->vexnum = 0;                          /*将网的顶点数置为 0*/
    N->arcnum = 0;                          /*将网的弧的数目置为 0*/
}
void DisplayGraph(MGraph N)
/*输出邻接矩阵存储表示的图 N*/
{
    int i,j;
    printf("有向网具有%d个顶点%d条弧,顶点依次是：",N.vexnum,N.arcnum);
    for(i = 0;i<N.vexnum;++i)                /*输出网的顶点*/
        printf("%s",N.vex[i]);
    printf("\n有向网 N 的:\n");                /*输出网 N 的弧*/
    printf("序号 i = ");
    for(i = 0;i<N.vexnum;i++)
        printf("%8d",i);
    printf("\n");
    for(i = 0;i<N.vexnum;i++)
    {
        printf("%8d",i);
        for(j = 0;j<N.vexnum;j++)
            printf("%8d",N.arc[i][j].adj);
        printf("\n");
    }
}
```

程序运行结果如图 7-9 所示。

```
创建一个网N：
请输入有向网N的顶点数,弧数,弧的信息<是:1,否:0>: 5,6,0
请输入5个顶点的值(<50个字符):
A B C D E
请输入6条弧的弧尾 弧头 权值<以空格分隔>:
A B 6
A D 9
A E 14
B E 12
D C 4
E C 7
输出网的顶点和弧：
有向网具有5个顶点6条弧，顶点依次是: A B C D E
有向网N的:
序号i=        0       1       2       3       4
       0   65535       6   65535       9      14
       1   65535   65535   65535   65535      12
       2   65535   65535   65535   65535   65535
       3   65535   65535       4   65535   65535
       4   65535   65535       7   65535   65535
销毁网：
Press any key to continue
```

图 7-9 程序运行结果

7.2.2 邻接表表示法

图的邻接矩阵表示法虽然有很多优点，但对于稀疏图来讲，用邻接矩阵表示会造成存储空间的很大浪费。邻接表（Adjacency List）表示法实际上是一种链式存储结构。它克服了邻接矩阵的弊病，基本思想是只存储与顶点相关联的信息，对于图中存在的边信息则存储，不相邻接的顶点则不保留信息。在邻接表中，对于图中的每个顶点，建立一个带头结点的边链表，如第 i 个单链表中的结点则表示依附于顶点 v_i 的边。每个边链表的头结点又构成一个表头结点表。这样，一个 n 个顶点的图的邻接表表示法由表头结点和边表结点两个部分构成。

表头结点由两个域组成：数据域和指针域。其中，数据域用来存放顶点信息，指针域用来指向边表中的第 1 个结点。通常情况下，表头结点采用顺序存储结构实现，这样可以随机地访问任意顶点。边表结点由 3 个域组成：邻接点域、数据域和指针域。其中，邻接点域表示与相应的表头顶点邻接的点的位置，数据域存储与边或弧的信息，指针域用来指向下一条边或弧的结点。表头结点和边表结点结构如图 7-10 所示。

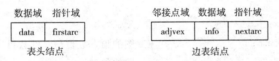

图 7-10 表头结点与边表结点存储结构

图 7-1 的两个图 G_1 和 G_2 用邻接表表示如图 7-11 所示。

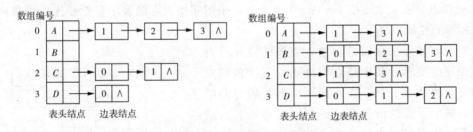

图 7-11 图的邻接表表示

图 7-8 的带权图用邻接表表示如图 7-12 所示。

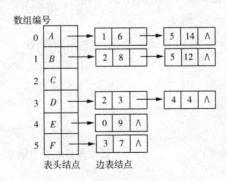

图 7-12 带权图的邻接表表示

图的邻接表存储结构描述如下：

```
#define MaxSize 50                      /*最大顶点个数*/
typedef enum{DG,DN,UG,UN}GraphKind;     /*图的类型:有向图、有向网、无向图和无向网*/
typedef struct ArcNode                  /*边结点的类型定义*/
{
    int adjvex;                         /*弧指向的顶点的位置*/
    InfoPtr * info;                     /*与弧相关的信息*/
    struct ArcNode * nextarc;           /*指向下一个与该顶点相邻接的顶点*/
}ArcNode;
typedef struct VNode                    /*头结点的类型定义*/
{
    VertexType data;                    /*用于存储顶点*/
    ArcNode * firstarc;                 /*指向第1个与该顶点邻接的顶点*/
}VNode,AdjList[MaxSize];
typedef struct                          /*图的类型定义*/
{
    AdjList vertex;
    int vexnum,arcnum;                  /*图的顶点数目与弧的数目*/
    GraphKind kind;                     /*图的类型*/
}AdjGraph;
```

如果无向图 G 中有 n 个顶点和 e 条边，则图采用邻接表表示，需要 n 个头结点和 $2e$ 个表结点。在 e 远远小于 $n(n-1)/2$ 时，采用邻接表存储表示显然要比采用邻接矩阵表示节省空间。

在图的邻接表存储结构中，表头结点并没有存储顺序的要求。某个顶点的度正好等于该顶点对应链表的结点个数。在有向图的邻接表存储结构中，某个顶点的出度等于该顶点对应链表的结点个数。为了便于求某个顶点的入度，需要建立一个有向图的逆邻接链表，也就是为每个顶点 v_i 建立一个以 v_i 为弧头的链表。图 7-1 所示的有向图 G_1 的逆邻接链表如图 7-13 所示。

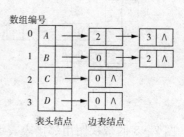

图 7-13 有向图 G_1 的逆邻接链表

【例 7-2】 编写算法，采用邻接表创建一个无向图 G。

```
#include<stdlib.h>
#include<stdio.h>
#include<malloc.h>
#include<string.h>
typedef char VertexType[4];             /*图的邻接表类型定义*/
typedef char InfoPtr;
typedef int VRType;
```

```c
#define MaxSize 50                          /* 最大顶点个数 */
typedef enum{DG,DN,UG,UN}GraphKind;         /* 图的类型:有向图、有向网、无向图和无向网 */
typedef struct ArcNode                      /* 边结点的类型定义 */
{
    int adjvex;                             /* 弧指向的顶点的位置 */
    InfoPtr * info;                         /* 与弧相关的信息 */
    struct ArcNode * nextarc;               /* 指向下一个与该顶点相邻接的顶点 */
}ArcNode;
typedef struct VNode                        /* 头结点的类型定义 */
{
    VertexType data;                        /* 用于存储顶点 */
    ArcNode * firstarc;                     /* 指向第1个与该顶点邻接的顶点 */
}VNode,AdjList[MaxSize];
typedef struct                              /* 图的类型定义 */
{
    AdjList vertex;
    int vexnum,arcnum;                      /* 图的顶点数目与弧的数目 */
    GraphKind kind;                         /* 图的类型 */
}AdjGraph;
int LocateVertex(AdjGraph G,VertexType v);  /* 函数声明 */
void CreateGraph(AdjGraph * G);
void DisplayGraph(AdjGraph G);
void DestroyGraph(AdjGraph * G);
void main()
{
    AdjGraph G;
    printf("采用邻接表创建无向图 G:\n");
    CreateGraph(&G);
    printf("输出无向图 G:");
    DisplayGraph(G);
    DestroyGraph(&G);
}
void CreateGraph(AdjGraph * G)
/* 采用邻接表存储结构,创建无向图 G */
{
    int i,j,k;
    VertexType v1,v2;                       /* 定义两个顶点 v1 和 v2 */
    ArcNode * p;
    printf("请输入图的顶点数,边数(逗号分隔):");
    scanf("%d,%d",&( * G).vexnum,&( * G).arcnum);
    printf("请输入%d个顶点的值:\n",G->vexnum);
    for(i = 0;i<G->vexnum;i++)              /* 将顶点存储在头结点中 */
```

```c
        {
            scanf("%s",G->vertex[i].data);
            G->vertex[i].firstarc = NULL;          /*将相关联的顶点置为空*/
        }
        printf("请输入弧尾和弧头(以空格作为间隔):\n");
        for(k = 0;k<G->arcnum;k++)                 /*建立边链表*/
        {
            scanf("%s%s",v1,v2);
            i = LocateVertex(*G,v1);
            j = LocateVertex(*G,v2);
            p = (ArcNode *)malloc(sizeof(ArcNode));  /*j为入边i为出边创建邻接表*/
            p->adjvex = j;
            p->info = NULL;
            p->nextarc = G->vertex[i].firstarc;
            G->vertex[i].firstarc = p;
            p = (ArcNode *)malloc(sizeof(ArcNode));  /*i为入边j为出边创建邻接表*/
            p->adjvex = i;
            p->info = NULL;
            p->nextarc = G->vertex[j].firstarc;
            G->vertex[j].firstarc = p;
        }
        (*G).kind = UG;
}
int LocateVertex(AdjGraph G,VertexType v)
/*返回图中顶点对应的位置*/
{
    int i;
    for(i = 0;i<G.vexnum;i++)
        if(strcmp(G.vertex[i].data,v) == 0)
            return i;
    return -1;
}
void DestroyGraph(AdjGraph *G)
/*销毁无向图G*/
{
    int i;
    ArcNode *p,*q;
    for(i = 0;i<(*G).vexnum;++i)              /*释放图中的边表结点*/
    {
        p = G->vertex[i].firstarc;             /*p指向边表的第1个结点*/
        if(p! = NULL)                          /*如果边表不为空,则释放边表的结点*/
        {
```

```
                q = p->nextarc;
                free(p);
                p = q;
            }
        }
        (*G).vexnum = 0;            /*将顶点数置为 0*/
        (*G).arcnum = 0;            /*将边的数目置为 0*/
}
void DisplayGraph(AdjGraph G)
/*图的邻接表存储结构的输出*/
{
    int i;
    ArcNode *p;
    printf("%d 个顶点:\n",G.vexnum);
    for(i = 0;i<G.vexnum;i++)
        printf("%s ",G.vertex[i].data);
    printf("\n%d 条边:\n",2*G.arcnum);
    for(i = 0;i<G.vexnum;i++)
    {
        p = G.vertex[i].firstarc;   /*将 p 指向边表的第 1 个结点*/
        while(p)                    /*输出无向图的所有边*/
        {
            printf("%s→%s ",G.vertex[i].data,G.vertex[p->adjvex].data);
            p = p->nextarc;
        }
        printf("\n");
    }
}
```

程序的运行结果如图 7-14 所示。

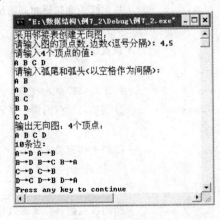

图 7-14 程序运行结果

7.2.3 十字链表

十字链表（Orthogonal List）是有向图的又一种链式存储结构，可以把它看成是将有向图的邻接表与逆邻接链表结合起来的一种链表。在十字链表中，将表头结点称为顶点结点，边结点称为弧结点。其中，顶点结点包含 3 个域：数据域和两个指针域。两个指针域，一个指向以顶点为弧头的顶点，另一个指向以顶点为弧尾的顶点；数据域存放顶点的信息。

弧结点包含 5 个域：尾域 tailvex、头域 headvex、infor 域和两个指针域 hlink、tlink。其中，尾域 tailvex 用于表示弧尾顶点在图中的位置，头域 headvex 表示弧头顶点在图中的位置，infor 域表示弧的相关信息，指针域 hlink 指向弧头相同的下一条弧，tlink 指向弧尾相同的下一条弧。

有向图 G_1 的十字链表存储表示如图 7-15 所示。

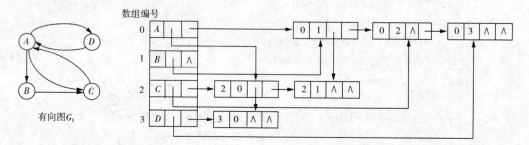

图 7-15　有向图 G_1 的十字链表

有向图的十字链表存储结构描述如下：

```
#define MaxSize 50              /*最大顶点个数*/
typedef struct ArcNode           /*弧结点的类型定义*/
{
    int headvex,tailvex;         /*弧的头顶点和尾顶点位置*/
    InfoPtr * info;              /*与弧相关的信息*/
    struct * hlink, * tlink;     /*指向弧头和弧尾相同的结点*/
}ArcNode;
typedef struct VNode             /*顶点结点的类型定义*/
{
    VertexType data;             /*用于存储顶点*/
    ArcNode * firstin, * firstout;  /*分别指向顶点的第一条入弧和出弧*/
}VNode;
typedef struct                   /*图的类型定义*/
{
    VNode vertex[MaxSize];
    int vexnum,arcnum;           /*图的顶点数目与弧的数目*/
}OLGraph;
```

在以十字链表存储表示的图中，可以很容易找到以某个顶点为弧尾和弧头的弧。

7.2.4 邻接多重表

邻接多重表（Adjacency Multi_list）是无向图的另一种链式存储结构。邻接多重表可以提供更为方便的边处理信息。在无向图的邻接表表示法中，每一条边 (v_i, v_j) 在邻接表中都对应着两个结点，它们分别在第 i 个边链表和第 j 个边链表中。这给图的某些边操作带来不便，如检测某条边是否被访问过，则需要同时找到表示该条边的两个结点，而这两个结点又分别在两个边链表中。邻接多重表是将图的一条边用一个结点表示，它的结点存储结构如图 7-16 所示。

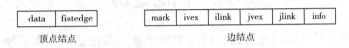

图 7-16 邻接多重表的结点存储结构

顶点结点由两个域构成：data 域和 firstedge 域。数据域 data 用于存储顶点的数据信息，firstedga 域指向依附于顶点的第一条边。边结点包含 6 个域：mark 域、ivex 域、ilink 域、jvex 域、jlink 域和 info 域。其中，mark 域用来表示边是否被检索过，ivex 域和 jvex 域表示依附于边的两个顶点在图中的位置，ilink 域指向依附于顶点 ivex 的下一条边，jlink 域指向依附于顶点 jvex 的下一条边，info 域表示与边的相关信息。

无向图 G_2 的多重表表示如图 7-17 所示。

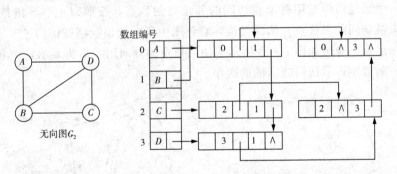

图 7-17 无向图 G_2 的多重表

无向图的多重表存储结构描述如下：

```
#define MaxSize 50              /*最大顶点个数*/
typedef struct EdgeNode         /*边结点的类型定义*/
{
    int mark,ivex,jvex;         /*访问标志和边的两个顶点位置*/
    InfoPtr *info;              /*与边相关的信息*/
    struct *ilink,*jlink;       /*指向与边顶点相同的结点*/
}EdgeNode;
typedef struct VNode            /*顶点结点的类型定义*/
{
```

```
        VertexType data;              /*用于存储顶点*/
        EdgeNode *firstedge;          /*指向依附于顶点的第一条边*/
}VexNode;
typedef struct                        /*图的类型定义*/
{
        VexNode vertex[MaxSize];
        int vexnum,edgenum;           /*图的顶点数目与边的数目*/
}AdjMultiGraph;
```

7.3 图的遍历

与树的遍历一样，图的遍历是访问图中每个顶点且仅访问一次的操作。图的遍历方式主要有两种：深度优先遍历和广度优先遍历。

7.3.1 图的深度优先遍历

1. 图的深度优先遍历的定义

图的深度优先遍历是树的先根遍历的推广。图的深度优先遍历的思想：从图中某个顶点 v_0 出发，访问顶点 v_0，接着访问顶点 v_0 的第 1 个邻接点，然后以该邻接点为新的顶点，访问该顶点的邻接点。重复执行以上操作，直到当前顶点没有邻接点为止。返回到上一个已经访问过还未被访问的邻接点的顶点，按照以上步骤继续访问该顶点的其他未被访问的邻接点。依次类推，直到图中所有的顶点都被访问过。

图的深度优先遍历如图 7-18 所示。访问顶点的方向用实箭头表示，回溯用虚箭头表示，图中的数字表示访问或回溯的次序。

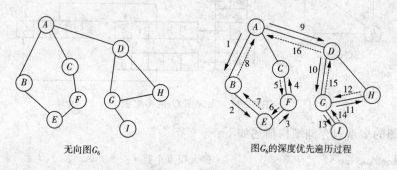

无向图 G_6　　　　　　　图 G_6 的深度优先遍历过程

图 7-18　图 G_6 及深度优先遍历过程

图 G_6 的深度优先遍历过程如下。

（1）首先访问 A，顶点 A 的邻接点有 B、C、D，然后访问 A 的第 1 个邻接点 B。

（2）顶点 B 未被访问的邻接点只有顶点 E，因此访问顶点 E。

（3）顶点 E 的邻接点只有 F 且未被访问过，因此访问顶点 F。

（4）顶点 F 的邻接点只有 C 且未被访问过，因此访问顶点 C。

（5）顶点 C 的邻接点只有 A 但已经被访问过，因此要回溯到上一个顶点 F。

(6) 同理，顶点 F、E、B 都已经被访问过，且没有其他未被访问的邻接点，因此，回溯到顶点 A。

(7) 顶点 A 的未被访问的邻顶点只有顶点 D，因此访问顶点 D。

(8) 顶点 D 的邻接点有顶点 G 和顶点 H，访问第 1 个顶点 G。

(9) 顶点 G 的邻接点有顶点 H 和顶点 I，访问第 1 个顶点 H。

(10) 顶点 H 的邻接点只有 D 且已经被访问过，因此回溯到上一个顶点 G。

(11) 顶点 G 的未被访问过的邻接点有顶点 I，因此访问顶点 I。

(12) 顶点 I 已经没有未被访问的邻接点，因此回溯到顶点 G。

(13) 同理，顶点 G、D 都没有未被访问的邻接点，因此回溯到顶点 A。

(14) 顶点 A 也没有未被访问的邻接点。因此，图的深度优先遍历的序列为：A、B、E、F、C、D、G、H、I。

在图的深度优先遍历过程中，图中可能存在回路，因此，在访问了某个顶点之后，沿着某条路径遍历，有可能又回到该顶点。例如，在访问了顶点 A 之后，接着访问顶点 B、E、F、C，顶点 C 的邻接点是顶点 A，沿着边 (C, A) 会再次访问顶点 A。为了避免再次访问已经访问过的顶点，需要设置一个数组 $visited[n]$ 作为一个标志，记录结点是否被访问过。

2. 图的深度优先遍历的算法实现

图的深度优先遍历（邻接表实现）的算法描述如下。

```
int visited[MaxSize];            /* 访问标志数组 */
void DFSTraverse(AdjGraph G)
/* 从第 1 个顶点起,深度优先遍历图 G */
{
    int v;
    for(v = 0;v<G.vexnum;v++)
        visited[v] = 0;          /* 访问标志数组初始化为未被访问 */
    for(v = 0;v<G.vexnum;v++)
        if(! visited[v])
            DFS(G,v);            /* 对未访问的顶点 v 进行深度优先遍历 */
    printf("\n");
}
void DFS(AdjGraph G,int v)
/* 从顶点 v 出发递归深度优先遍历图 G */
{
    int w;
    visited[v] = 1;              /* 访问标志设置为已访问 */
    Visit(G.vertex[v].data);     /* 访问第 v 个顶点 */
    for(w = FirstAdjVertex(G,G.vertex[v].data);w>= 0;
        w = NextAdjVertex(G,G.vertex[v].data,G.vertex[w].data))
        if(! visited[w])
```

```
        DFS(G,w);            /*递归调用DFS对v的尚未访问的序号为w的邻接顶点*/
}
```

如果该图是一个无向连通图或者该图是一个强连通图，则只需要调用一次 $DFS(G,v)$ 就可以遍历整个图，否则需要多次调用 $DFS(G,v)$。在上面的算法中，对于查找序号为 v 的顶点的第 1 个邻接点算法 $FirstAdjVex(G, G.vexs[v])$ 和查找序号为 v 的（相对于序号 w 的）下一个邻接点的算法 $NextAdjVex(G, G.vexs[v], G.vexs[w])$，若采用不同的存储表示，其时间耗费是不一样的。当采用邻接矩阵作为图的存储结构时，如果图的顶点个数为 n，则查找顶点的邻接点需要的时间为 $O(n^2)$。如果无向图的边数或有向图的弧的数目为 e，当采用邻接表作为图的存储结构时，则查找顶点的邻接点需要的时间为 $O(e)$。

以邻接表作为存储结构，查找 v 的第 1 个邻接点的算法实现如下。

```
int FirstAdjVertex(AdjGraph G,VertexType v)
/*返回顶点v的第1个邻接顶点的序号*/
{
    ArcNode * p;
    int v1;
    v1 = LocateVertex(G,v);              /*v1为顶点v在图G中的序号*/
    p = G.vertex[v1].firstarc;
    if(p)              /*如果顶点v的第1个邻接点存在,返回邻接点的序号,否则返回-1*/
        return p->adjvex;
    else
        return -1;
}
```

以邻接表作为存储结构，查找 v 的（相对于 w 的）下一个邻接点的算法实现如下。

```
int NextAdjVertex(AdjGraph G,VertexType v,VertexType w)
/*返回v的(相对于w的)下一个邻接顶点的序号*/
{
    ArcNode * p, * next;
    int v1,w1;
    v1 = LocateVertex(G,v);              /*v1为顶点v在图G中的序号*/
    w1 = LocateVertex(G,w);              /*w1为顶点w在图G中的序号*/
    for(next = G.vertex[v1].firstarc;next;)
        if(next->adjvex! = w1)
            next = next->nextarc;
    p = next;                            /*p指向顶点v的邻接顶点w的结点*/
    if(! p||! p->nextarc)             /*如果w不存在或w是最后一个邻接点,则返回-1*/
        return -1;
    else
```

```
            return p->nextarc->adjvex;   /*返回 v 的(相对于 w 的)下一个邻接点的序号*/
}
```

图的非递归实现深度优先遍历的算法如下。

```
int DFSTraverse2(AdjGraph G,int v)
/*图的非递归深度优先遍历*/
{
    int i,visited[MaxSize],top;
    ArcNode *stack[MaxSize],*p;
    for(i=0;i<G.vexnum;i++)        /*将所有顶点都添加未访问标志*/
      visited[i]=0;
    Visit(G.vertex[v].data);        /*访问顶点 v 并将访问标志置为1,表示已经访问*/
    visited[v]=1;
    top=-1;                         /*初始化栈*/
    p=G.vertex[v].firstarc;         /*p 指向顶点 v 的第1个邻接点*/
    while(top>-1||p!=NULL)
    {
      while(p!=NULL)
        if(visited[p->adjvex]==1)   /*如果 p 指向的顶点已经访问过,则 p 指向下一个邻接点*/
            p=p->nextarc;
        else
            {
                Visit(G.vertex[p->adjvex].data);    /*访问 p 指向的顶点*/
                visited[p->adjvex]=1;
                stack[++top]=p;                      /*保存 p 指向的顶点*/
                p=G.vertex[p->adjvex].firstarc;      /*p 指向当前顶点的第1个邻接点*/
            }
      if(top>-1)
      {
        p=stack[top--];             /*如果当前顶点都已经被访问,则退栈*/
        p=p->nextarc;               /*p 指向下一个邻接点*/
      }
    }
}
```

7.3.2 图的广度优先遍历

1. 图的广度优先遍历的定义

图的广度优先遍历与树的层次遍历类似。图的广度优先遍历的思想：从图的某个顶点 v 出发，首先访问顶点 v，然后按照次序访问顶点 v 的未被访问的每一个邻接点，接着访问这些邻接点的邻接点，并按照先被访问的邻接点的邻接点先访问，后被访问的邻接点的邻接点后访问的原则，依次访问邻接点的邻接点。按照这种思想，直到图的所有顶点都被访问，这样就完成了对图的广度优先遍历。

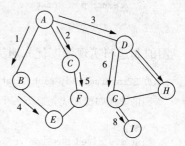

例如，图7-18中的无向图 G_6 的广度优先遍历的过程如图7-19所示。其中，箭头表示广度遍历的方向，图中的数字表示遍历的次序。

图 7-19　图 G_6 的广度优先遍历过程

图 G_6 的广度优先遍历的过程如下：

（1）首先访问顶点 A，顶点 A 的邻接点有 B、C、D，然后访问 A 的第1个邻接点 B。

（2）访问顶点 A 的第2个邻接点 C，再访问顶点 A 的第3个邻接点 D。

（3）顶点 B 的邻接点只有顶点 E，因此访问顶点 E。

（4）顶点 C 的邻接点只有 F 且未被访问过，因此访问顶点 F。

（5）顶点 D 的邻接点有 G 和 H，且都未被访问过，因此先访问第1个顶点 G，然后访问第2个顶点 H。

（6）顶点 E 和 F 不存在未被访问的邻接点，顶点 G 的未被访问的邻接点有 I，因此访问顶点 I。至此，图 G_6 所有的顶点都被访问完毕。

因此，图 G_6 的广度优先遍历的序列为 A、B、C、D、E、F、G、H、I。

2. 图的广度优先遍历的算法实现

在图的广度优先遍历过程中，同样也需要一个数组 $visited[MaxSize]$ 指示顶点是否被访问过。图的广度优先遍历的算法实现思想：将图中所有顶点对应的标志数组 $visited[v_i]$ 都初始化为 0，表示顶点未被访问。从第1个顶点 v_0 开始，访问该顶点且将标志数组置为 1。然后将 v_0 入队，当队列不为空时，将队头元素（顶点）出队，依次访问该顶点的所有邻接点，并将邻接点依次入队，同时将标志数组对应位置置为 1，表示已经访问过。依次类推，直到图中的所有顶点都已经被访问过。

图的广度优先遍历的算法实现如下。

```
void BFSTraverse(AdjGraph G)
/*从第1个顶点出发,按广度优先非递归遍历图G*/
{
    int v,u,w,front,rear;
    ArcNode *p;
    int queue[MaxSize];           /*定义一个队列Q*/
    front = rear = -1;            /*初始化队列Q*/
    for(v = 0;v<G.vexnum;v++)     /*初始化标志位*/
        visited[v] = 0;
    v = 0;
    visited[v] = 1;               /*设置访问标志为1,表示已经被访问过*/
    Visit(G.vertex[v].data);
    rear = (rear + 1)% MaxSize;
```

```
            queue[rear] = v;                      /* v 入队列 */
            while(front<rear)                     /* 如果队列不空 */
            {
                front = (front + 1) % MaxSize;
                v = queue[front];                 /* 队头元素出队赋值给 v */
                p = G.vertex[v].firstarc;
                while(p! = NULL)                  /* 遍历序号为 v 的所有邻接点 */
                {
                    if(visited[p->adjvex] = = 0)  /* 如果该顶点未被访问过 */
                    {
                        visited[p->adjvex] = 1;
                        Visit(G.vertex[p->adjvex].data);
                        rear = (rear + 1) % MaxSize;
                        queue[rear] = p->adjvex;
                    }
                    p = p->nextarc;               /* p 指向下一个邻接点 */
                }
            }
        }
```

假设图的顶点个数为 n，边（弧）的数目为 e，则采用邻接表实现图的广度优先遍历的时间复杂度为 $O(n+e)$。图的深度优先遍历和广度优先遍历的结果并不是唯一的，这主要与图的存储结点的位置有关。

7.4 图的连通性问题

在本章第 1 节已经介绍了连通图和强连通图的概念，那么，如何判断一个图是否为连通图呢？怎样求一个连通图的连通分量呢？本节就来讨论如何利用遍历算法求解图的连通性问题并讨论最小代价生成树算法。

7.4.1 无向图的连通分量与生成树

在无向图的深度优先和广度优先遍历的过程中，对于连通图，从任何一个顶点出发，就可以遍历图中的每一个顶点。而对于非连通图，则需要从多个顶点出发对图进行遍历，每次从新顶点开始遍历得到的序列就是图的各个连通分量的顶点集合。图 7-3 中的非连通图 G_3 的邻接表如图 7-20 所示。对图 G_3 进行深度优先遍历，因为图 G_3 是非连通图且有两个连通分量，所以至少需要从图的两个顶点（顶点 A 和顶点 F）出发，才能完成对图中每个顶点的访问。对图 G_3 进行深度优先遍历，得到的序列为：A、B、C、D、I、E 和 F、G、H；对图 G_3 进行广度优先遍历，得到的序列为：A、B、D、E、I、C 和 F、G、H。

由此可以看出，对非连通图进行深度或广度优先遍历，就可以分别得到连通分量的顶点序列。对于连通图,从某一个顶点出发,对图进行深度优先遍历,按照访问路径得到一棵生成树,称为深度优先生成树;反之,对图进行广度优先遍历,得到的生成树称为广度优先生成树。图 7-18 中的无向图 G_6 的深度优先生成树和广度优先生成树如图 7-21 所示。

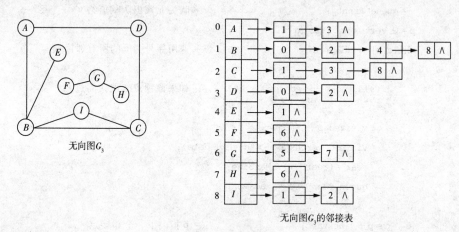

图 7-20　图 G_3 的邻接表

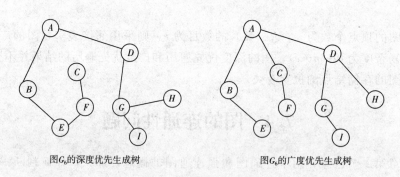

图 7-21　图 G_6 的深度优先生成树和广度优先生成树

对于非连通图而言,从某一个顶点出发,对图进行深度优先遍历或者广度优先遍历,按照访问路径会得到一系列的生成树,这些生成树在一起构成生成森林。对图 G_3 进行深度优先遍历构成的深度优先生成森林如图 7-22 所示。

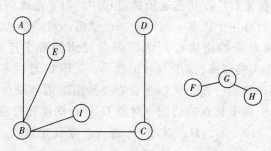

图 7-22　图 G_3 的深度优先生成森林

利用图的深度优先或广度优先遍历可以判断一个图是否是连通图。如果不止一次地调用遍历图，则说明该图是非连通的，否则该图是连通的。另外，对图进行遍历还可以得到生成树。

7.4.2 最小生成树

最小生成树就是指在一个连通网的所有生成树中，其中所有边的代价之和最小的那棵生成树。代价在网中通过权值来表示，一个生成树的代价就是生成树各边的代价之和。最小生成树的研究意义，例如要在 n 个城市建立一个交通图，就是要在 $n(n-1)/2$ 条线路中选择 $n-1$ 条代价最小的线路（各个城市可以看成是图的顶点，城市的线路可以看作边）。

最小生成树具有以下重要的性质：

假设一个连通网 $N=(V, E)$，V 是顶点的集合，E 是边的集合，V 有一个非空子集 U。如果 (u, v) 是一条具有最小权值的边，其中 $u \in U$，$v \in V-U$，那么一定存在一个最小生成树包含边 (u, v)。

下面用反证法证明以上性质。

假设所有的最小生成树都不存在这样的一条边 (u, v)。设 T 是连通网 N 中的一棵最小生成树，如果将边 (u, v) 加入到 T 中，根据生成树的定义，T 一定出现包含 (u, v) 的回路。另外 T 中一定存在一条边 (u', v') 的权值大于或等于 (u, v) 的权值，如果删除边 (u', v')，则得到一棵代价小于或等于 T 的生成树 T'。T' 是包含边 (u, v) 的最小生成树，这与假设矛盾。由此，性质得证。

最小生成树的构造算法有两个：普里姆算法和克鲁斯卡尔算法。

1. 普里姆算法

普里姆算法描述如下：

假设 $N=\{V, E\}$ 是连通网，TE 是 N 的最小生成树中边的集合。执行以下操作：

(1) 初始时，令 $U=\{u_0\}$ ($u_0 \in V$)，$TE=\Phi$。

(2) 对于所有的边 $(u, v) \in E$ ($u \in U$，$v \in V-U$)，将一条代价最小的边 (u_0, v_0) 放到集合 TE 中，同时将顶点 v_0 放入集合 U 中。

(3) 重复执行步骤 (2)，直到 $U=V$ 为止。

这时，边集合 TE 一定有 $n-1$ 条边，$T=\{V, TE\}$ 就是连通网 N 的最小生成树。

图 7-23 就是利用普里姆算法构造最小生成树的过程。

初始时，集合 $U=\{A\}$，集合 $V-U=\{B, C, D, E\}$，边集合为 Φ。$A \in U$ 且 U 中只有一个元素，将 A 从 U 中取出，比较顶点 A 与集合 $V-U$ 中顶点构成的代价最小的边，在 (A, B)、(A, D)、(A, E) 中，最小的边是 (A, B)。将顶点 B 加入到集合 U 中，边 (A, B) 加入到 TE 中，因此有 $U=\{A, B\}$，$V-U=\{C, D, E\}$，$TE=\{(A, B)\}$。然后在集合 U 与集合 $V-U$ 构成的所有边 (A, E)、(A, D)、(B, E)、(B, C) 中，(A, D) 为最小边，故将顶点 D 加入到集合 U 中，边 (A, D) 加入到 TE 中，因此有 $U=\{A, B, D\}$，$V-U=\{C, E\}$，$TE=\{(A, B, D)\}$。依

次类推,直到所有的顶点都加入到U中。

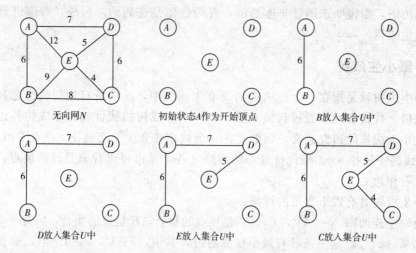

图 7-23 利用普里姆算法构造最小生成树的过程

在算法实现时,需要设置一个数组 $closeedge\,[MaxSize]$,用来保存 U 中顶点与 V-U 中顶点构成的代价最小的边。对于每个顶点 $v \in V-U$,在数组中存在一个分量 $closeedge\,[v]$,它包括两个域 adjvex 和 lowcost,其中,adjvex 域用来表示该边中属于 U 中的顶点,lowcost 域存储该边对应的权值。用公式描述如下:

$$closeedge\,[v].lowcost = \text{Min}\,(\{cost\,(u,v)\mid u \in U\})$$

根据普里姆算法构造最小生成树,其对应过程中各个参数的变化情况如表 7-1 所示。

表 7-1 普里姆算法各个参数的变化

$closeedge[i]$ \ i	0	1	2	3	4	U	V-U	k	(u_0,v_0)
adjvex		A	A	A	A	{A}	{B,C,D,E}	1	(A,B)
lowcost	0	6	∞	7	12				
adjvex			B	A	B	{A,B}	{C,D,E}	3	(A,D)
lowcost	0	0	∞	7	9				
adjvex			B		D	{A,B,D}	{C,E}	4	(D,E)
lowcost	0	0	∞	0	5				
adjvex			E			{A,B,D,E}	{C}	2	(E,C)
lowcost	0	0	4	0	0				
adjvex						{A,B,D,E,C}	{ }		
lowcost	0	0	0	0	0				

普里姆算法描述如下。

```
typedef struct                    /*记录从顶点集合U到V-U的代价最小的边的数组定义*/
{
    VertexType adjvex;
```

```
    VRType lowcost;
}closeedge[MaxSize];
void Prim(MGraph G,VertexType u)
/*利用普里姆算法求从第 u 个顶点出发构造网 G 的最小生成树 T*/
{
    int i,j,k;
    closeedge closedge;
    k = LocateVertex(G,u);          /*k 为顶点 u 对应的序号*/
    for(j = 0;j<G.vexnum;j + + )    /*数组初始化*/
    {
        strcpy(closedge[j].adjvex,u);
        closedge[j].lowcost = G.arc[k][j].adj;
    }
    closedge[k].lowcost = 0;        /*初始时集合 U 只包括顶点 u*/
    printf("最小代价生成树的各条边为:\n");
    for(i = 1;i<G.vexnum;i + + )    /*选择剩下的 G.vexnum - 1 个顶点*/
    {
        k = MiniNum(closedge,G);    /*k 为与 U 中顶点相邻接的下一个顶点的序号*/
        printf("(%s-%s)\n",closedge[k].adjvex,G.vex[k]);    /*输出生成树的边*/
        closedge[k].lowcost = 0;                             /*第 k 顶点并入 U 集*/
        for(j = 0;j<G.vexnum;j + + )
            if(G.arc[k][j].adj<closedge[j].lowcost) /*新顶点加入 U 集后重新将最小边存入到数组*/
            {
                strcpy(closedge[j].adjvex,G.vex[k]);
                closedge[j].lowcost = G.arc[k][j].adj;
            }
    }
}
```

普里姆算法中有两个嵌套的 for 循环,假设顶点的个数是 n,则第一层循环的频度为 $n-1$,第二层循环的频度为 n,因此该算法的时间复杂度为 $O(n^2)$。

【例 7-3】 利用邻接矩阵创建一个图 7-23 所示的无向网 N,然后利用普里姆算法求无向网的最小生成树。

分析: 主要考察普里姆算法生成网的最小生成树算法。数组 *closedge* 有两个域: adjvex 域和 lowcost 域。其中,adjvex 域用来存放依附于集合 U 的顶点,lowcost 域用来存放数组下标对应的顶点到顶点(adjvex 中的值)的最小权值。因此,查找无向网 N 中的最小权值的边就是在数组 lowcost 中找到最小值,输出生成树的边后,要将新的顶点对应的数组值赋值为 0,即将新顶点加入到集合 U。依次类推,直到所有的顶点都加入到集合 U 中。

数组 *closedge* 中的 adjvex 域和 lowcost 域变化情况如图 7-24 所示。

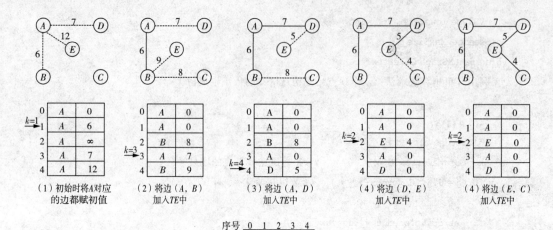

图 7-24 数组 closedge 值的变化情况

```
int MiniNum(closeedge edge,MGraph G)
/*将lowcost的最小值的序号返回*/
{
    int i = 0,j,k,min;
    while(! edge[i].lowcost)                    /*忽略数组中为0的值*/
        i++;
    min = edge[i].lowcost;                      /*min为第1个不为0的值*/
    k = i;
    for(j = i+1;j<G.vexnum;j++)
        if(edge[j].lowcost>0&&edge[j].lowcost<min)  /*将最小值对应的序号赋值给k*/
        {
            min = edge[j].lowcost;
            k = j;
        }
    return k;
}
void main()
{
    MGraph N;
    printf("创建一个无向网:\n");
    CreateGraph(&N);
    DisplayGraph(N);
    Prim(N,"A");
    DestroyGraph(&N);
}
void CreateGraph(MGraph * N)
/*采用邻接矩阵表示法创建无向网N*/
```

```c
{
    int i,j,k,w,InfoFlag;
    VertexType v1,v2;
    printf("请输入无向网 N 的顶点数,弧数:");
    scanf("%d,%d,%d",&(*N).vexnum,&(*N).arcnum,&InfoFlag);
    printf("请输入%d个顶点的值(<%d个字符):\n",N->vexnum,MaxSize);
    for(i=0;i<N->vexnum;i++)              /*创建一个数组,用于保存网的各个顶点*/
        scanf("%s",N->vex[i]);
    for(i=0;i<N->vexnum;i++)              /*初始化邻接矩阵*/
        for(j=0;j<N->vexnum;j++)
        {
            N->arc[i][j].adj=INFINITY;
            N->arc[i][j].info=NULL;        /*弧的信息初始化为空*/
        }
    printf("请输入%d条弧的弧尾 弧头 权值(以空格作为间隔):\n",N->arcnum);
    for(k=0;k<N->arcnum;k++)
    {
        scanf("%s%s%d",v1,v2,&w);          /*输入两个顶点和弧的权值*/
        i=LocateVertex(*N,v1);
        j=LocateVertex(*N,v2);
        N->arc[i][j].adj=N->arc[j][i].adj=w;
    }
    N->kind=UN;                             /*图的类型为无向网*/
}
```

程序运行结果如图 7-25 所示。

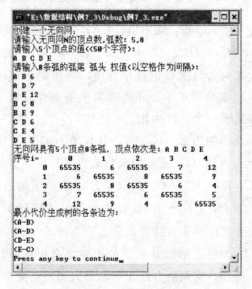

图 7-25 程序运行结果

2. 克鲁斯卡尔算法

克鲁斯卡尔算法的基本思想：假设 $N = \{V, E\}$ 是连通网，TE 是 N 的最小生成树中边的集合。执行以下操作。

(1) 初始时，最小生成树中只有 n 个顶点，这 n 个顶点分别属于不同的集合，而边的集合 $TE = \Phi$。

(2) 从连通网 N 中选择一个代价最小的边，如果此边所依附的两个顶点在不同的集合中，则将该边加入到最小生成树 TE 中，并将该边依附的两个顶点合并到同一个集合中；否则舍去此边而选择下一条代价最小的边。

(3) 重复执行步骤 (2)，直到所有的顶点都属于同一个顶点集合为止。

例如，图 7-26 就是利用克鲁斯卡尔算法构造最小生成树的过程。

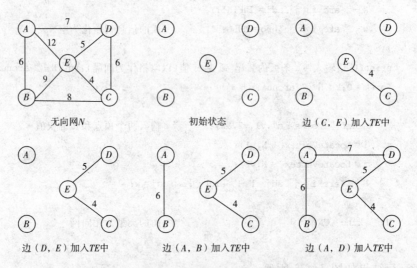

图 7-26 克鲁斯卡尔算法构造最小生成树的过程

初始时，边的集合 TE 为空集，顶点 A、B、C、D、E 分别属于不同的集合，假设 $U_1 = \{A\}$，$U_2 = \{B\}$，$U_3 = \{C\}$，$U_4 = \{D\}$，$U_5 = \{E\}$。图中含有 8 条边，将这 8 条边按照权值从小到大排列，依次取出最小的边，若依附于该边的两个顶点属于不同的集合，则将该边加入到集合 TE 中，并将这两个顶点合并为一个集合，重复执行类似操作直到所有顶点都属于一个集合为止。

这 8 条边中，权值最小的边是 (C, E)，其权值 $\text{cost}(C, E) = 4$，并且 $C \in U_3$，$E \in U_5$，$U_3 \neq U_5$，因此，将边 (C, E) 加入到集合 TE 中，并将两个顶点集合合并为一个集合，$TE = \{(C, E)\}$，$U_3 = U_5 = \{C, E\}$。在剩下的边的集合中，边 (D, E) 权值最小，其权值 $\text{cost}(D, E) = 5$，并且 $D \in U_4$，$E \in U_3$，$U_3 \neq U_4$，因此，将边 (D, E) 加入到边的集合 TE 中并合并顶点集合，有 $TE = \{(C, E), (D, E)\}$，$U_3 = U_5 = U_4 = \{C, E, D\}$。然后继续从剩下的边的集合中选择权值最小的边，依次加入到 TE 中，合并顶点集合，直到所有的顶点都加入到顶点集合。

克鲁斯卡尔算法描述如下。

```
void Kruskal(MGraph G)
/*克鲁斯卡尔算法求最小生成树*/
{
    int set[MaxSize],i,j;
    int a = 0,b = 0,min = G.arc[a][b].adj,k = 0;
    for(i = 0;i<G.vexnum;i++)                      /*初始时,各顶点分别属于不同的集合*/
        set[i] = i;
    printf("最小生成树的各条边为:\n");
    while(k<G.vexnum-1)                             /*查找所有最小权值的边*/
    {
        for(i = 0;i<G.vexnum;i++)                  /*在矩阵的上三角查找最小权值的边*/
            for(j = i+1;j<G.vexnum;j++)
                if(G.arc[i][j].adj<min)
                {
                    min = G.arc[i][j].adj;
                    a = i;
                    b = j;
                }
        min = G.arc[a][b].adj = INFINITY; /*删除上三角中最小权值的边,下次不再查找*/
        if(set[a]! = set[b])                        /*如果边的两个顶点在不同的集合*/
        {
            printf("%s-%s\n",G.vex[a],G.vex[b]);    /*输出最小权值的边*/
            k++;
            for(i = 0;i<G.vexnum;i++)
                if(set[i] = = set[b])               /*将顶点b所在集合并入顶点a集合中*/
                    set[i] = set[a];
        }
    }
}
```

7.5 有向无环图

有向无环图（Directed Acyclic Graph）是指一个无环的有向图，它是用来描述工程或系统进行过程的有效工具。在用有向无环图描述工程的过程中，将工程分为若干个活动，即子工程，这些子工程（活动）之间互相制约。例如，一些活动必须在另一些活动完成之后才能开始。整个工程涉及两个问题：一个是工程能否顺序进行，另一个是整个工程的最短完成时间。这其实就是有向图的两个应用：拓扑排序和关键路径。

7.5.1 AOV网与拓扑排序

由 AOV 网可以得到拓扑排序。在学习拓扑排序之前，先来介绍一下 AOV 网。

1. AOV 网

在每一个工程进行的过程中，可以将工程分为若干个子工程，这些子工程称为活动。如果用图中的顶点表示活动，以有向图的弧表示活动之间的优先关系，这样的有向图称为 AOV 网，即顶点表示活动的网。在 AOV 网中，如果从顶点 v_i 到顶点 v_j 之间存在一条路径，则顶点 v_i 是顶点 v_j 的前驱，顶点 v_j 为顶点 v_i 的后继。如果 $\langle v_i, v_j \rangle$ 是有向网的一条弧，则称顶点 v_i 是顶点 v_j 的直接前驱，顶点 v_j 是顶点 v_i 的直接后继。

活动中的制约关系可以通过 AOV 网中的弧表示。例如，计算机科学与技术专业的学生必须修完一系列专业基础课程和专业课程才能毕业，学习这些课程的过程可以被看成是一项工程，每一门课程可以被看成是一个活动。计算机科学与技术专业的基本课程及先修课程的关系如表 7-2 所示。

表 7-2 计算机科学与技术专业课程关系表

课程编号	课程名称	先修课程编号
C_1	程序设计语言	无
C_2	汇编语言	C_1
C_3	离散数学	C_1
C_4	数据结构	C_1，C_3
C_5	编译原理	C_2，C_4
C_6	高等数学	无
C_7	大学物理	C_6
C_8	数字电路	C_7
C_9	计算机组成结构	C_8
C_{10}	操作系统	C_9，C_4

在这些课程中，《高等数学》是基础课，它独立于其他课程。在修完了《程序设计语言》和《离散数学》后才能学习《数据结构》。这些课程构成的有向无环图如图 7-27 所示。在 AOV 网中，不允许出现环，如果出现环就表示某个活动是自己的先决条件。因此，需要判断 AOV 网是否存在环，可以利用有向图的拓扑排序进行判断。

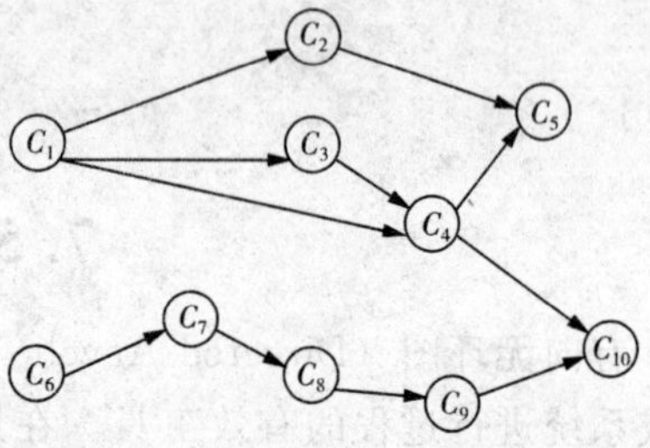

图 7-27 表示课程之间优先关系的有向无环图

2. 拓扑排序

拓扑排序就是将 AOV 网中的所有顶点排列成一个线性序列，并且序列满足以下条件：在 AOV 网中，如果从顶点 v_i 到 v_j 存在一条路径，则在该线性序列中，顶点 v_i 一定出现在顶点 v_j 之前。因此，拓扑排序的过程就是将 AOV 网排成线性序列的操作。AOV 网表示一个工程图，而拓扑排序则是将 AOV 网中的各个活动组成一个可行的实施方案。

对 AOV 网进行拓扑排序的方法如下：

(1) 在 AOV 网中任意选择一个没有前驱的顶点（顶点入度为零），将该顶点输出；
(2) 从 AOV 网中删除该顶点和从该顶点出发的弧；
(3) 重复执行步骤 (1) 和 (2)，直到 AOV 网中所有顶点都已经被输出，或者 AOV 网中不存在无前驱的顶点为止。

按照以上步骤，图 7-27 的 AOV 网的拓扑序列为：

$$\{C_1, C_2, C_3, C_4, C_5, C_6, C_7, C_8, C_9, C_{10}\}$$

或

$$\{C_6, C_7, C_8, C_9, C_1, C_2, C_3, C_4, C_5, C_{10}\}$$

图 7-28 是 AOV 网的拓扑序列的构造过程。其拓扑序列为：V_1、V_2、V_3、V_5、V_4、V_6。

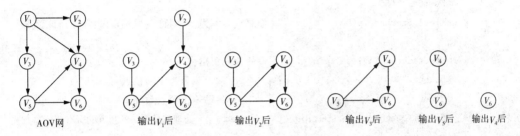

图 7-28 AOV 网构造拓扑序列的过程

在对 AOV 网进行拓扑排序后，可能会出现两种情况：一种是 AOV 网中的顶点全部输出，表示网中不存在回路；另一种是 AOV 网中还存在没有输出的顶点，未输出顶点的入度都不为零，表示网中存在回路。

采用邻接表存储结构的 AOV 网的拓扑排序的算法实现：遍历邻接表，将各个顶点的入度保存在数组 *indegree* 中。将入度为零的顶点入栈，依次将栈顶元素出栈并输出该顶点，将该顶点的邻接顶点的入度减 1，如果邻接顶点的入度为零，则入栈；否则，将下一个邻接顶点的入度减 1 并进行相同的处理。然后继续将栈中元素出栈，重复执行以上操作，直到栈空为止。

AOV 网的拓扑排序算法如下。

```
int TopologicalSort(AdjGraph G)
/*有向图G的拓扑排序。如果图G没有回路,则输出G的一个拓扑序列并返回1,否则返回0*/
{
    int i,k,count = 0;
    int indegree[MaxSize];          /*存放各顶点当前入度*/
    SeqStack S;
    ArcNode * p;
    for(i = 0;i<G.vexnum;i + + )    /*将图中各顶点的入度保存在数组 indegree 中*/
        indegree[i] = 0;            /*将数组 indegree 赋初值*/
    for(i = 0;i<G.vexnum;i + + )
    {
        p = G.vertex[i].firstarc;
```

```
        while(p! = NULL)
        {
            k = p->adjvex;
            indegree[k]++;
            p = p->nextarc;
        }
    }
    /*对图 G 进行拓扑排序*/
    InitStack(&S);                          /*初始化栈 S*/
    for(i = 0;i<G.vexnum;i++)               /*将所有入度为零的顶点入栈*/
      if(! indegree[i])
        PushStack(&S,i);
    while(! StackEmpty(S))                  /*如果栈 S 不为空,则将栈顶元素出栈,输出该顶点*/
    {
        PopStack(&S,&i);                    /*将栈顶元素出栈*/
        printf("%s ",G.vertex[i].data);     /*输出编号为 i 的顶点*/
        count++;                            /*将已输出顶点数加 1*/
        for(p=G.vertex[i].firstarc;p;p=p->nextarc) /*处理编号为 i 的顶点的所有邻接顶点*/
        {
            k = p->data.adjvex;
            if(! (--indegree[k])) /*如果编号为 i 的邻接顶点的入度减 1 后变为 0,则将其入栈*/
                PushStack(&S,k);
        }
    }
    if(count<G.vexnum)  /*图 G 中还有未输出的顶点,则存在回路,否则可以构成一个拓扑序列*/
    {
        printf("该有向图有回路\n");
        return 0;
    }
    else
    {
        printf("该图可以构成一个拓扑序列。\n");
        return 1;
    }
}
```

在拓扑排序的实现过程中,入度为零的顶点入栈的时间复杂度为 $O(n)$,有向图的顶点进栈、出栈操作及 while 循环语句的执行次数是 e 次,因此,拓扑排序的时间复杂度为 $O(n+e)$。

7.5.2 AOE 网与关键路径

AOE 网是以边表示活动的有向无环网。AOE 网在工程计划和工程管理中非常有用,在 AOE 网中,具有最长路径长度的路径称为关键路径,关键路径表示完成工程所需的最短工期。

1. AOE 网

AOE 网是一个带权的有向无环图。其中,顶点表示事件,弧表示活动,权值表示两个活动持续的时间。AOE 网是以边表示活动的网(Activity On Edge Network)。

AOV 网描述了活动之间的优先关系,可以认为是一个定性的研究,但是有时候还需要定量地研究工程的进度,如整个工程的最短完成时间、各个子工程影响整个工程的程度、每个子工程的最短完成时间和最长完成时间。在 AOE 网中,通过研究事件与活动之间的关系,从而可以确定整个工程的最短完成时间,明确活动之间的相互影响,确保整个工程的顺利进行。

在用 AOE 网表示一个工程计划时,用顶点表示各个事件,弧表示子工程的活动,权值表示子工程的活动需要的时间。在顶点表示事件发生之后,从该顶点出发的有向弧所表示的活动才能开始。在进入某个顶点的有向弧所表示的活动完成之后,该顶点表示的事件才能发生。

图 7-29 是一个具有 10 个活动、8 个事件的 AOE 网。V_1,V_2,…,V_8 表示 8 个事件,$\langle V_1,V_2\rangle$,$\langle V_1,V_3\rangle$,…,$\langle V_7,V_8\rangle$ 表示 10 个活动,a_1,a_2,…,a_{10} 表示活动的执行时间。进入顶点的有向弧表示活动已经完成,从顶点出发的有向弧表示活动可以开始。顶点 V_1 表示整个工程的开始,V_8 表示整个工程的结束。顶点 V_5 表示活动 a_4、a_5 已经完成,活动 a_7 和 a_8 可以开始。其中,完成活动 a_5 和活动 a_4 分别需要 5 天和 7 天。

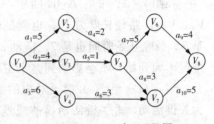

图 7-29 一个 AOE 网

对于一个工程来说,只有一个开始状态和一个结束状态,因此,在 AOE 网中,只有一个入度为零的点表示工程的开始(称为源点)和一个出度为零的点表示工程的结束(称为汇点)。

2. 关键路径

关键路径是指在 AOE 网中从源点到汇点的路径中最长的路径。这里的路径长度是指路径上各个活动持续时间之和。在 AOE 网中,有些活动是可以并行执行的,关键路径其实就是完成工程的最短时间内所经过的路径。关键路径上的活动称为关键活动。

下面是与关键路径有关的几个概念。

(1) 事件 v_i 的最早发生时间:从源点到顶点 v_i 的最长路径长度,称为事件 v_i 的最早发生时间,记作 $ve(i)$。求解 $ve(i)$ 可以从源点 $ve(0)=0$ 开始,按照拓扑排序规则递推得到:

$$ve(i)=\text{Max}\{ve(k)+dut(\langle k,i\rangle)|\langle k,i\rangle\in T,1\leqslant i\leqslant n-1\}$$

其中,T 是所有以第 i 个顶点为弧头的弧的集合,$dut(\langle k,i\rangle)$ 表示弧 $\langle k,i\rangle$ 对应活动持续的时间。

(2) 事件 v_i 的最晚发生时间：在保证整个工程完成的前提下，活动最迟必须开始的时间，记作 $vl(i)$。在求解事件 v_i 的最早发生时间 $ve(i)$ 的前提 $vl(n-1)=ve(n-1)$ 下，从汇点开始，向源点推进得到 $vl(i)$：

$$vl(i) = \text{Min}\{vl(k) - dut(\langle i,k \rangle) | \langle i,k \rangle \in S, 0 \leqslant i \leqslant n-2\}$$

其中，S 是所有以第 i 个顶点为弧尾的弧的集合，$dut(\langle i,k \rangle)$ 表示弧 $\langle i,k \rangle$ 对应活动持续的时间。

(3) 活动 a_i 的最早开始时间 $e(i)$：如果弧 $\langle v_i, v_j \rangle$ 表示活动 a_i，当事件 v_k 发生之后，活动 a_i 才开始。因此，事件 v_k 的最早发生时间也就是活动 a_i 的最早开始时间，即 $e(i) = ve(k)$。

(4) 活动 a_i 的最晚开始时间 $l(i)$：在不推迟整个工程完成的前提下，活动 a_i 最迟必须开始的时间。如果弧 $\langle v_i, v_j \rangle$ 表示活动 a_i，持续时间为 $dut(\langle k,j \rangle)$，则活动 a_i 的最晚开始时间 $l(i) = vl(j) - dut(\langle k,j \rangle)$。

(5) 活动 a_i 的松弛时间：活动 a_i 的最晚开始时间与最早开始时间之差就是活动 a_i 的松弛时间，记作 $l(i) - e(i)$。

在图 7-29 中的 AOE 网中，从源点 V_1 到汇点 V_8 的关键路径是 (V_1, V_2, V_5, V_6, V_8)，路径长度为 16，也就是说 V_8 的最早发生时间为 16。活动 a_7 的最早开始时间是 7，最晚开始时间也是 7。活动 a_8 的最早开始时间是 7，最晚开始时间是 8，如果 a_8 推迟 1 天开始，不会影响到整个工程的进度。

当 $e(i) = l(i)$ 时，对应的活动 a_i 称为关键活动。在关键路径上的所有活动都称为关键活动，非关键活动提前或推迟完成并不会影响到整个工程的进度。例如，活动 a_8 是非关键活动，a_7 是关键活动。

求 AOE 网的关键路径的算法如下：

(1) 对 AOE 网中的顶点进行拓扑排序，如果得到的拓扑序列顶点个数小于网中顶点数，则说明网中有环存在，不能求关键路径，终止算法。否则，从源点 v_0 开始，求出各个顶点的最早发生时间 $ve(i)$。

(2) 从汇点 v_n 出发，$vl(n-1) = ve(n-1)$，按照逆拓扑序列求其他顶点的最晚发生时间 $vl(i)$。

(3) 由各顶点的最早发生时间 $ve(i)$ 和最晚发生时间 $vl(i)$，求出每个活动 a_i 的最早开始时间 $e(i)$ 和最晚开始时间 $l(i)$。

(4) 找出所有满足条件 $e(i) = l(i)$ 的活动 a_i，a_i 即关键活动。

利用求 AOE 网的关键路径的算法，图 7-29 中的网中顶点对应事件的最早发生时间 ve、最晚发生时间 vl 及弧对应活动的最早发生时间 e、最晚发生时间 l 如图 7-30 所示。显然，网的关键路径是 (V_1, V_2, V_5, V_6, V_8)，关键活动是 a_1、a_4、a_7 和 a_9。

关键路径经过的顶点要满足条件 $ve(i) = vl(i)$，即当事件的最早发生时间与最晚发生时间相等时，该顶点一定在关键路径之上。同样，关键活动者的弧要满足条件 $e(i) = l(i)$，即当活动的最早开始时间与最晚开始时间相等时，该活动一定是关键活动。因此，求关键路径，首先需要求出网中每个顶点对应事件的最早开始时间，然后再推出事件的最晚开始时间和活动的最早、最晚开始时间,最后再判断顶点是否在关键路径之上,得到网的关键路径。

顶点	ve	vl	活动	e	l	l-e
V_1	0	0	a_1	0	0	0
V_2	5	5	a_2	0	2	2
V_3	4	6	a_3	0	2	2
V_4	6	8	a_4	5	5	0
V_5	7	7	a_5	4	6	2
V_6	12	12	a_6	6	8	2
V_7	10	11	a_7	7	7	0
V_8	16	16	a_8	7	8	1
V_9			a_9	12	12	0
V_{10}			a_{10}	10	11	1

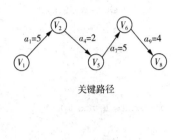

关键路径

图 7-30 图 7-29 所示 AOE 网顶点的发生时间与活动的开始时间

要得到每一个顶点的最早开始时间,首先要将网中的顶点进行拓扑排序。在对顶点进行拓扑排序时,同时计算顶点的最早发生时间 $ve(i)$。从源点开始,由与源点相关联的弧的权值,可以得到该弧相关联顶点对应事件的最早发生时间。同时定义一个栈 T,保存顶点的逆拓扑序列。拓扑排序和求 $ve(i)$ 的算法实现如下。

```
int TopologicalOrder(AdjGraph N,SeqStack * T)
/* 采用邻接表存储结构的有向网 N 的拓扑排序,并求各顶点对应事件的最早发生时间 ve */
/* 如果 N 无回路,则用栈 T 返回 N 的一个拓扑序列,并返回 1,否则为 0 */
{
    int i,k,count = 0;
    int indegree[MaxSize];              /* 数组 indegree 存储各顶点的入度 */
    SeqStack S;
    ArcNode * p;
    FindInDegree(N,indegree);           /* 将图中各顶点的入度保存在数组 indegree 中 */
    InitStack(&S);                      /* 初始栈 S */
    for(i = 0;i<N.vexnum;i + + )
        if(! indegree[i])               /* 将入度为零的顶点入栈 */
            PushStack(&S,i);
    InitStack(T);                       /* 初始化拓扑序列顶点栈 */
    for(i = 0;i<N.vexnum;i + + )        /* 初始化 ve */
        ve[i] = 0;
    while(! StackEmpty(S))              /* 如果栈 S 不为空 */
    {
        PopStack(&S,&i);                /* 从栈 S 将已拓扑排序的顶点 i 弹出 */
        printf(" % s ",N.vertex[i].data);
        PushStack(T,i);                 /* i 号顶点入逆拓扑排序栈 T */
```

```
      count++;                              /*对入栈 T 的顶点计数*/
      for(p=N.vertex[i].firstarc;p;p=p->nextarc)   /*处理序号为 i 的顶点的每个邻接点*/
      {
        k=p->adjvex;                        /*顶点序号为 k*/
        if(--indegree[k]==0)                /*如果 k 的入度减 1 后变为 0,则将 k 入栈 S*/
          PushStack(&S,k);
        if(ve[i]+*(p->info)>ve[k])          /*计算顶点 k 对应的事件的最早发生时间*/
          ve[k]=ve[i]+*(p->info);
      }
    }
    if(count<N.vexnum)
    {
      printf("该有向网有回路\n");
      return 0;
    }
    else
      return 1;
}
```

在上面的算法中,语句 if(ve[i]+×(p->info)>ve[k]) ve[k]=ve[i]+×(p->info) 就是求顶点 k 的对应事件的最早发生时间,其中域 info 保存的是对应弧的权值,在这里将图的邻接表类型做了简单的修改。

在求出事件的最早发生时间之后,按照逆拓扑序列就可以推出事件的最晚发生时间、活动的最早开始时间和最晚开始时间。在求出所有的参数之后,如果 $ve(i)=vl(i)$,输出关键路径经过的顶点。如果 $e(i)=l(i)$,将与对应弧关联的两个顶点存入数组 e,用来输出关键活动。

关键路径算法实现如下。

```
int CriticalPath(AdjGraph N)
/*输出 N 的关键路径*/
{
  int vl[MaxSize];                /*事件最晚发生时间*/
  SeqStack T;
  int i,j,k,e,l,dut,value,count,e1[MaxSize],e2[MaxSize];
  ArcNode *p;
  if(!TopologicalOrder(N,&T))     /*如果有环存在,则返回 0*/
    return 0;
  value=ve[0];
  for(i=1;i<N.vexnum;i++)
    if(ve[i]>value)
      value=ve[i];                /*value 为事件的最早发生时间的最大值*/
  for(i=0;i<N.vexnum;i++)         /*将顶点事件的最晚发生时间初始化*/
```

```
      vl[i] = value;
   while(! StackEmpty(T))              /*按逆拓扑排序求各顶点的 vl 值*/
      for(PopStack(&T,&j),p = N.vertex[j].firstarc;p;p = p->nextarc)
      {
         k = p->adjvex;                /*弹出栈 T 的元素,赋给 j,p 指向 j 的后继事件 k*/
         dut = *(p->info);             /*dut 为弧⟨j,k⟩的权值*/
         if(vl[k] - dut<vl[j])         /*计算事件 j 的最迟发生时间*/
            vl[j] = vl[k] - dut;
      }
   printf("\n事件的最早发生时间和最晚发生时间\n i  ve[i]  vl[i]\n");
   for(i = 0;i<N.vexnum;i++)           /*输出顶点对应的事件的最早发生时间最晚发生时间*/
      printf("%d %d %d\n",i,ve[i],vl[i]);
   printf("关键路径为:(");
   for(i = 0;i<N.vexnum;i++)           /*输出关键路径经过的顶点*/
      if(ve[i] == vl[i])
         printf("%s ",N.vertex[i].data);
   printf(")\n");
   count = 0;
   printf("活动最早开始时间和最晚开始时间\n 弧  e  l  l-e\n");
   for(j = 0;j<N.vexnum;j++)           /*求活动的最早开始时间 e 和最晚开始时间 l*/
      for(p = N.vertex[j].firstarc;p;p = p->nextarc)
      {
         k = p->adjvex;
         dut = *(p->info);             /*dut 为弧⟨j,k⟩的权值*/
         e = ve[j];                    /*e 就是活动⟨j,k⟩的最早开始时间*/
         l = vl[k] - dut;              /*l 就是活动⟨j,k⟩的最晚开始时间*/
         printf("%s→%s %3d %3d %3d\n",N.vertex[j].data,N.vertex[k].data,e,l,l-e);
         if(e == l)                    /*将关键活动保存在数组中*/
         {
            e1[count] = j;
            e2[count] = k;
            count++;
         }
      }
   printf("关键活动为:");
   for(k = 0;k<count;k++)              /*输出关键路径*/
   {
      i = e1[k];
      j = e2[k];
      printf("(%s→%s)",N.vertex[i].data,N.vertex[j].data);
   }
   printf("\n");
```

```
        return 1;
}
```

在以上两个算法中,其求解事件的最早发生和最晚发生的时间复杂度为 $O(n+e)$。如果网中存在多个关键路径,则需要同时改进所有的关键路径才能提高整个工程的进度。

7.6 最短路径

在日常生活中,经常会遇到求两个地点之间的最短路径的问题,如在交通网络中城市 A 与城市 B 的最短路径。可以将每个城市作为图的顶点,两个城市的线路作为图的弧或者边,城市之间的距离作为权值,这样就把一个实际的问题转化为求图的顶点之间的最短路径问题。

7.6.1 从某个顶点到其余各顶点的最短路径

1. 从某个顶点到其他顶点的最短路径算法思想

带权有向图 G_7 及从 V_0 出发到其他各个顶点的最短路径如图 7-31 所示。

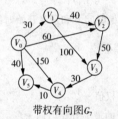

始点	终点	最短路径	路径长度
V_0	V_1	(V_0, V_1)	30
V_0	V_2	(V_0, V_2)	60
V_0	V_3	(V_0, V_2, V_3)	110
V_0	V_4	(V_0, V_2, V_3, V_4)	140
V_0	V_5	(V_0, V_5)	40

带权有向图 G_7

图 7-31 图 G_7 从顶点 V_0 到其他各个顶点的最短路径

从图 7-31 中可以看出,从顶点 V_0 到顶点 V_2 有两条路径:(V_0, V_1, V_2) 和 (V_0, V_2)。其中,前者的路径长度为 70,后者的路径长度为 60。因此,(V_0, V_2) 是从顶点 V_0 到顶点 V_2 的最短路径。从顶点 V_0 到顶点 V_3 有 3 条路径:(V_0, V_1, V_2, V_3)、(V_0, V_2, V_3) 和 (V_0, V_1, V_3)。其中,第一条路径长度为 120,第二条路径长度为 110,第三条路径长度为 130。因此,(V_0, V_2, V_3) 是从顶点 V_0 到顶点 V_3 的最短路径。

下面介绍由迪杰斯特拉提出的求最短路径的算法。它的基本思想是根据路径长度递增求解从顶点 v_0 到其他各顶点的最短路径。

设有一个带权有向图 $D=(V, E)$,定义一个数组 $dist$,数组中的每个元素 $dist[i]$ 表示顶点 v_0 到顶点 v_i 的最短路径长度。则长度为

$$dist[j] = \text{Min}\{dist[i] | v_i \in V\}$$

的路径表示从顶点 v_0 出发到顶点 v_j 的最短路径。也就是说,在所有的顶点 v_0 到顶点 v_j 的路径中,$dist[j]$ 是最短的一条路径。而数组 $dist$ 的初始状态是:如果从顶点 v_0 到顶点 v_i 存在弧,则 $dist[i]$ 是弧 $\langle v_0, v_j \rangle$ 的权值;否则,$dist[j]$ 的值为 ∞。

假设 S 为求出的最短路径对应终点的集合。在按递增次序求出从顶点 v_0 出发到顶点 v_j 的最短路径之后,那么下一条最短路径,即从顶点 v_0 到顶点 v_k 的最短路径或者是弧 $\langle v_0, v_k \rangle$,或者是经过集合 S 中某个顶点然后到达顶点 v_k 的路径。从顶点 v_0 出发到顶点 v_k 的最短路径长度或者是弧 $\langle v_0, v_k \rangle$ 的权值,或者是 $dist[j]$ 与 v_j 到 v_k 的权值之和。

求最短路径长度满足:终点为 v_x 的最短路径或者是弧 $\langle v_0, v_x \rangle$,或者是中间经过集合 S 中某个顶点然后到达顶点 v_x 所经过的路径。下面用反证法证明此结论。假设该最短路径有一个顶点 $v_z \notin S$,则最短路径为 $(v_0, \cdots, v_z, \cdots, v_x)$。但是,这种情况是不可能出现的。因为最短路径是按照路径长度的递增顺序产生的,所以长度更短的路径已经出现,其终点一定在集合 S 中。因此假设不成立,结论得证。

例如,从图 7-31 可以看出,(V_0, V_2) 是从 V_0 到 V_2 的最短路径,(V_0, V_2, V_3) 是从 V_0 到 V_3 的最短路径,经过了顶点 V_2;(V_0, V_2, V_3, V_4) 是从 V_0 到 V_4 的最短路径,经过了顶点 V_3。

在一般情况下,下一条最短路径的长度一定是

$$dist[j] = \text{Min}\{dist[i] | v_i \in V - S\}$$

其中,$dist[i]$ 或者是弧 $\langle v_0, v_i \rangle$ 的权值,或者是 $dist[k]$ ($v_k \in S$) 与弧 $\langle v_k, v_i \rangle$ 的权值之和。$V-S$ 表示还没有求出的最短路径的终点集合。

迪杰斯特拉算法求解最短路径步骤如下(假设有向图用邻接矩阵存储):

(1) 初始时,S 只包括源点 v_0,即 $S = \{v_0\}$,$V-S$ 包括除 v_0 以外的图中的其他顶点。v_0 到其他顶点的路径初始化为 $dist[i] = G.arc[0][i].adj$。

(2) 选择距离顶点 v_i 最短的顶点 v_j,使得 $dist[j] = \text{Min}\{dist[i] | v_i \in V - S\}$。$dist[j]$ 表示从 v_0 到 v_j 最短路径长度,v_j 表示对应的终点。

(3) 修改从 v_0 到到顶点 v_i 的最短路径长度,其中 $v_i \in S$。如果有 $dist[k]+G.arc[k][i]<dist[i]$,则修改 $dist[i]$,使得 $dist[i]=dist[k]+G.arc[k][i].adj$。

(4) 重复执行步骤 (2) 和 (3),直到求出从 v_0 到其他所有顶点的最短路径长度为止。

2. 从某个顶点到其他顶点的最短路径算法实现

求解最短路径的迪杰斯特拉算法描述如下。

```
typedef int PathMatrix[MaxSize][MaxSize];       /*定义一个保存最短路径的二维数组*/
typedef int ShortPathLength[MaxSize];  /*定义一个保存从顶点v0到顶点v的最短距离的数组*/
void Dijkstra (MGraph N,int v0, PathMatrix path,ShortPathLength dist)
/*用Dijkstra算法求有向网N的v0顶点到其余各顶点v的最短路径path[v]和最短路径长度dist[v]*/
/*final[v]为1表示v∈S,即已经求出从v0到v的最短路径*/
{
    int v,w,i,k,min;
    int final[MaxSize];       /*记录v0到该顶点的最短路径是否已求出*/
    for(v = 0;v<N.vexnum;v + + )/*数组dist存储v0到v的最短距离,初始化为v0到v的弧的距离*/
    {
        final[v] = 0;
```

```
            dist[v] = N.arc[v0][v].adj;
            for(w = 0;w<N.vexnum;w++)
               path[v][w] = 0;
            if(dist[v]<INFINITY)          /*如果从 v0 到 v 有直接路径,则初始化路径数组*/
            {
               path[v][v0] = 1;
               path[v][v] = 1;
            }
         }
         dist[v0] = 0;                    /*v0 到 v0 的路径为 0*/
         final[v0] = 1;                   /*v0 顶点并入集合 S*/
         for(i = 1;i<N.vexnum;i++)        /*从 v0 到其余 N.vexnum-1 个顶点的最短路径,并将该顶点
                                            并入集合 S*/
         {
            min = INFINITY;
            for(w = 0;w<N.vexnum;w++)
              if(!final[w]&&dist[w]<min)  /*在不属于集合 S 的顶点中找到离 v0 最近的顶点*/
              {
                 v = w;                   /*将其离 v0 最近的顶点 w 赋给 v,其距离赋给 min*/
                 min = dist[w];
              }
            final[v] = 1;                 /*将 v 并入集合 S*/
            for(w = 0;w<N.vexnum;w++)
            /*利用新并入集合 S 的顶点,更新 v0 到不属于集合 S 的顶点的最短路径长度和最短路径数组*/
              if(!final[w]&&min<INFINITY&&N.arc[v][w].adj<INFINITY&&(min+N.arc[v][w].adj<dist[w]))
              {
                 dist[w] = min + N.arc[v][w].adj;
                 for(k = 0;k<N.vexnum;k++)
                    path[w][k] = path[v][k];
                 path[w][w] = 1;
              }
         }
      }
```

其中,二维数组 $path[v][w]$ 如果为 1,则表示从顶点 v_0 到顶点 v 的最短路径经过顶点 w。一维数组 $dist[v]$ 表示当前求出的从顶点 v_0 到顶点 v 的最短路径长度。先利用 v_0 到其他顶点的弧的对应的权值将数组 $path$ 和 $dist$ 初始化,然后找出从 v_0 到顶点 v(不属于集合 S)的最短路径,并将 v 并入集合 S,最短路径长度赋给 $\min$。接着利用新并入的顶点 v,更新 v_0 到其他顶点(不属于集合 S)的最短路径长度和最短路径数组。重复执行以上步骤,直到求出从 v_0 到其他所有顶点的最短路径为止。

该算法的时间主要耗费在 3 个 for 循环语句上,第一个 for 循环共执行 n 次,第二个 for 循环共执行 $n-1$ 次,第三个 for 循环执行 n 次,则该算法总的时间复杂度是 $O(n^2)$。

利用以上迪杰斯特拉算法求最短路径的思想，图 7-31 所示图 G_7 的带权邻接矩阵和从顶点 v_0 到其他顶点的最短路径求解过程如图 7-32 所示。

$$G_7 = \begin{bmatrix} \infty & 30 & 60 & \infty & 150 & 40 \\ \infty & \infty & 40 & 100 & \infty & \infty \\ \infty & \infty & \infty & 52 & \infty & \infty \\ \infty & \infty & \infty & \infty & 30 & \infty \\ \infty & \infty & \infty & \infty & \infty & 10 \\ \infty & \infty & \infty & \infty & \infty & \infty \end{bmatrix}$$

终点	路径长度和路径数组	从顶点 V_0 到其他各顶点的最短路径的求解过程				
		$i=1$	$i=2$	$i=3$	$i=4$	$i=5$
V_1	dist path	30 (V_0,V_1)				
V_2	dist path	60 (V_0,V_2)	60 (V_0,V_2)	60 (V_0,V_2)		
V_3	dist path	∞	130 (V_0,V_1,V_3)	130 (V_0,V_1,V_3)	110 (V_0,V_2,V_3)	
V_4	dist path	150 (V_0,V_4)	150 (V_0,V_4)	150 (V_0,V_4)	150 (V_0,V_4)	140 (V_0,V_2,V_3,V_4)
V_5	dist path	40 (V_0,V_5)	40 (V_0,V_5)			
最终路径终点		V_1	V_5	V_2	V_3	V_4
集合 S		$\{V_0,V_1\}$	$\{V_0,V_1,V_5\}$	$\{V_0,V_1,V_5,V_2\}$	$\{V_0,V_1,V_5,V_2,V_3\}$	$\{V_0,V_1,V_5,V_2,V_3,V_4\}$

图 7-32 带权图 G_7 的从顶点 V_0 到其他各顶点的最短路径求解过程

下面通过一个具体例子来说明迪杰斯特拉算法的应用。

【**例 7-4**】 建立一个如图 7-31 所示的有向网 N，输出有向网 N 中从 V_0 出发到其他各顶点的最短路径及从 V_0 到各个顶点的最短路径长度。

```
#include<stdio.h>
#include<string.h>
#include<malloc.h>
#include<stdlib.h>
typedef char VertexType[4];
typedef char InfoPtr;
typedef int VRType;
#define INFINITY 65535          /*定义一个无限大的值*/
#define MaxSize 100             /*最大顶点个数*/
typedef int PathMatrix[MaxSize][MaxSize];   /*定义一个保存最短路径的二维数组*/
```

```c
typedef int ShortPathLength[MaxSize];  /*定义一个保存从顶点v0到顶点v的最短距离的数组*/
typedef enum{DG,DN,UG,UN}GraphKind;    /*图的类型:有向图、有向网、无向图和无向网*/
typedef struct
{
    VRType adj;           /*对于无权图,用1表示相邻,0表示不相邻;对于带权图,存储权值*/
    InfoPtr * info;       /*与弧或边的相关信息*/
}ArcNode,AdjMatrix[MaxSize][MaxSize];
typedef struct            /*图的类型定义*/
{
    VertexType vex[MaxSize];  /*用于存储顶点*/
    AdjMatrix arc;            /*邻接矩阵,存储边或弧的信息*/
    int vexnum,arcnum;        /*顶点数和边(弧)的数目*/
    GraphKind kind;           /*图的类型*/
}MGraph;
typedef struct            /*添加一个存储网的行、列和权值的类型定义*/
{
    int row;
    int col;
    int weight;
}GNode;
void CreateGraph(MGraph * N,GNode * value,int vnum,int arcnum,VertexType * ch);
void DisplayGraph(MGraph N);
void Dijkstra(MGraph N,int v0,PathMatrix path,ShortPathLength dist);


void Dijkstra(MGraph N,int v0,PathMatrix path,ShortPathLength dist)
/*用Dijkstra算法求有向网N的v0顶点到其余各顶点v的最短路径P[v]及带权长度D[v]*/
/*final[v]为1表示v∈S,即已经求出从v0到v的最短路径*/
{
    int v,w,i,k,min;
    int final[MaxSize];   /*记录v0到该顶点的最短路径是否已求出*/
    for(v=0;v<N.vexnum;v++)/*数组dist存储v0到v的最短距离,初始化为v0到v的弧的距离*/
    {
        final[v]=0;
        dist[v]=N.arc[v0][v].adj;
        for(w=0;w<N.vexnum;w++)
            path[v][w]=0;
        if(dist[v]<INFINITY)  /*如果从v0到v有直接路径,则初始化路径数组*/
        {
            path[v][v0]=1;
            path[v][v]=1;
        }
    }
```

```c
    dist[v0] = 0;                    /* v0 到 v0 的路径为 0 */
    final[v0] = 1;                   /* v0 顶点并入集合 S */
    for(i = 1;i<N.vexnum;i++)        /* 从 v0 到其余 N.vexnum-1 个顶点的最短路径,并将该顶
                                        点并入集合 S */
    {
        min = INFINITY;
        for(w = 0;w<N.vexnum;w++)
            if(!final[w]&&dist[w]<min)   /* 在不属于集合 S 的顶点中找到离 v0 最近的顶点 */
            {
                v = w;                   /* 将其离 v0 最近的顶点 w 赋给 v,其距离赋给 min */
                min = dist[w];
            }
        final[v] = 1;                    /* 将 v 并入集合 S */
        for(w = 0;w<N.vexnum;w++)        /* 利用新并入集合 S 的顶点,更新 v0 到不属于集合 S
                                            的顶点的最短路径长度和最短路径数组 */
            if(!final[w]&&min<INFINITY&&N.arc[v][w].adj<INFINITY&&(min+N.arc[v][w].adj<dist[w]))
            {
                dist[w] = min + N.arc[v][w].adj;
                for(k = 0;k<N.vexnum;k++)
                    path[w][k] = path[v][k];
                path[w][w] = 1;
            }
    }
}

void main()
{
    int i,vnum = 6,arcnum = 9;
    MGraph N;
    GNode value[] = {{0,1,30},{0,2,60},{0,4,150},{0,5,40},
                     {1,2,40},{1,3,100},{2,3,50},{3,4,30},{4,5,10}};
    VertexType ch[] = {"v0","v1","v2","v3","v4","v5"};
    PathMatrix path;                         /* 用二维数组存放最短路径所经过的顶点 */
    ShortPathLength disc;                    /* 用一维数组存放最短路径长度 */
    CreateGraph(&N,value,vnum,arcnum,ch);    /* 创建有向网 N */
    DisplayGraph(N);                         /* 输出有向网 N */
    Dijkstra(N,0,path,disc);
    printf("%s 到各顶点的最短路径长度为:\n",N.vex[0]);
    for(i = 0;i<N.vexnum;++i)
        if(i!=0)
            printf("%s-%s:%d\n",N.vex[0],N.vex[i],disc[i]);
}
```

```c
void CreateGraph(MGraph *N,GNode *value,int vnum,int arcnum,VertexType *ch)
/*采用邻接矩阵表示法创建有向网N*/
{
    int i,j,k;
    N->vexnum = vnum;
    N->arcnum = arcnum;
    for(i = 0;i<vnum;i++)
        strcpy(N->vex[i],ch[i]);
    for(i = 0;i<N->vexnum;i++)        /*初始化邻接矩阵*/
        for(j = 0;j<N->vexnum;j++)
        {
            N->arc[i][j].adj = INFINITY;
            N->arc[i][j].info = NULL;    /*弧的信息初始化为空*/
        }
    for(k = 0;k<arcnum;k++)
    {
        i = value[k].row;
        j = value[k].col;
        N->arc[i][j].adj = value[k].weight;
    }

    N->kind = DN;                     /*图的类型为有向网*/
}
void DisplayGraph(MGraph N)
/*输出邻接矩阵存储表示的图N*/
{
    int i,j;
    printf("有向网具有%d个顶点%d条弧,顶点依次是:",N.vexnum,N.arcnum);
    for(i = 0;i<N.vexnum;++i)         /*输出网的顶点*/
        printf("%s ",N.vex[i]);
    printf("\n有向网N的邻接矩阵:\n");
    for(i = 0;i<N.vexnum;i++)
        printf("%8d",i);
    printf("\n");
    for(i = 0;i<N.vexnum;i++)
    {
        printf("%8d",i);
        for(j = 0;j<N.vexnum;j++)
            printf("%8d",N.arc[i][j].adj);
        printf("\n");
    }
}
```

程序运行结果如图 7-33 所示。

```
有向网具有6个顶点9条弧,顶点依次是: v0 v1 v2 v3 v4 v5
有向网N的邻接矩阵:
          0      1      2      3      4      5
   0      65535  30     60     65535  150    40
   1      65535  65535  40     100    65535  65535
   2      65535  65535  65535  50     65535  65535
   3      65535  65535  65535  65535  30     65535
   4      65535  65535  65535  65535  65535  10
   5      65535  65535  65535  65535  65535  65535
v0到各顶点的最短路径长度为:
v0-v1:30
v0-v2:60
v0-v3:110
v0-v4:140
v0-v5:40
Press any key to continue
```

图 7-33 程序运行结果

7.6.2 每一对顶点之间的最短路径

如果要计算每一对顶点之间的最短路径,只需要以任何一个顶点为出发点,将迪杰斯特拉算法重复执行 n 次,就可以得到每一对顶点的最短路径。这样求出的每一对顶点之间的最短路径的时间复杂度为 $O(n^3)$。下面介绍另一个算法:弗洛伊德算法,其时间复杂度也是 $O(n^3)$。

1. 各个顶点之间的最短路径算法思想

求解各个顶点之间最短路径的弗洛伊德算法的思想:假设要求顶点 v_i 到顶点 v_j 的最短路径。如果从顶点 v_i 到顶点 v_j 存在弧,但是该弧所在的路径不一定是 v_i 到 v_j 的最短路径,需要进行 n 次比较。首先需要从顶点 v_0 开始,如果有路径 (v_i, v_0, v_j) 存在,则比较路径 (v_i, v_j) 和 (v_i, v_0, v_j),选择二者中最短的一个且中间顶点的序号不大于 0。

然后在路径上再增加一个顶点 v_1,得到路径 $(v_i, \cdots, v_1)$ 和 $(v_1, \cdots, v_j)$,如果二者都是中间顶点不大于 0 的最短路径,则将该路径 $(v_i, \cdots, v_1, \cdots, v_j)$ 与上面的已经求出的中间顶点序号不大于 0 的最短路径比较,选中其中最小的作为从 v_i 到 v_j 的中间路径顶点序号不大于 1 的最短路径。

接着在路径上增加顶点 v_2,得到路径 $(v_i, \cdots, v_2)$ 和 $(v_2, \cdots, v_j)$,按照以上方法进行比较,求出从 v_i 到 v_j 的中间路径顶点序号不大于 2 的最短路径。依次类推,经过 n 次比较,可以得到从 v_i 到 v_j 的中间顶点序号不大于 $n-1$ 的最短路径。依照这种方法,可以得到各个顶点之间的最短路径。

假设采用邻接矩阵存储带权有向图 G,则各个顶点之间的最短路径可以保存在一个 n 阶方阵 D 中,每次求出的最短路径可以用矩阵表示为:

$$D^{-1}, D^0, D^1, D^2, \cdots, D^{n-1}$$

其中,$D^{-1}[i][j] = G.arc[i][j].adj$,$D^k[i][j] = \text{Min}\{D^{k-1}[i][j], D^{k-1}[i][k]+D^{k-1}[k][j] \mid 0 \leq k \leq n-1\}$。另外,$D^k[i][j]$ 表示从顶点 v_i 到顶点 v_j 的中间顶点序号不大于 k 的最短路径长度,$D^{n-1}[i][j]$ 则为从顶点 v_i 到顶点 v_j 的最短路径长度。

2. 各个顶点之间的最短路径算法实现

根据以上弗洛伊德算法思想,各个顶点之间的最短路径算法实现如下。

```
void Floyd(MGraph N,PathMatrix path,ShortPathLength dist)
/*用 Floyd 算法求有向网 N 的各顶点 v 和 w 之间的最短路径,其中 path[v][w][u]表示 u 是从 v
   到 w 当前求得最短路径上的顶点*/
{
  int u,v,w,i;
  for(v = 0;v<N.vexnum;v + +)        /*初始化数组 path 和 dist*/
    for(w = 0;w<N.vexnum;w + +)
    {
      dist[v][w] = N.arc[v][w].adj;  /*初始时,顶点 v 到顶点 w 的最短路径为 v 到 w 的弧的权值*/
      for(u = 0;u<N.vexnum;u + +)
        path[v][w][u] = 0;           /*路径矩阵初始化为零*/
      if(dist[v][w]<INFINITY)  /*如果 v 到 w 有路径,则由 v 到 w 的路径经过 v 和 w 两点*/
      {
        path[v][w][v] = 1;
        path[v][w][w] = 1;
      }
    }
  for(u = 0;u<N.vexnum;u + +)
    for(v = 0;v<N.vexnum;v + +)
      for(w = 0;w<N.vexnum;w + +)
        if(dist[v][u]<INFINITY&&dist[u][w]<INFINITY&&dist[v][u] + dist[u][w]<dist[v][w])
                           /*从 v 经 u 到 w 的一条路径为当前最短的路径*/
        {
          dist[v][w] = dist[v][u] + dist[u][w];  /*更新 v 到 w 的最短路径*/
          for(i = 0;i<N.vexnum;i + +)  /*从 v 到 w 的路径经过从 v 到 u 和从 u 到 w 的所有路径*/
            path[v][w][i] = path[v][u][i]||path[u][w][i];
        }
}
```

根据弗洛伊德算法,图 7-34 所示的带权有向图 G_8 的每一对顶点之间的最短路径 P 和最短路径长度 D 求解过程如图 7-35 所示。

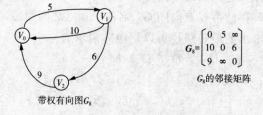

图 7-34 带权有向图 G_8 及邻接矩阵

D	D^{-1}			D^0			D^1			D^2		
	0	1	2	0	1	2	0	1	2	0	1	2
0	0	5	∞	0	5	∞	0	5	11	0	5	11
1	10	0	6	10	0	6	10	0	6	10	0	6
2	9	∞	0	9	14	0	9	14	0	9	14	0
D	P^{-1}			P^0			P^1			P^2		
	0	1	2	0	1	2	0	1	2	0	1	2
0		V_0V_1			V_0V_1			V_0V_1	$V_0V_1V_2$		V_0V_1	$V_0V_1V_2$
1	V_1V_0		V_1V_2	V_1V_0		V_1V_2	V_1V_0		V_1V_2	V_1V_0		V_1V_2
2	V_2V_0			V_2V_0	$V_2V_0V_1$		V_2V_0	$V_2V_0V_1$		V_2V_0	$V_2V_0V_1$	

图 7-35 带权有向图 G_8 的各个顶点之间的最短路径及长度

7.7 图的应用举例

本节将通过几个具体实例来介绍图的具体应用。其中包括求图中距离顶点 v 的最短路径长度为 k 的所有顶点、求图中顶点 u 到顶点 v 的简单路径。

7.7.1 距离某个顶点的最短路径长度为 k 的所有顶点

【例 7-5】 创建一个无向图,求距离顶点 v_0 的最短路径长度为 k 的所有顶点。

分析:主要考察图的遍历。可以采用图的广度优先遍历,找出第 k 层的所有顶点。例如,在图 7-36 所示的无向图 G_9 中,具有 7 个顶点和 8 条边。

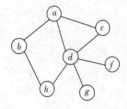

图 7-36 无向图 G_9

【算法思想】 利用广度优先遍历对图进行遍历,从 v_0 开始,依次访问与 v_0 相邻接的各个顶点,利用一个队列存储所有已经访问过的顶点和该顶点与 v_0 的最短路径,并将该顶点的标志置为 1,表示已经访问过。依次取出队列的各个顶点,如果该顶点存在未访问过的邻接点,首先判断该顶点是否距离 v_0 的最短路径为 k,如果满足条件将该邻接点输出,否则,将该邻接点入队,并将距离 v_0 的层次加 1。重复执行以上操作,直到队列为空或者存在满足条件的顶点为止。

求距离 v_0 的最短路径长度为 k 的所有顶点的算法实现如下。

```
void BsfLevel(AdjGraph G,int v0,int k)
/*在图 G 中,求距离顶点 v0 的最短路径长度为 k 的所有顶点*/
{
    int visited[MaxSize];        /*一个顶点访问标志数组,0 表示未访问,1 表示已经访问*/
```

```c
    int queue[MaxSize][2];
    /*队列queue[][0]存储顶点的序号,queue[][1]存储当前顶点距离v0的路径长度*/
    int front = 0,rear = -1,v,i,level,yes = 0;
    ArcNode *p;
    for(i = 0;i<G.vexnum;i++)        /*初始化标志数组*/
      visited[i] = 0;
    rear = (rear + 1) % MaxSize;     /*顶点v0入队列*/
    queue[rear][0] = v0;
    queue[rear][1] = 1;
    visited[v0] = 1;                 /*访问数组标志置为1*/
    level = 1;                       /*设置当前层次*/
    do{
      v = queue[front][0];           /*取出队列中顶点*/
      level = queue[front][1];
      front = (front + 1) % MaxSize;
      p = G.vertex[v].firstarc;      /*p指向v的第1个邻接点*/
      while(p! = NULL)
      {
        if(visited[p->adjvex] == 0)/*如果该邻接点未被访问*/
        {
          if(level == k)             /*如果该邻接点距离v0的最短路径为k,则将其输出*/
          {
            if(yes == 0)
              printf("距离%s的最短路径为%2d的顶点有:%s",
                    G.vertex[v0].data,k,G.vertex[p->adjvex].data);
            else
              printf("%s",G.vertex[p->adjvex].data);
            yes = 1;
          }
          visited[p->adjvex] = 1;    /*访问标志置为1*/
          rear = (rear + 1) % MaxSize; /*并将该顶点入队*/
          queue[rear][0] = p->adjvex;
          queue[rear][1] = level + 1;
        }
        p = p->nextarc;              /*如果当前顶点已经被访问,则p移向下一个邻接点*/
      }
    }while(front! = rear&&level<k + 1);
    printf("\n");
}
```

测试代码如下(省略了创建无向图、销毁图等代码)。

```c
void DisplayGraph(AdjGraph G)
```

/*图G的邻接表的输出*/
{
    int i;
    ArcNode *p;
    printf("该图中有%d个顶点:",G.vexnum);
    for(i=0;i<G.vexnum;i++)
        printf(" %s ",G.vertex[i].data);
    printf("\n图中共有%d条边:\n",2*G.arcnum);
    for(i=0;i<G.vexnum;i++)
    {
        p=G.vertex[i].firstarc;
        while(p)
        {
            printf("(%s,%s) ",G.vertex[i].data,G.vertex[p->adjvex].data);
            p=p->nextarc;
        }
        printf("\n");
    }
}
void main()
{
    AdjGraph G;
    CreateGraph(&G);   /*采用邻接表存储结构创建图G*/
    DisplayGraph(G);   /*输出无向图G*/
    BsfLevel(G,0,2)   /*求图G中距离顶点v0最短路径为2的顶点*/
    DestroyGraph(&G);   /*销毁图G*/
}

程序运行结果如图7-37所示。

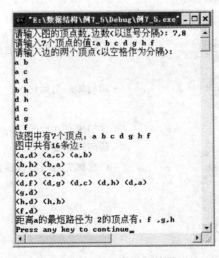

图7-37 程序运行结果

7.7.2 求图中顶点 u 到顶点 v 的简单路径

【例 7-6】 创建一个无向图,求图中从顶点 u 到顶点 v 的一条简单路径,并输出所在路径。

分析:主要考察图的深度优先遍历。通过从顶点 u 开始对图进行广度优先遍历,如果访问到顶点 v,则说明从顶点 u 到顶点 v 存在一条路径。因为在图的遍历过程中,要求每个顶点只能访问一次,所以该路径一定是简单路径。在遍历过程中,将当前访问到的顶点都记录下来,就得到了从顶点 u 到顶点 v 的简单路径。可以利用一个一维数组 parent 记录访问过的顶点,如 path [u] = w,表示顶点 w 是 u 的前驱顶点。如果 u 到 v 是一条简单路径,则输出该路径。

以图 7-36 所示的无向图 G_9 为例,其邻接表存储结构如图 7-38 所示。

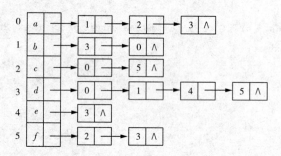

图 7-38 图 G_9 的邻接表存储结构

求解从顶点 u 到顶点 v 的一条简单路径的算法实现如下。

```
void BriefPath(AdjGraph G,int u,int v)
/*求图 G 中从顶点 u 到顶点 v 的一条简单路径*/
{
    int k,i,visited[MaxSize];
    SeqStack S;
    ArcNode *p;
    int parent[MaxSize];              /*存储已经访问顶点的前驱顶点*/
    InitStack(&S);
    for(k = 0;k<G.vexnum;k + +)        /*访问标志初始化*/
        visited[k] = 0;
    PushStack(&S,u);                   /*开始顶点入栈*/
    visited[u] = 1;                    /*访问标志置为 1*/
    while(! StackEmpty(S))             /*广度优先遍历图,访问路径用 parent 存储*/
    {
        PopStack(&S,&k);
        p = G.vertex[k].firstarc;
        while(p! = NULL)
        {
```

```
            if(p->adjvex==v)              /*如果找到顶点v*/
            {
              parent[p->adjvex]=k;        /*顶点v的前驱顶点序号是k*/
              printf("顶点%s到顶点%s的路径是:",G.vertex[u].data,G.vertex[v].data);
              i=v;
              do                          /*从顶点v开始将路径中的顶点依次入栈*/
              {
                PushStack(&S,i);
                i=parent[i];
              }while(i!=u);
              PushStack(&S,u);
              while(!StackEmpty(S))       /*从顶点u开始输出u到v中路径的顶点*/
              {
                PopStack(&S,&i);
                printf("%s ",G.vertex[i].data);
              }
              printf("\n");
            }
            else if(visited[p->adjvex]==0)  /*如果未找到顶点v且邻接点未访问过,则继续寻找*/
            {
              visited[p->adjvex]=1;
              parent[p->adjvex]=k;
              PushStack(&S,p->adjvex);
            }
            p=p->nextarc;
        }
    }
}
void main()
{
  AdjGraph G;
  CreateGraph(&G);                        /*采用邻接表存储结构创建图G*/
  DisplayGraph(G);                        /*输出无向图G*/
  BriefPath(G,0,4);                       /*求图G中从顶点a到顶点e的简单路径*/
  DestroyGraph(&G);                       /*销毁图G*/
}
```

程序运行结果如图7-39所示。

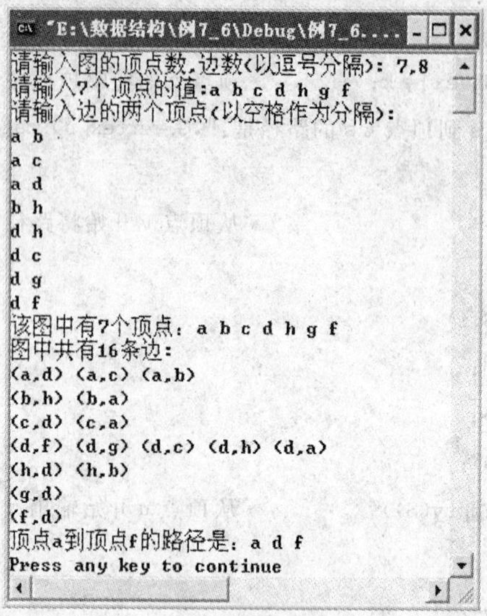

图 7-39　程序运行结果

小　结

图在数据结构中占据着非常重要的地位，图反映的是一种多对多的关系。在图中，结点之间并不像线性结构那样具有前驱和后继之分，只是在对图进行某种遍历时，才具有所谓的前驱和后继。

图由顶点和边（弧）构成，根据边的有向和无向可以将图分为两种：有向图和无向图。在有向图中，〈v,w〉表示从顶点 v 到顶点 w 的有向弧，称 w 为弧头，v 为弧尾，称顶点 v 邻接到顶点 w，顶点 w 邻接自顶点 v。以 v 为弧尾的数目称为 v 的出度，以 w 为弧头的数目称为 w 的入度。在无向图中，如果有边（v,w）存在，则也有边（w,v）存在，无向图的边是对称的，称 v 和 w 相关联，与顶点 v 相关联的边的数目称为顶点 v 的度。将带权的有向图称为有向网，带权的无向图称为无向网。

图的存储结构有 4 种：邻接矩阵存储结构、邻接表存储结构、十字链表存储结构和邻接多重表存储结构。其中，最常用的是邻接矩阵存储和邻接表存储。邻接矩阵采用二维数组即矩阵存储图，用行号表示弧尾的顶点序号，用列号表示弧头的顶点序号，矩阵中对应的值表示边的信息。图的邻接表表示是利用一个一维数组存储图中的各个顶点，各个顶点的后继分别指向一个链表，链表中的结点表示与该顶点相邻接的顶点。

图的遍历分为两种：广度优先遍历和深度优先遍历。图的广度优先遍历类似于树的层次遍历，图的深度优先遍历类似于树的先根遍历。

一个连通图的生成树是指一个极小连通子图，假设图中有 n 个顶点，则它包含图中 n 个顶点和构成一棵树的 $n-1$ 条边。最小生成树是指带权的无向连通图的所有生成树中代价最小的生成树，所谓代价最小，是指构成生成树的边的权值之和最小。

构造最小生成树的算法主要有两个：普里姆算法和克鲁斯卡尔算法。普里姆算法思想：从一个顶点 v_0 出发，将顶点 v_0 加入集合 U，图中的其余顶点都属于 V，然后从集合 U 和 V 中分别选择一个顶点（两个顶点所在的边属于图），如果边的代价最小，则将该边加入集合 TE，顶点也并入集合 U。克鲁斯卡尔算法思想：将所有的边的权值按照递增顺序排序，从小到大选择边，同时需要保证边的邻接顶点不属于同一个集合。

关键路径是指路径最长的路径，关键路径表示完成工程的最短工期。通常用图的顶点表示事件，弧表示活动，权值表示活动持续的时间。关键路径的活动称为关键活动，关键活动可以决定整个工程完成任务的工期，非关键活动不能决定工程的进度。

最短路径是指从一个顶点到另一个顶点路径长度最小的一条路径。最短路径的算法主要有两个：迪杰斯特拉算法和弗洛伊德算法。迪杰斯特拉算法思想：每次都要选择从源点到其他各顶点路径最短的顶点，然后利用该顶点更新当前的最短路径。弗洛伊德算法思想：每次通过添加一个中间顶点，比较当前的最短路径长度与刚添加进去的中间顶点构成路径的长度，选择最小的一个。

练 习 题

选择题

1. 对于具有 n 个顶点的图，若采用邻接矩阵表示，则该矩阵的大小为（　　）。
   A. n　　　　　B. n^2　　　　　C. $n-1$　　　　　D. $(n-1)^2$
2. 如果从无向图的任一顶点出发进行一次深度优先搜索即可访问所有顶点，则该图一定是（　　）。
   A. 完全图　　　B. 连通图　　　C. 有回路　　　D. 一棵树
3. 关键路径是事件结点网络中（　　）。
   A. 从源点到汇点的最长路径　　　B. 从源点到汇点的最短路径
   C. 最长的回路　　　　　　　　　D. 最短的回路
4. 下面（　　）可以判断出一个有向图中是否有环（回路）。
   A. 广度优先遍历　B. 拓扑排序　C. 求最短路径　D. 求关键路径
5. 带权有向图 G 用邻接矩阵 A 存储，则顶点 i 的入度等于 A 中（　　）。
   A. 第 i 行非无穷的元素之和　　　B. 第 i 列非无穷的元素个数之和
   C. 第 i 行非无穷且非 0 的元素个数　D. 第 i 行与第 i 列非无穷且非 0 的元素之和
6. 采用邻接表存储的图，其深度优先遍历类似于二叉树的（　　）。
   A. 中序遍历　　B. 先序遍历　　C. 后序遍历　　D. 按层次遍历
7. 无向图的邻接矩阵是一个（　　）。
   A. 对称矩阵　　B. 零矩阵　　　C. 上三角矩阵　D. 对角矩阵
8. 当利用大小为 N 的数组存储循环队列时，该队列的最大长度是（　　）。
   A. $N-2$　　　B. $N-1$　　　C. N　　　　　D. $N+1$
9. 邻接表是图的一种（　　）。

A. 顺序存储结构　　B. 链式存储结构　　C. 索引存储结构　　D. 散列存储结构

10. 下面有向图（图1）所示的拓扑排序的结果序列是（　　）。

　　A. {1, 2, 5, 6, 3, 4}　　　　　　B. {5, 1, 6, 2, 3, 4}
　　C. {1, 2, 3, 4, 5, 6}　　　　　　D. {5, 2, 1, 6, 4, 3}

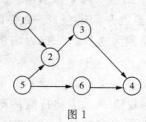

图 1

11. 在无向图中定义顶点 v_i 与 v_j 之间的路径为从 v_i 到 v_j 的一个（　　）。

　　A. 顶点序列　　B. 边序列　　C. 权值总和　　D. 边的条数

12. 设 $G_1 = (V_1, E_1)$ 和 $G_2 = (V_2, E_2)$ 为两个图，如果 $V_1 \subseteq V_2$，$E_1 \subseteq E_2$ 则称（　　）。

　　A. G_1 是 G_2 的子图　　　　　　B. G_2 是 G_1 的子图
　　C. G_1 是 G_2 的连通分量　　　　D. G_2 是 G_1 的连通分量

13. 已知一个有向图用邻接矩阵表示，要删除所有从第 i 个结点发出的边，应（　　）。

　　A. 将邻接矩阵的第 i 行删除　　　　B. 将邻接矩阵的第 i 行元素全部置为 0
　　C. 将邻接矩阵的第 i 列删除　　　　D. 将邻接矩阵的第 i 列元素全部置为 0

14. 任一个有向图的拓扑序列（　　）。

　　A. 不存在　　B. 有一个　　C. 一定有多个　　D. 有一个或多个

15. 下列关于图遍历的说法不正确的是（　　）。

　　A. 连通图的深度优先搜索是一个递归过程
　　B. 图的广度优先搜索中邻接点的寻找具有"先进先出"的特征
　　C. 非连通图不能用深度优先搜索法
　　D. 图的遍历要求每一顶点仅被访问一次

16. 采用邻接表存储的图的广度优先遍历算法类似于二叉树的（　　）。

　　A. 先序遍历　　B. 中序遍历　　C. 后序遍历　　D. 按层次遍历

综合题

1. 已知图 G（图2）的邻接矩阵如下所示：

(1) 求从顶点1出发的广度优先搜索序列；

(2) 根据 prim 算法，求图 G 从顶点1出发的最小生成树，要求表示其每一步生成过程。（用图或者表的方式均可）

$$\begin{bmatrix} \infty & 6 & 1 & 5 & \infty & \infty \\ 6 & \infty & 5 & \infty & 3 & \infty \\ 1 & 5 & \infty & 5 & 6 & 4 \\ 5 & \infty & 5 & \infty & \infty & 2 \\ \infty & 3 & 6 & \infty & \infty & 6 \\ \infty & \infty & 4 & 2 & 6 & \infty \end{bmatrix}$$

图 2

2. 写出下图（图3）中全部可能的拓扑排序序列。

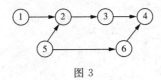

图 3

3. AOE网（图4）如下所示，求关键路径。（要求标明每个顶点的最早发生时间和最迟发生时间，并画出关键路径）

4. 已知有向图 G（图5）如下所示，根据迪杰斯特拉算法求顶点 v_0 到其他顶点的最短距离。（给出求解过程）

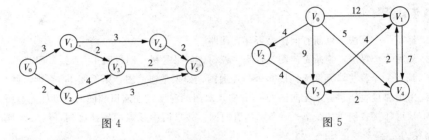

图 4   图 5

5. 已知图 G（图6）如下所示，根据 Prim 算法，构造最小生成树。（要求给出生成过程）

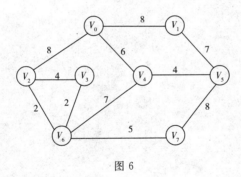

图 6

6. 如下图所示的 AOE 网（图7），求：

（1）事件的最早开始时间 ve 和最迟开始时间 vl；

（2）关键路径。

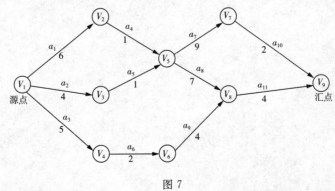

图 7

7. 已知图 G 如下，根据克鲁斯卡尔算法求图 G（图8）的一棵最小生成树。（要求给出构造过程）

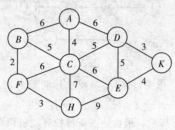

图 8

算法设计题

1. 编写一个算法，判断有向图是否存在回路。
2. 编写一个算法，判断无向图是否是一棵树，如果是树，则返回 1，否则返回 0。
3. 编写一个算法，判断无向图是否是连通图，如果是连通图，则返回 1，否则返回 0。
4. 采用邻接表创建一个无向图 G_6，并实现对图的深度优先遍历和图的广度优先遍历。
5. 采用邻接表创建如图 7-30 所示的有向网，并求网中顶点的拓扑序列，然后计算该有向网的关键路径。
6. 创建如图 7-36 所示的有向网，并利用弗洛伊德算法求解各个顶点之间的最短路径长度，并输出最短路径所经过的顶点。

第 8 章 查 找

本书第 2 章至第 7 章已经介绍了各种线性和非线性数据结构,这一章将讨论另一种在实际应用中大量使用的查找技术。

8.1 查找的基本概念

在介绍有关查找的算法之前,先介绍与查找相关的基本概念。

查找表(Search Table):由同一种类型的数据元素构成的集合。查找表中的数据元素是完全松散的,数据元素之间没有直接的联系。

查找:根据关键字在特定的查找表中找到一个与给定关键字相同的数据元素的操作。如果在表中找到相应的数据元素,则称查找是成功的,否则,称查找是失败的。例如,表 8-1 中为学生学籍信息,如果要查找入学年份为"2008"并且姓名是"刘华平"的学生,则可以先利用姓名将记录定位,然后在入学年份中查找为"2008"的记录(如果有重名的)。

表 8-1 学生学籍信息表

学号	姓名	性别	出生年月	所在院系	家庭住址	入学年份
200609001	张力	男	1988.09	信息管理	陕西西安	2006
200709002	王平	女	1987.12	信息管理	四川成都	2007
200909107	陈红	女	1988.01	通信工程	安徽合肥	2009
200809021	刘华平	男	1988.11	计算机科学	江苏常州	2008
200709008	赵华	女	1987.07	法学院	山东济宁	2007

关键字(Key)与主关键字(Primary Key):数据元素中某个数据项的值。如果该关键字可以将所有的数据元素区别开来,也就是说可以唯一标识一个数据元素,则该关键字被称为主关键字,否则被称为次关键字。特别地,如果数据元素只有一个数据项,则数据元素的值即是关键字。

静态查找(Static Search Table):仅仅在数据元素集合中查找是否存在与关键字相等的数据元素。在静态查找过程中的存储结构称为静态查找表。

动态查找(Dynamic Search Table):在查找过程中,同时在数据元素集合中插入数据元素,或者在数据元素集合中删除某个数据元素,这样的查找称为动态查找。动态查找过程中所使用的存储结构称为动态查找表。

通常为了查找的方便,要查找的数据元素中仅仅包含关键字。

平均查找长度(Average Search Length):在查找过程中,需要比较关键字的平均次数,它是衡量查找算法效率的标准。平均查找长度的数学定义为:$ASL = \sum_{i=1}^{n} P_i C_i$。其中,$P_i$ 表示查找表中第 i 个数据元素的概率,C_i 表示在找到第 i 个数据元素时,与关键字比较的次数。

8.2 静态查找

静态查找主要包括顺序表、有序顺序表和索引顺序表的查找。

8.2.1 顺序表的查找

顺序表的查找是指从表的一端开始,逐个与关键字进行比较,如果某个数据元素的关键字与给定的关键字相等,则查找成功,返回该数据元素在顺序表中的位置。否则,查找失败,返回 0。

顺序表的存储结构描述如下:

```
#define MaxSize 100
typedef struct
{
    KeyType key;
}DataType;
typedef struct
{
    DataType list[MaxSize];
    int length;
}SSTable;
```

顺序表的查找算法描述如下。

```
int SeqSearch(SSTable S,DataType x)
/*在顺序表中查找关键字为x的元素,如果找到,返回该元素在表中的位置,否则返回0*/
{
    int i = 0;
    while(i<S.length&&S.list[i].key! = x.key) /*从顺序表的第1个元素开始比较*/
        i++;
    if(S.list[i].key = = x.key)
        return i+1;
    else
        return 0;
}
```

以上算法也可以通过设置监视哨的方法实现,其算法描述如下:

```
int SeqSearch2(SSTable S,DataType x)
/*设置监视哨 S.list[0],在顺序表中查找关键字为 x 的元素,如果找到,则返回该元素在表中的
  位置,否则返回 0 */
{
    int i = S.length;
    S.list[0].key = x.key;          /*将关键字存放在第 0 号位置,防止越界*/
    while(S.list[i].key! = x.key)   /*从顺序表的最后一个元素开始向前比较*/
        i--;
    return i;
}
```

其中,S.list[0]被称为监视哨,可以防止出现数组越界。

下面分析带监视哨查找算法的效率。假设表中有 n 个数据元素,且数据元素在表中出现的概率都相等,即 $1/n$,则顺序表在查找成功时的平均查找长度为

$$ASL_{成功} = \sum_{i=1}^{n} P_i C_i = \sum_{i=1}^{n} \frac{1}{n}(n-i+1) = \frac{n+1}{2}$$

即在查找成功时平均比较次数约为表长的一半。在查找失败时,即要查找的元素没有在表中,则每次比较都需要进行 $n+1$ 次。

8.2.2 有序顺序表的查找

所谓有序顺序表,就是顺序表中的元素是以关键字进行有序排列的。对于有序顺序表的查找有两种方法:顺序查找和折半查找。

1. 顺序查找

有序顺序表的顺序查找算法与顺序表的查找算法类似,但是在一般情况下,它不需要比较表中的所有元素。如果要查找的元素在表中,则返回该元素的序号,否则返回 0。例如,一个有序顺序表的数据元素集合为 {10,20,30,40,50,60,70,80},如果要查找数据元素的关键字为 56,从最后一个元素开始与 50 比较,当比较到 50 时就不需要再往前比较了。前面的元素值都小于关键字 56,因此,该表中不存在要查找的关键字。设置监视哨的有序顺序表的查找算法描述如下。

```
int SeqSearch2(SSTable S,DataType x)
/*设置监视哨 S.list[0],在有序顺序表中查找关键字为 x 的元素,如果找到,则返回该元素在表
  中的位置,否则返回 0 */
{
    int i = S.length;
    S.list[0].key = x.key;          /*将关键字存放在第 0 号位置,防止越界*/
    while(S.list[i].key>x.key)      /*从有序顺序表的最后一个元素开始向前比较*/
        i--;
    return i;
}
```

假设表中有 n 个元素,且要查找的数据元素在数据元素集合中出现的概率都相等,

即 $1/n$，则有序顺序表在查找成功时的平均查找长度为

$$ASL_{成功} = \sum_{i=1}^{n} P_i C_i = \sum_{i=1}^{n} \frac{1}{n}(n-i+1) = \frac{n+1}{2}$$

即在查找成功时平均比较次数约为表长的一半。在查找失败时，即要查找的元素没有在表中，则有序顺序表在查找失败时的平均查找长度为

$$ASL_{失败} = \sum_{i=1}^{n} P_i C_i = \sum_{i=1}^{n} \frac{1}{n}(n-i+1) = \frac{n+1}{2}$$

即在查找失败时平均比较次数也同样约为表长的一半。

2. 折半查找

折半查找的前提条件是表中的数据元素为有序排列。所谓折半查找就是在所要查找元素集合的范围内，依次与表的中间位置元素进行比较，如果找到与关键字相等的元素，则说明查找成功，否则利用中间位置将表分成两段。如果查找关键字小于中间位置的元素值，则进一步与前一个子表的中间位置元素比较；否则与后一个子表的中间位置元素进行比较。重复以上操作，直到找到与关键字相等的元素，表明查找成功。如果子表为空表，表明查找失败。折半查找又称为二分查找。

例如，一个有序顺序表为（9，23，26，32，36，47，56，63，79，81），如果要查找 56。利用以上折半查找思想，折半查找的过程如图 8-1 所示。其中，图中 low 和 $high$ 表示两个指针，分别指向待查找元素的下界和上界，指针 mid 指向 low 和 $high$ 的中间位置，即 $mid = \lfloor (low+high)/2 \rfloor$。

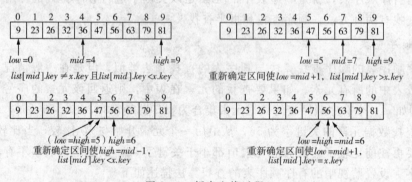

图 8-1 折半查找过程

在图 8-1 中，当 $mid=4$ 时，因为 $36<56$，说明要查找的元素应该在 36 之后的位置，所以需要将指针 low 移动到 mid 的下一个位置，即 $low=5$，而 $high$ 不需要移动。这时有 $mid=(5+9)/2=7$，而 $63>56$，说明要查找的元素应该在 mid 之前，因此需要将 $high$ 移动到 mid 的前一个位置，即 $high=mid-1=6$。这时有 $mid=\lfloor (5+6)/2 \rfloor=5$，又因为 $47<56$，说明要查找的元素应该在 mid 之后，所以需要将 low 移动到 mid 的下一个位置，即 $low=6$。这时有 $low=high=6$，$mid=(6+6)/2=6$，有 $list[mid].key=x.key$。所以查找成功。如果下界指针 $low>$上界指针 $high$，则表示表中没有与关键字相等的元素，表明查找失败。

折半查找的算法描述如下。

```
int BinarySearch(SSTable S,DataType x)
/* 在有序顺序表中折半查找关键字为 x 的元素,如果找到,则返回该元素在表中的位置,否则返回 0 */
{
    int low,high,mid;
    low = 0,high = S. length - 1;        /* 设置待查找元素范围的下界和上界 */
    while(low< = high)
    {
        mid = (low + high)/2;
        if(S. list[mid]. key = = x. key)   /* 如果找到元素,则返回该元素所在的位置 */
            return mid + 1;
        else if(S. list[mid]. key<x. key)  /* 如果 mid 所指向的元素小于关键字,则修改
                                              low 指针 */
            low = mid + 1;
        else if(S. list[mid]. key>x. key)  /* 如果 mid 所指向的元素大于关键字,则修改
                                              high 指针 */
            high = mid - 1;
    }
    return 0;
}
```

用折半查找算法查找关键字为 56 的元素时,需要比较 4 次。从图 8-1 中可以看出,查找元素 36 时需要比较 1 次,查找元素 63 时需要比较两次,查找元素 47 时需要比较 3 次,查找元素 56 时需要比较 4 次。整个查找过程可以用图 8-2 所示的二叉判定树来表示。树中的每个结点表示表中元素的关键字。

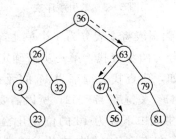

图 8-2 折半查找关键字为 56 的过程的判定树

从图 8-2 中的判定树可以看出,查找关键字为 56 的过程正好是从根结点到元素值为 56 的结点的路径。所要查找元素在判定树的层次就是折半查找要比较的次数。因此,假设表中具有 n 个元素,折半查找成功时,至多需要比较的次数为 $\lfloor \log_2 n \rfloor + 1$。

对于具有 n 个结点的有序表刚好能够构成一个深度为 h 的满二叉树,则有 $h = \lfloor \log_2 (n+1) \rfloor$。二叉树中第 i 层的结点个数是 2^{i-1},假设表中每个元素的查找概率相等,即 $P_i = 1/n$。则有序表在折半查找成功时的平均查找长度为

$$ASL_{成功} = \sum_{i=1}^{n} P_i C_i = \sum_{i=1}^{h} \frac{1}{n} \times i \times 2^i = \frac{n+1}{n} \log_2(n+1) + 1$$

在查找失败时,即要查找的元素没有在表中,则有序顺序表的折半查找失败时的平均查找长度为

$$ASL_{失败} = \sum_{i=1}^{n} P_i C_i = \sum_{i=1}^{h} \frac{1}{n} \log_2(n+1) = \log_2(n+1)$$

8.2.3 索引顺序表的查找

索引顺序表的查找就是将顺序表分成几个单元,然后为这几个单元建立一个索引,利用索引在其中一个单元中进行查找。索引顺序表查找也称为分块查找,主要应用在表中存在大量的数据元素的时候,通过为顺序表建立索引和分块来提高查找的效率。

通常将为顺序表提供索引的表称为索引表,索引表分为两个部分:一个用来存储顺序表中每个单元最大的关键字,另一个用来存储顺序表中每个单元第1个元素的下标。索引表中的关键字必须是有序的,主表中的元素可以是按关键字有序排列,也可以是在单元内或块中有序,即后一个单元中所有元素的关键字都大于前一个单元中元素的关键字。一个索引顺序表如图8-3所示。

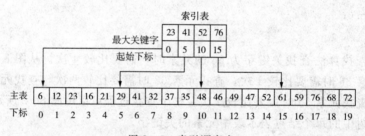

图8-3 索引顺序表

从图8-3中可以看出,索引表将主表分为4个单元,每个单元有5个元素。要查找主表中的某个元素,需要分为两步查找,第一步需确定要查找元素所在的单元,第二步在该单元进行查找。例如,要查找关键字为47的元素,首先需要将47与索引表中的关键字进行比较,因为41<关键字47<52,所以需要在第三个单元中查找,该单元的起始下标是10,因此从主表中下标为10的位置开始查找,直到找到关键字为47的元素为止。如果主表中不存在该元素(例如查找关键字为50的元素,则只需将关键字50与第三个单元中的5个元素进行比较),则说明查找失败。

因为索引表中的元素是按照关键字有序排列的,所以在确定元素所在的单元时,可以用顺序法查找索引表,也可以采用折半法查找索引表。但是因为主表中的元素是无序的,因此只能够采用顺序法查找。索引顺序表的平均查找长度可以表示为:

$$ASL = L_{index} + L_{unit}。$$

其中,L_{index}是索引表的平均查找长度,L_{unit}是单元中元素的平均查找长度。

假设主表中的元素个数为n,并将该主表平均分为b个单元,且每个单元有s个元素,即$b=n/s$。如果表中的元素查找概率都相等,即每个单元中元素的查找概率都为

$1/s$,主表中每个单元的查找概率都是 $1/b$。如果用顺序法查找索引表中的元素,则索引顺序表在查找成功时的平均查找长度为

$$ASL_{成功} = L_{index} + L_{unit} = \frac{1}{b}\sum_{i=1}^{b}i + \frac{1}{s}\sum_{j=1}^{s}j = \frac{b+1}{2} + \frac{s+1}{2} = \frac{1}{2}(\frac{n}{s} + s) + 1$$

如果用折半法查找索引表中的元素,则有 $L_{index} = \frac{b+1}{b}\log_2(b+1) + 1 \approx \log_2(b+1) - 1$,将其代入 $ASL_{成功} = L_{index} + L_{unit}$ 中,则索引顺序表在查找成功时的平均查找长度为

$$ASL_{成功} = L_{index} + L_{unit} = \log_2(b+1) - 1 + \frac{1}{s}\sum_{j=1}^{s}j$$

$$= \log_2(b+1) - 1 + \frac{s+1}{2} \approx \log_2(\frac{n}{s} + 1) + \frac{s}{2}$$

当然,如果主表中每个单元中的元素个数是不相等的,这时就需要在索引表中增加一项,用来存储主表中每个单元元素的个数。将这种利用索引表示的顺序表称为不等长索引顺序表。例如,一个不等长的索引表如图 8-4 所示。

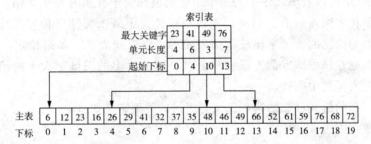

图 8-4 不等长索引顺序表

8.3 动态查找

动态查找是指在查找的过程中动态生成表结构,对于给定的关键字,如果表中存在则返回其位置,表示查找成功;否则,插入该关键字的元素。动态查找包括二叉树和树结构两种类型的查找。

8.3.1 二叉排序树

二叉排序树也称为二叉查找树。二叉排序树的查找是一种常用的动态查找方法。下面介绍二叉排序树的查找过程、二叉排序树的插入和删除。

1. 二叉排序树的定义与查找

所谓二叉排序树,或者是一棵空二叉树,或者是具有以下性质的二叉树:

(1) 如果二叉树的左子树不为空,则左子树上的每一个结点的值都小于其对应根结点的值;

（2）如果二叉树的右子树不为空，则右子树上的每一个结点的值都大于其对应根结点的值；

（3）该二叉树的左子树和右子树也满足性质（1）和（2），即左子树和右子树也是一棵二叉排序树。

显然，这是一个递归的定义。图8-5为一棵二叉排序树。图中的每个结点是对应元素的关键字的值。

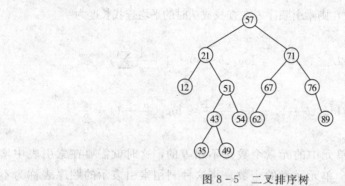

图8-5 二叉排序树

从图8-5中可以看出，图中的每个结点的值都大于其所有左子树结点的值，而小于其所有右子树中结点的值。如果要查找与二叉树中某个关键字相等的结点，可以从根结点开始，与给定的关键字比较，如果相等，则查找成功。如果给定的关键字小于根结点的值，则在该根结点的左子树中查找；如果给定的关键字大于根结点的值，则在该根结点的右子树中查找。

采用二叉树的链式存储结构，二叉排序树的类型定义如下：

```
typedef struct Node
{
    DataType data;
    struct Node * lchild, * rchild;
}BiTreeNode, * BiTree;
```

二叉排序树的查找算法描述如下。

```
BiTree BSTSearch(BiTree T,DataType x)
/*二叉排序树的查找,如果找到元素x,则返回指向结点的指针,否则返回NULL*/
{
    BiTreeNode * p;
    if(T! = NULL)                          /*如果二叉排序树不为空*/
    {
        p = T;
        while(p! = NULL)
        {
            if(p->data.key = = x.key)      /*如果找到,则返回指向该结点的指针*/
                return p;
```

```
            else if(x.key<p->data.key)    /*如果关键字小于p指向的结点的值,则在左子树中
                                              查找*/
                p = p->lchild;
            else
                p = p->rchild;             /*如果关键字大于p指向的结点的值,则在右子树
                                              中查找*/
        }
    }
    return NULL;
}
```

利用二叉排序树的查找算法思想,如果要查找关键字 $x.key=62$ 的元素。从根结点开始,依次将该关键字与二叉树的根结点比较。因为有 $62>57$,所以需要在以结点为 57 的右子树中进行查找。因为有 $62<71$,所以需要在以 71 为结点的左子树中继续查找。因为有 $62<67$,所以需要在以结点为 67 的左子树中查找。因为该关键字与以结点为 67 的左孩子结点对应的关键字相等,所以查找成功,返回结点 62 对应的指针。如果要查找关键字为 23 的元素,当比较到结点为 12 的元素时,因为关键字 12 对应的结点不存在右子树,所以查找失败,返回 NULL。

在二叉排序树的查找过程中,查找某个结点的过程正好是走了从根结点到要查找结点的路径,其比较的次数正好是路径长度+1,这类似于折半查找,与折半查找不同的是由 n 个结点构成的判定树是唯一的,而由 n 个结点构成的二叉排序树则不唯一。例如,图 8-6 为两棵二叉排序树,其元素的关键字序列分别是 {57,21,71,12,51,67,76} 和 {12,21,51,57,67,71,76}。

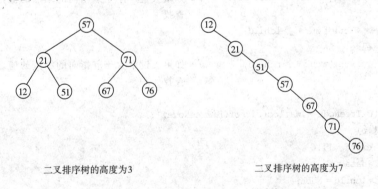

二叉排序树的高度为3　　　　　　　　二叉排序树的高度为7

图 8-6　两种不同形态的二叉排序树

在图 8-6 中,假设每个元素的查找概率都相等,则左边的图的平均查找长度为 $ASL_{成功}=\frac{1}{7}(1+2\times2+4\times3)=\frac{17}{7}$,右边的图的平均查找长度为 $ASL_{成功}=\frac{1}{7}(1+2+3+4+5+6+7)=\frac{28}{7}$。因此,树的平均查找长度与树的形态有关。如果二叉排序树有 n 个结点,则在最坏的情况下,平均查找长度为 n。在最好的情况下,平均查找长度为 $\log_2 n$。

2. 二叉排序树的插入操作

二叉排序树的插入操作过程其实就是二叉排序树的建立过程。二叉树的插入操作从根结点开始，首先要检查当前结点是否是要查找的元素，如果是则不进行插入操作。否则，将结点插入到查找失败时结点的左指针或右指针处。在算法的实现过程中，需要设置一个指向下一个要访问结点的双亲结点指针 parent，用来记录前驱结点的位置，以便在查找失败时进行插入操作。

假设当前结点指针 cur 为空，则说明查找失败，需要插入结点。如果 parent->data.key 小于要插入的结点 x，则需要将 parent 的左指针指向 x，使 x 成为 parent 的左孩子结点；如果 parent->data.key 大于要插入的结点 x，则需要将 parent 的右指针指向 x，使 x 成为 parent 的右孩子结点。如果二叉排序树为空树，则使当前结点成为根结点。在整个二叉排序树的插入过程中，其插入操作都是在叶子结点处进行的。

二叉排序树的插入操作算法描述如下。

```
int BSTInsert(BiTree * T,DataType x)
/*二叉排序树的插入操作,如果树中不存在元素x,则将x插入到正确的位置并返回1,否则返回0*/
{
    BiTreeNode * p, * cur, * parent = NULL;
    cur = * T;
    while(cur! = NULL)
    {
        if(cur->data.key = = x.key)    /*如果二叉树中存在元素为x的结点,则返回0*/
            return 0;
        parent = cur;                   /*parent指向cur的前驱结点*/
        if(x.key<cur->data.key)         /*如果关键字小于p指向的结点的值,则在左子树中
                                           查找*/
            cur = cur->lchild;
        else
            cur = cur->rchild;           /*如果关键字大于p指向的结点的值,则在右子树中
                                           查找*/
    }
    p = (BiTreeNode * )malloc(sizeof(BiTreeNode));
    if(! p)
        exit(-1);
    p->data = x;
    p->lchild = NULL;
    p->rchild = NULL;
    if(! parent)                        /*如果二叉树为空,则第1个结点成为根结点*/
        * T = p;
    else if(x.key<parent->data.key)   /*如果关键字小于parent指向的结点,使x成为
                                           parent的左孩子*/
        parent->lchild = p;
    else                                /*如果关键字大于parent指向的结点,使x成为
                                           parent的右孩子*/
        parent->rchild = p;
```

```
        return 1;
}
```

对于一个关键字序列 {37，32，35，62，82，95，73，12，5}，根据二叉排序树的插入算法思想，对应的二叉排序树插入过程如图 8-7 所示。

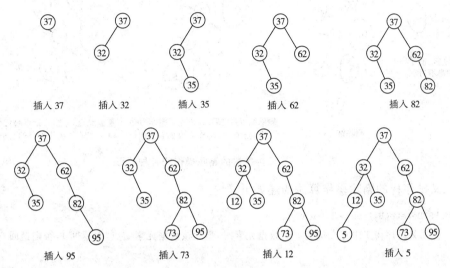

图 8-7 二叉排序树的插入操作过程

从图 8-7 可以看出，通过中序遍历二叉排序树，可以得到一个关键字有序的序列 {5，12，32，35，37，62，73，82，95}。因此，构造二叉排序树的过程就是对一个无序的序列排序的过程，且每次插入结点都是叶子结点，在二叉排序树的插入操作过程中，不需要移动结点，仅需要移动结点指针，实现较为容易。

3. 二叉排序树的删除操作

在二叉排序树中删除一个结点后，剩下的结点仍然构成一棵二叉排序树即保持原来的特性。删除二叉排序树中的一个结点可以分为 3 种情况讨论。假设要删除的结点由指针 s 指示，指针 p 指向 *s 的双亲结点，设 *s 为 *p 的左孩子结点。二叉排序树的各种删除情形如图 8-8 所示。

(1) 如果 *s 指向的结点为叶子结点，其左子树和右子树为空，删除叶子结点不会影响到树的结构特性，因此只需要修改 *p 的指针即可。

(2) 如果 *s 指向的结点只有左子树或只有右子树，在删除了结点 *s 后，只需要将 *s 的左子树 S_L 或右子树 S_R 作为 *p 的左孩子即 (*p)->lchild=(*s)->lchild 或 (*p)->lchid=(*s)->rchild。

(3) 如果 *s 的左子树和右子树都存在，在删除结点 *s 之前，二叉排序树的中序列为 {…Q_L Q…X_L XY$_L$ YSS$_R$ P…}，因此，在删除结点 *s 之后，有两种方法调整使该二叉树仍然保持原来的性质不变。第一种方法是使结点 *s 的左子树作为结点 *p 的左子树，结点 *s 的右子树成为结点 *y 的右子树。第二种方法是使结点 *s 的直接前驱取代结点 *s，并删除 *s 的直接前驱结点 *y，然后令结点 *y 原来的左子树作为结点 *x 的右子树。通过这两种方法均可以使二叉排序树的性质不变。

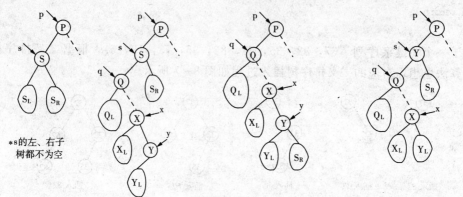

| *s的左、右子树都不为空 | 删除结点*s之前 | 删除结点*s之后,*s的左子树作为*p的左子树,以S_R作为*y的右子树 | 删除结点*s之后,结点*y代替*s,*y的左子树作为*x的右子树 |

图8-8 二叉排序树的删除操作的各种情形

二叉排序树的删除操作算法描述如下。

```
int BSTDelete(BiTree * T,DataType x)
/* 在二叉排序树 T 中存在值为 x 的数据元素时,删除该数据元素结点,并返回1,否则返回 0 */
{
    if(! *T)                              /* 如果不存在值为 x 的数据元素,则返回 0 */
        return 0;
    else
    {
        if(x.key = = ( *T)->data.key)     /* 如果找到值为 x 的数据元素,则删除该结点 */
            DeleteNode(T);
        else if(( *T)->data.key>x.key)    /* 如果当前元素值大于 x 的值,则在该结点的左
                                             子树中查找并删除之 */
            BSTDelete(&( *T)->lchild,x);
        else                              /* 如果当前元素值小于 x 的值,则在该结点的右
                                             子树中查找并删除之 */
            BSTDelete(&( *T)->rchild,x);
        return 1;
    }
}
void DeleteNode(BiTree * s)
/* 从二叉排序树中删除结点 s,并使该二叉排序树性质不变 */
{
    BiTree q,x,y;
    if(! ( *s)->rchild)                   /* 如果 * s 的右子树为空,则使 * s 的左子树成为
                                             被删结点双亲结点的左子树 */
    {
        q = *s;
        *s = ( *s)->lchild;
```

```
            free(q);
        }
        else if(!(*s)->lchild)      /*如果*s的左子树为空,则使*s的右子树成为被删结点
                                        双亲结点的左子树*/
        {
            q = *s;
            *s = (*s)->rchild;
            free(q);
        }
        else
        /*如果*s的左、右子树都存在,则使*s的直接前驱结点代替*s,并使其直接前驱结点的左
            子树成为其双亲结点的右子树结点*/
        {
            x = *s;
            y = (*s)->lchild;
            while(y->rchild)        /*查找*s的直接前驱结点,*y为*s的直接前
                                        驱结点,*x为*y的双亲结点*/
            {
                x = y;
                y = y->rchild;
            }
            (*s)->data = y->data;       /*结点*s被*y取代*/
            if(x! = *s)                 /*如果结点*s的左孩子结点不存在右子树*/
                x->rchild = y->lchild;  /*使*y的左子树成为*x的右子树*/
            else                        /*如果结点*s的左孩子结点存在右子树*/
                x->lchild = y->lchild;  /*使*y的左子树成为*x的左子树*/
            free(y);
        }
    }
```

在算法的实现过程中,通过调用 Delete(T) 来实现删除当前结点的操作,而函数 BSTDelete(&(*T)->lchild, x) 和 BSTDelete(&(*T)->rchild, x) 则是在删除结点后,利用参数 T->lchild 和 T->rchild 实现连接左子树和右子树的操作,使二叉排序树性质保持不变。

4. 二叉排序树的应用举例

【例 8-1】 给定一组元素序列 {37, 32, 35, 62, 82, 95, 73, 12, 5},利用二叉排序树的插入算法创建一棵二叉排序树,然后查找元素值为 73 的元素,并删除元素 32,最后以中序序列输出该元素序列。

分析: 通过给定一组元素值,利用插入算法将元素插入到二叉树中构成一棵二叉排序树,然后利用查找算法实现二叉排序树的查找。

```c
#include<stdio.h>
#include<stdlib.h>
#include<malloc.h>
typedef int KeyType;
typedef struct                    /*元素的定义*/
{
    KeyType key;
}DataType;
typedef struct Node               /*二叉排序树的类型定义*/
{
    DataType data;
struct Node *lchild,*rchild;
    }BiTreeNode,*BiTree;
void DeleteNode(BiTree *s);
int BSTDelete(BiTree *T,DataType x);
void InOrderTraverse(BiTree T);
BiTree BSTSearch(BiTree T,DataType x);
int BSTInsert(BiTree *T,DataType x);
void main()
{
    BiTree T=NULL,p;
    DataType table[]={37,32,35,62,82,95,73,12,5};
    int n=sizeof(table)/sizeof(table[0]);
    DataType x={73},s={32};
    int i;
    for(i=0;i<n;i++)
        BSTInsert(&T,table[i]);
    printf("中序遍历二叉排序树得到的序列为:\n");
    InOrderTraverse(T);
    p=BSTSearch(T,x);
    if(p!=NULL)
        printf("\n二叉排序树查找,关键字%d存在\n",x.key);
    else
        printf("查找失败!\n");
    BSTDelete(&T,s);
    printf("删除元素%d后,中序遍历二叉排序树得到的序列为:\n",s.key);
    InOrderTraverse(T);
    printf("\n");
}
void InOrderTraverse(BiTree T)
/*中序遍历二叉排序树的递归实现*/
{
```

```
        if(T)                              /*如果二叉排序树不为空*/
        {
            InOrderTraverse(T->lchild);    /*中序遍历左子树*/
            printf("%4d",T->data);         /*访问根结点*/
            InOrderTraverse(T->rchild);    /*中序遍历右子树*/
        }
    }
```

程序运行结果如图8-9所示。

8.3.2 平衡二叉树

由于二叉排序树的深度为 n，二叉排序树查找在最坏的情况下，其平均查找长度为 n。因此，为了减少二叉排序树的查找次数，需要进行平衡化处理，平衡化处理得到的二叉树称为平衡二叉树。

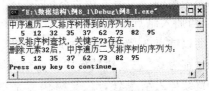

图 8-9 程序运行结果

1. 平衡二叉树的定义

平衡二叉树或者是一棵空二叉树，或者是具有以下性质的二叉树：平衡二叉树的左子树和右子树的深度之差的绝对值小于等于1，且左子树和右子树也是平衡二叉树。平衡二叉树也称为AVL树。

如果将二叉树中结点的平衡因子定义为结点的左子树与右子树之差，则平衡二叉树中每个结点的平衡因子只有3种可能：-1、0和1。例如，图8-10所示为平衡二叉树，结点的右边表示平衡因子，因为该二叉树既是二叉排序树又是平衡树，因此，该二叉树称为平衡二叉排序树。如果在二叉树中有一个结点的平衡因子的绝对值大于1，则该二叉树是不平衡的。例如，图8-11所示为不平衡的二叉树。

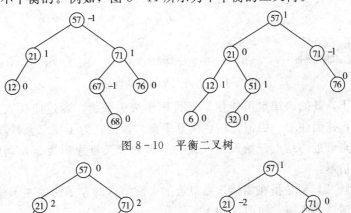

图 8-10 平衡二叉树

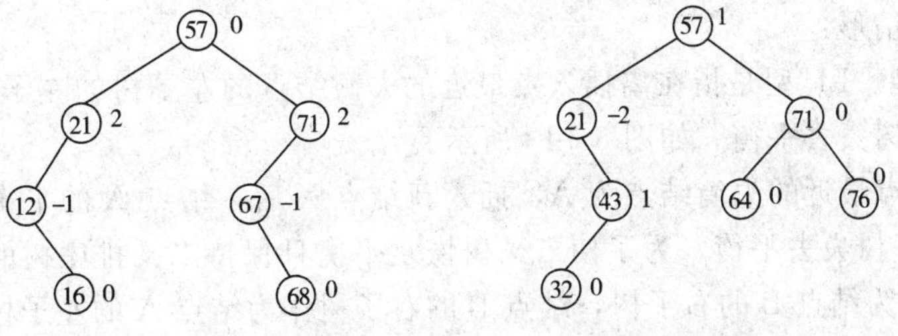

图 8-11 不平衡二叉树

如果二叉排序树是平衡二叉树，则在查找时可以减少与关键字比较的次数，其平均查找长度与 $\log_2 n$ 是同数量级的。

2. 二叉排序树的平衡处理

在二叉排序树中插入一个新结点后，如何保证该二叉树是平衡二叉排序树呢？假设有一个关键字序列 {5，34，45，76，65}，依照此关键字序列建立二叉排序树，且使该二叉排序树是平衡二叉排序树。构造平衡二叉排序树的过程如图 8-12 所示。

初始时，二叉树是空树，因此是平衡二叉树。在空二叉树中插入结点 5，该二叉树依然是平衡的。当插入结点 34 后，该二叉树仍然是平衡的，结点 5 的平衡因子变为-1。当插入结点 45 后，结点 5 的平衡因子变为-2，二叉树不平衡，需要进行调整。只需要以结点 34 为轴进行逆时针旋转，将二叉树变为以 34 为根，这时各个结点的平衡因子都为 0，二叉树转换成平衡二叉树。

继续插入结点 76，二叉树仍然是平衡的。当插入结点 65 时，该二叉树失去了平衡，如果仍然按照上述方法仅仅以结点 45 为轴进行旋转，就会失去二叉排序树的性质。为了保持二叉排序树的性质，并保证该二叉树是平衡的，需要进行两次调整：先以结点 76 为轴进行顺时针旋转，然后以结点 65 为轴进行逆时针旋转。

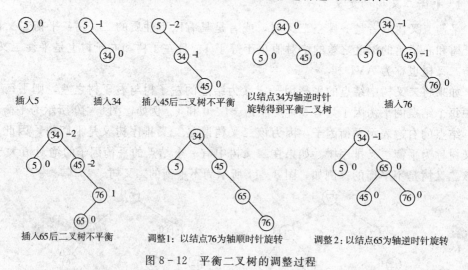

图 8-12 平衡二叉树的调整过程

一般情况下，新插入结点可能使二叉排序树失去平衡，通过使插入点最近的祖先结点恢复平衡，从而使上一层祖先结点恢复平衡。因此，为了使二叉排序树恢复平衡，需要从离插入点最近的结点开始调整。失去平衡的二叉排序树类型及调整方法可以归纳为以下 4 种情形：

（1）LL 型。LL 型是指在离插入点最近的失衡结点的左子树的左子树中插入结点，导致二叉排序树失去平衡。如图 8-13 所示。

距离插入点最近的失衡结点为 A，插入新结点 X 后，结点 A 的平衡因子由 1 变为 2，该二叉排序树失去平衡。为了使二叉树恢复平衡且保持二叉排序树的性质不变，可以使结点 A 作为结点 B 的右子树，结点 B 的右子树作为结点 A 的左子树，这样就恢复了该二叉排序树的平衡。这相当于以结点 B 为轴，对结点 A 进行顺时针旋转。

为平衡二叉排序树的每个结点,增加一个域 bf,用来表示对应结点的平衡因子。则平衡二叉排序树的类型定义描述如下:

```
typedef struct BSTNode                    /*平衡二叉排序树的类型定义*/
{
    DataType data;
    int bf;                               /*结点的平衡因子*/
    struct BSTNode *lchild,*rchild;       /*左、右孩子指针*/
}BSTNode,*BSTree;
```

当二叉树失去平衡时,对 LL 型二叉排序树的调整,算法实现如下:

```
BSTree b;
b = p->lchild;                  /*lc 指向 p 的左子树的根结点*/
p->lchild = b->rchild;          /*将 lc 的右子树作为 p 的左子树*/
b->rchild = p;
p->bf = b->bf = 0;              /*修改平衡因子*/
```

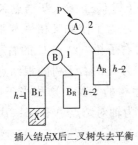
插入结点X后二叉树失去平衡

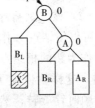
以结点B为轴进行顺时针旋转
调整,使二叉树恢复平衡

图 8-13 LL 型二叉排序树的调整

(2) LR 型。LR 型是指在离插入点最近的失衡结点的左子树的右子树中插入结点,导致二叉排序树失去平衡。如图 8-14 所示。

距离插入点最近的失衡结点为 A,在 C 的左子树 C_L 下插入新结点 X 后,结点 A 的平衡因子由 1 变为 2,该二叉排序树失去平衡。为了使二叉树恢复平衡且保持二叉排序树的性质不变,可以使结点 B 作为结点 C 的左子树,结点 C 的左子树作为结点 B 的右子树。将结点 C 作为新的根结点,结点 A 作为 C 的右子树的根结点,结点 C 的右子树作为 A 的左子树,这样就恢复了该二叉排序树的平衡。这相当于以结点 B 为轴,对结点 C 先做了一次逆时针旋转;然后以结点 C 为轴对结点 A 做了一次顺时针旋转。

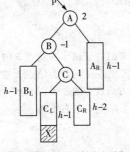
插入结点X后二叉树失去平衡

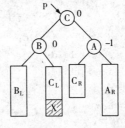
以结点B为轴进行逆时针旋转,然后以C为轴对A进行顺时针旋转

图 8-14 LR 型二叉排序树的调整

相应地，对于 LR 型的二叉排序树的调整，算法实现如下：

```
BSTree b,c;
b = p->lchild,c = b->rchild;
b->rchild = c->lchild;        /*将结点 C 的左子树作为结点 B 的右子树*/
p->lchild = c->rchild;        /*将结点 C 的右子树作为结点 A 的左子树*/
c->lchild = b;                /*将 B 作为结点 C 的左子树*/
c->rchild = p;                /*将 A 作为结点 C 的右子树*/
/*修改平衡因子*/
p->bf = -1;
b->bf = 0;
c->bf = 0;
```

(3) RL 型。RL 型是指在离插入点最近的失衡结点的右子树的左子树中插入结点，导致二叉排序树失去平衡。如图 8-15 所示。

距离插入点最近的失衡结点为 A，在 C 的右子树 C_R 下插入新结点 X 后，结点 A 的平衡因子由 -1 变为 -2，该二叉排序树失去平衡。为了使二叉树恢复平衡且保持二叉排序树的性质不变，可以使结点 B 作为结点 C 的右子树，结点 C 的右子树作为结点 B 的左子树。将结点 C 作为新的根结点，结点 A 作为 C 的右子树的根结点，结点 C 的左子树作为 A 的右子树，这样就恢复了该二叉排序树的平衡。这相当于以结点 B 为轴，对结点 C 先做了一次顺时针旋转；然后以结点 C 为轴对结点 A 做了一次逆时针旋转。

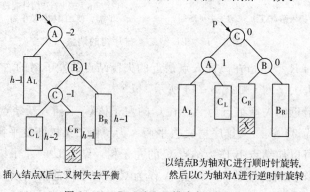

插入结点X后二叉树失去平衡　　以结点B为轴对C进行顺时针旋转，
　　　　　　　　　　　　　　然后以C为轴对A进行逆时针旋转

图 8-15　RL 型二叉排序树的调整

相应地，对于 RL 型的二叉排序树的调整，算法实现如下：

```
BSTree b,c;
b = p->rchild,c = b->lchild;
b->lchild = c->rchild;        /*将结点 C 的右子树作为结点 B 的左子树*/
p->rchild = c->lchild;        /*将结点 C 的左子树作为结点 A 的右子树*/
c->lchild = p;                /*将 A 作为结点 C 的左子树*/
c->rchild = b;                /*将 B 作为结点 C 的右子树*/
/*修改平衡因子*/
p->bf = 1;
b->bf = 0;
c->bf = 0;
```

(4) RR 型。RR 型是指在离插入点最近的失衡结点的右子树的右子树中插入结点，导致二叉排序树失去平衡。如图 8-16 所示。

距离插入点最近的失衡结点为 A，在结点 B 的右子树 B_R 下插入新结点 X 后，结点 A 的平衡因子由 -1 变为 -2，该二叉排序树失去平衡。为了使二叉树恢复平衡且保持二叉排序树的性质不变，可以使结点结点 A 作为 B 的左子树的根结点，结点 B 的左子树作为 A 的右子树，这样就恢复了该二叉排序树的平衡。这相当于以结点 B 为轴，对结点 A 做了一次逆时针旋转。

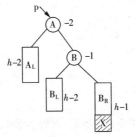
插入结点X后二叉树失去平衡

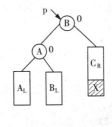
以结点B为轴对A进行逆时针旋转

图 8-16 RR 型二叉排序树的调整

相应地，对于 RL 型的二叉排序树的调整可以用以下语句实现：

```
BSTree b,c;
b = p->rchild;
p->rchild = b->lchild;      /*将结点 B 的左子树作为结点 A 的右子树*/
b->lchild = p;              /*将 A 作为结点 B 的左子树*/
/*修改平衡因子*/
p->bf = 0;
b->bf = 0;
```

综合以上 4 种情况，在平衡二叉排序树中插入一个新结点 e 的算法描述如下：

(1) 如果平衡二叉排序树是空树，则插入的新结点作为根结点，同时将该树的深度增 1；

(2) 如果二叉树中已经存在与结点 e 的关键字相等的结点，则不进行插入；

(3) 如果结点 e 的关键字小于要插入位置的结点的关键字，则将 e 插入到该结点的左子树位置，并将该结点的左子树高度增 1，同时修改该结点的平衡因子；如果该结点的平衡因子绝对值大于 1，则需要进行平衡化处理；

(4) 如果结点 e 的关键字大于要插入位置的结点的关键字，则将 e 插入到该结点的右子树位置，并将该结点的右子树高度增 1，同时修改该结点的平衡因子；如果该结点的平衡因子绝对值大于 1，则需要进行平衡化处理。

二叉排序树的平衡化处理算法的实现包括两个部分：平衡二叉排序树的插入操作和平衡处理。平衡二叉排序树的插入算法实现如下。

```c
int InsertAVL(BSTree *T,DataType e,int *taller)
/*如果在平衡的二叉排序树 T 中不存在与 e 有相同关键字的结点,则将 e 插入并返回 1,否
  则返回 0 */
/*如果插入新结点后使二叉排序树失去平衡,则进行平衡旋转处理*/
{
    if(! *T)                        /*如果二叉排序树为空,则插入新结点,将 taller 置为 1*/
        *T = (BSTree)malloc(sizeof(BSTNode));
        (*T)->data = e;
        (*T)->lchild = (*T)->rchild = NULL;
        (*T)->bf = 0;
        *taller = 1;
    }
    else
    {
        if(e.key = = (*T)->data.key)  /*如果树中存在和 e 的关键字相等,则不进行插入操作*/
        {
            *taller = 0;
            return 0;
        }
        if(e.key<(*T)->data.key)    /*如果 e 的关键字小于当前结点的关键字,则继续在 *T
                                      的左子树中进行查找*/
        {
            if(! InsertAVL(&(*T)->lchild,e,taller))
                return 0;
            if(*taller)             /*已插入到 *T 的左子树中且左子树"长高"*/
            {
                switch((*T)->bf)    /*检查 *T 的平衡度*/
                {
                case 1:             /*在插入之前,左子树比右子树高,需要作左平衡处理*/
                    LeftBalance(T);
                    *taller = 0;
                    break;
                case 0:             /*在插入之前,左、右子树等高,树增高将 taller 置为 1*/
                    (*T)->bf = 1;
                    *taller = 1;
                    break;
                case -1:            /*在插入之前,右子树比左子树高,现左、右子树等高*/
                    (*T)->bf = 0;
                    *taller = 0;
                }
            }
        }
```

```
        else
        {                           /*应继续在*T的右子树中进行搜索*/
            if(! InsertAVL(&(*T)->rchild,e,taller))
                return 0;
            if(*taller)             /*已插入到T的右子树且右子树"长高"*/
            {
                switch((*T)->bf)    /*检查T的平衡度*/
                {
                    case 1:         /*在插入之前,左子树比右子树高,现左、右子树等高*/
                        (*T)->bf = 0;
                        *taller = 0;
                        break;
                    case 0:         /*在插入之前,左、右子树等高,现因右子树增高而使树增高*/
                        (*T)->bf = -1;
                        *taller = 1;
                        break;
                    case -1:        /*在插入之前,右子树比左子树高,需要作右平衡处理*/
                        RightBalance(T);
                        *taller = 0;
                }
            }
        }
    }
    return 1;
}
```

二叉排序树的平衡处理分为对 4 种情形（LL 型、LR 型、RL 型和 RR 型）的处理，其算法的实现代码分别如下所示。

(1) LL 型的平衡处理。

对于 LL 型的失去平衡的情形，只需要对离插入点最近的失衡结点进行一次顺时针旋转处理即可，其实现代码如下。

```
void RightRotate(BSTree *p)
/*对以*p为根的二叉排序树进行右旋,处理之后p指向新的根结点,即旋转处理之前的左子树
  的根结点*/
{
    BSTree lc;
    lc = (*p)->lchild;              /*lc指向p的左子树的根结点*/
    (*p)->lchild = lc->rchild;      /*将lc的右子树作为p的左子树*/
    lc->rchild = *p;
    (*p)->bf = lc->bf = 0;
    *p = lc;                        /*p指向新的根结点*/
}
```

(2) LR 型的平衡处理。

对于 LR 型的失去平衡的情形,需要进行两次旋转处理:需要先进行一次逆时针旋转,然后再进行一次顺时针旋转处理,其实现代码如下所示。

```
void LeftBalance(BSTree *T)
/*对以T所指结点为根的二叉树进行左旋转平衡处理,并使T指向新的根结点*/
{
    BSTree lc,rd;
    lc = (*T)->lchild;                  /*lc 指向*T的左子树根结点*/
    switch(lc->bf)                      /*检查*T的左子树的平衡度,并作相应平衡处理*/
    {
    case 1:                             /*调用 LL 型失衡处理。新结点插入*T的左孩子的
                                          左子树上,需要进行单右旋处理*/
        (*T)->bf = lc->bf = 0;
        RightRotate(T);
        break;
    case -1:                            /*LR 型失衡处理。新结点插入在*T的左孩子的右
                                          子树上,要进行双旋处理*/
        rd = lc->rchild;                /*rd 指向*T的左孩子的右子树的根结点*/
        switch(rd->bf)                  /*修改*T及其左孩子的平衡因子*/
        {
        case 1:
            (*T)->bf = -1;
            lc->bf = 0;
            break;
        case 0:
            (*T)->bf = lc->bf = 0;
            break;
        case -1:
            (*T)->bf = 0;
            lc->bf = 1;
        }
        rd->bf = 0;
        LeftRotate(&(*T)->lchild);      /*对*T的左子树作左旋平衡处理*/
        RightRotate(T);                 /*对*T作右旋平衡处理*/
    }
}
```

(3) RL 型的平衡处理。

对于 RL 型的失去平衡的情形,需要进行两次旋转处理:需要先进行一次顺时针旋转,然后再进行一次逆时针旋转处理,其实现代码如下。

```
void RightBalance(BSTree *T)
/*对以指针T所指结点为根的二叉树作右旋转平衡处理,并使T指向新的根结点*/
{
    BSTree rc,rd;
    rc = (*T)->rchild;                /*rc指向*T的右子树根结点*/
    switch(rc->bf) /*调用RR型平衡处理。检查*T的右子树的平衡度,并作相应平衡处理*/
    {/*新结点插入在*T的右孩子的右子树上,要作单左旋处理*/
        case -1:
            (*T)->bf = rc->bf = 0;
            LeftRotate(T);
            break;
        case 1:  /*RL型平衡处理。新结点插入*T的右孩子的左子树上,需要进行双旋处理*/
            rd = rc->lchild;          /*rd指向*T的右孩子的左子树的根结点*/
            switch(rd->bf)            /*修改*T及其右孩子的平衡因子*/
            {
                case -1:
                    (*T)->bf = 1;
                    rc->bf = 0;
                    break;
                case 0:
                    (*T)->bf = rc->bf = 0;
                    break;
                case 1:
                    (*T)->bf = 0;
                    rc->bf = -1;
            }
            rd->bf = 0;
            RightRotate(&(*T)->rchild);  /*对*T的右子树作右旋平衡处理*/
            LeftRotate(T);               /*对*T作左旋平衡处理*/
    }
}
```

(4) RR型的平衡处理。

对于RR型的失去平衡的情形,只需要对离插入点最近的失衡结点进行一次逆时针旋转处理即可,其实现代码如下。

```
void LeftRotate(BSTree *p)
/*对以*p为根的二叉排序树进行左旋,处理之后p指向新的根结点,即旋转处理之前的右子树
  的根结点*/
{
BSTree rc;
rc = (*p)->rchild;              /*rc指向p的右子树的根结点*/
(*p)->rchild = rc->lchild;      /*将rc的左子树作为p的右子树*/
rc->lchild = *p;
*p = rc;                        /*p指向新的根结点*/
}
```

平衡二叉排序树的查找过程与二叉排序树类似，其比较次数最多为树的深度，如果树的结点个数为 n，则时间复杂度为 $O(\log_2 n)$。

8.4 B-树与B⁺树

B-树与 B⁺ 是两种特殊的动态查找树。

8.4.1 B-树

B-树与二叉排序树类似，是一种特殊的动态查找树。下面介绍 B-树的定义、查找、插入与删除操作。

1. B-树的定义

B-树是一种平衡的排序树，也称为 m 路（阶）查找树。一棵 m 阶 B-树或者是一棵空树，或者是满足以下性质的 m 叉树。

(1) 树中的任何一个结点最多有 m 棵子树；
(2) 根结点或者是叶子结点，或者至少有两棵子树；
(3) 除了根结点之外，所有的非叶子结点至少应有 $\lceil m/2 \rceil$ 棵子树；
(4) 所有的叶子结点处于同一层次上，且不包括任何关键字信息；
(5) 所有的非叶子结点的结构如下：

$$\boxed{n \mid P_0 \mid K_1 \mid P_1 \mid K_1 \mid \cdots \mid K_n \mid P_n}$$

其中，n 表示对应结点中关键字的个数，P_i 表示指向子树根结点的指针，并且 P_i 指向的子树中每一个结点的关键字都小于 K_{i+1} ($i=0, 1, \cdots, n-1$)。

例如，一棵深度为 4 的 4 阶的 B-树如图 8-17 所示。

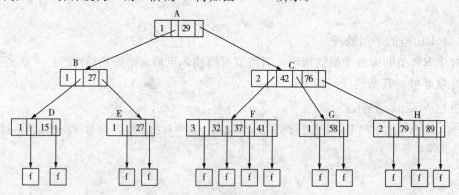

图 8-17 一棵深度为 4 的 4 阶的 B-树

在 B-树中，查找某个关键字的过程与二叉排序树的查找过程类似。例如，要查找关键字为 41 的元素，首先从根结点开始，将 41 与 A 结点的关键字 29 比较，因为 41>29，所以应该在 P_1 所指向的子树内查找。指针 P_1 指向结点 C，因此需要将 41 与结点 C 中的关键字逐个比较，因为有 41<42，所以应该在 P_0 指向的子树内查找。指针 P_0 指向结点 F，因此需要将 41 与结点 F 中的关键字逐个进行比较，在结点 F 中存在关键字为

41 的元素,因此查找成功。

2. B-树的查找

对 B-树进行查找的过程其实就是对二叉排序树进行查找的扩展,与二叉排序树不同的是,在 B-树中,每个结点有不止一个子树。在 B-树中进行查找需要顺着指针 P_i 找到对应的结点,然后在结点中顺序查找。

B-树的类型描述如下:

```
#define m 4                          /* B-树的阶数 */
typedef struct BTNode                /* B-树类型定义 */
{
    int keynum;                      /* 每个结点中的关键字个数 */
    struct BTNode * parent;          /* 指向双亲结点 */
    KeyType data[m+1];               /* 结点中关键字信息 */
    struct BTNode * ptr[m+1];        /* 指针向量 */
}BTNode, * BTree;
```

B-树的查找算法描述如下。

```
typedef struct                       /* 返回结果类型定义 */
{
    BTNode * pt;                     /* 指向找到的结点 */
    int pos;                         /* 关键字在结点中的序号 */
    int flag;                        /* 查找成功与否标志 */
}result;
result BTreeSearch(BTree T, KeyType k)
/* 在 m 阶 B-树 T 上查找关键字 k,返回结果为 r(pt,pos,flag)。如果查找成功,则标志 flag 为 1,
    pt 指向关键字为 k 的结点,否则特征值 tag = 0,等于 k 的关键字应插入在指针 Pt 所指结点中
    第 pos 和第 pos+1 个关键字之间 */
{
    BTree p = T, q = NULL;
    int i = 0, found = 0;
    result r;
    while(p&&! found)
    {
        i = Search(p,k);             /* p->data[i].key≤k<p->data[i+1].key */
        if(i>0&&p->data[i].key == k.key)  /* 如果找到要查找的关键字,标志 found 置为 1 */
            found = 1;
        else
        {
            q = p;
            p = p->ptr[i];
        }
    }
```

```
        if(found)                        /* 查找成功,返回结点的地址和位置序号 */
        {
            r.pt = p;
            r.flag = 1;
            r.pos = i;
        }
        else                              /* 查找失败,返回 k 的插入位置信息 */
        {
            r.pt = q;
            r.flag = 0;
            r.pos = i;
        }
        return r;
}
int Search(BTree T,KeyType k)
/* 在 T 指向的结点中查找关键字为 k 的序号 */
{
    int i = 1,n = T->keynum;
    while(i<=n&&T->data[i].key<=k.key)
        i++;
    return i-1;
}
```

3. B-树的插入操作

B-树的插入操作与二叉排序树的插入操作类似,都是使插入后,结点左边的子树中每一个结点的关键字小于根结点的关键字,右边子树的结点关键字大于根结点的关键字。而与二叉排序树不同的是,插入的关键字不是树的叶子结点,而是树中处于最低层的非叶子结点,同时该结点的关键字个数最少应该是 $\lceil m/2 \rceil - 1$,最大应该是 $m-1$,否则需要对该结点进行分裂。

例如,图 8-18 为一棵 3 阶的 B-树(省略了叶子结点),在该 B-树中依次插入关键字 35、25、78 和 43。

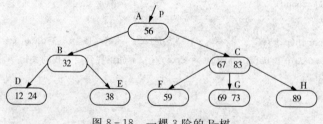

图 8-18 一棵 3 阶的 B-树

插入关键字 35:首先需要从根结点开始,确定关键字 35 应插入的位置是结点 E。因为插入后结点 E 中的关键字个数大于 1 小于 2,所以插入成功。插入后 B-树如图 8-19 所示。

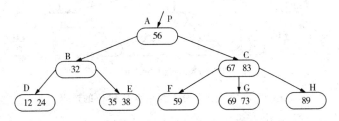

图 8-19 插入关键字 35 的过程

插入关键字 25：从根结点开始确定关键字 25 应插入的位置为结点 D。因为插入后结点 D 中的关键字个数大于 2，需要将结点 D 分裂为两个结点，关键字 24 被插入到双亲结点 B 中，关键字 12 被保留在结点 D 中，关键字 25 被插入到新生成的结点 D' 中，并使关键字 24 的右指针指向结点 D'。插入关键字 25 的过程如图 8-20 所示。

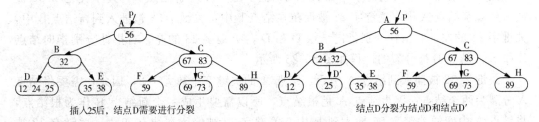

图 8-20 插入关键字 25 的过程

插入关键字 78：从根结点开始确定关键字 78 应插入的位置为结点 G。因为插入后结点 G 中的关键字个数大于 2，所以需要将结点 G 分裂为两个结点，其中关键字 73 被插入到结点 C 中，关键字 69 被保留在结点 F 中，关键字 78 被插入到新的结点 G' 中，并使关键字 73 的右指针指向结点 G'。插入关键字 78 的过程及结点 C 分裂过程如图 8-21 所示。

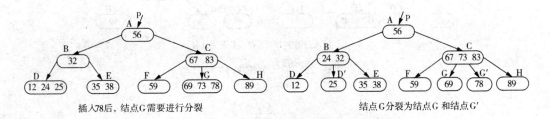

图 8-21 插入关键字 78 及结点 C 的分裂过程

此时，结点 C 的关键字个数大于 2，因此，需要将结点 C 分裂为两个结点。将中间的关键字 73 插入到双亲结点 A 中，关键字 83 保留在 C 中，关键字 67 被插入到新结点 C' 中，并使关键字 56 的右指针指向结点 C'，关键字 73 的右指针指向结点 C。结点 C 的分裂过程如图 8-22 所示。

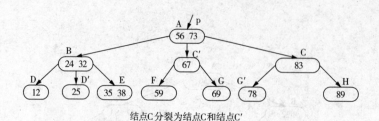

图 8-22　结点 C 分裂为结点 C 和 C′ 的过程

插入关键字 43：从根结点开始确定关键字 43 应插入的位置为结点 E。如图 8-23 所示。因为插入后结点 E 中的关键字个数大于 2，所以需要将结点 E 分裂为两个结点，其中间关键字 38 被插入到双亲结点 B 中，关键字 43 被保留在结点 E 中，关键字 35 被插入到新的结点 E′ 中，并使关键字 32 的右指针指向结点 E′，关键字 38 的右指针指向结点 E。结点 E 被分裂的过程如图 8-24 所示。

此时，结点 B 中的关键字个数大于 2，需要进一步分解结点 B，其中关键字 32 被插入到双亲结点 A 中，关键字 24 被保留在结点 B 中，关键字 38 被插入到新结点 B′ 中，关键字 24 的左、右指针分别指向结点 D 和 D′，关键字 38 的左、右指针分别指向结点 E 和 E′。结点 B 被分裂的过程如图 8-25 所示。

关键字 32 被插入到结点 A 中后，结点 A 的关键字个数大于 2，因此，需要将结点 A 分裂为两个结点，因为结点 A 是根结点，所以需要生成一个新结点 R 作为根结点，将结点 A 中间的关键字 56 插入到 R 中，关键字 32 被保留在结点 A 中，关键字 73 被插入到新结点 A′ 中，关键字 56 的左、右指针分别指向结点 A 和 A′。关键字 32 的左、右指针分别指向结点 B 和 B′，关键字 73 的左、右指针分别指向结点 C 和 C′。结点 A 被分裂的过程如图 8-26 所示。

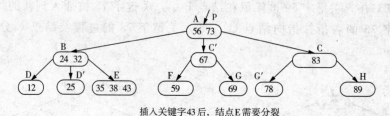

图 8-23　插入关键字 43 后

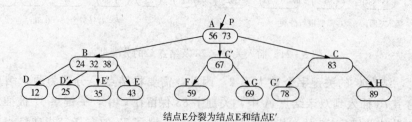

图 8-24　结点 E 的分裂过程

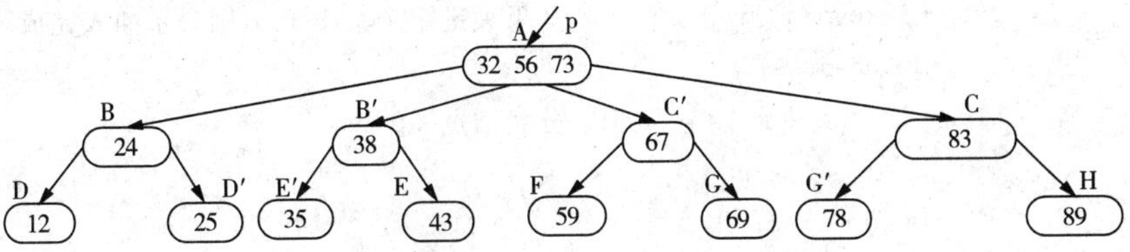

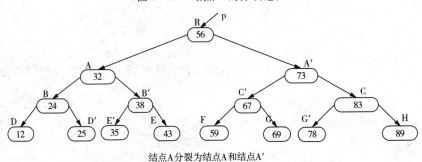

结点B分裂为结点B和结点B'

图 8-25 结点 B 的分裂过程

结点A分裂为结点A和结点A'

图 8-26 结点 A 的分裂过程

在 B-树中插入关键字的算法如下。

```
void BTreeInsert(BTree *T,DataType k,BTree p,int i)
/*在 m 阶 B-树 T 上结点*p 插入关键字 k。如果结点关键字个数>m-1,则进行结点分裂调整*/
{
    BTree ap = NULL,newroot;
    int finished = 0;
    int s,i;
    DataType rx;
    if( * T = = NULL)                  /*如果树*T 为空,则生成的结点作为根结点*/
    {
        * T = (BTree)malloc(sizeof(BTNode));
        ( * T) - >keynum = 1;
        ( * T) - >parent = NULL;
        ( * T) - >data[1] = k;
        ( * T) - >ptr[0] = NULL;
        ( * T) - >ptr[1] = NULL;
    }
    else
    {
        rx = k;
        while(p&&! finished)
        {
            Insert(&p,i,rx,ap);        /*将 rx- >key 和 ap 分别插入到 p- >key[i+1]和
                                          p- >ptr[i+1]中 */
```

```c
            if(p->keynum<m)              /*如果关键字个数小于m,则表示插入完成*/
                finished = 1;
            else                         /*分裂结点*p*/
            {
                s = (m+1)/2;
                split(&p,&ap);           /*将p->key[s+1..m],p->ptr[s..m]和
                                           p->recptr[s+1..m]移入新结点*ap*/
                rx = p->data[s];
                p = p->parent;
                if(p)
                    i = Search(p,rx);    /*在双亲结点*p中查找rx->key的插入位置*/
            }
        }
        if(!finished)                    /*生成含信息(T,rx,ap)的新的根结点*T,原T和ap
                                           为子树指针*/
        {
            newroot = (BTree)malloc(sizeof(BTNode));
            newroot->keynum = 1;
            newroot->parent = NULL;
            newroot->data[1] = rx;
            newroot->ptr[0] = *T;
            newroot->ptr[1] = ap;
            *T = newroot;
        }
    }
}
void Insert(BTree *p,int i,DataType k,BTree ap)
/*将r->key和ap分别插入到p->key[i+1]和p->ptr[i+1]中*/
{
    int j;
    for(j=(*p)->keynum;j>i;j--)          /*空出p->data[i+1]*/
    {
        (*p)->data[j+1] = (*p)->data[j];
        (*p)->ptr[j+1] = (*p)->ptr[j];
    }
    (*p)->data[i+1].key = k.key;
    (*p)->ptr[i+1] = ap;
    (*p)->keynum++;
}
void split(BTree *p,BTree *ap)
/*将结点p分裂成两个结点,前一半保留,后一半移入新生成的结点ap*/
{
    int i,s = (m+1)/2;
```

```
*ap = (BTree)malloc(sizeof(BTNode));    /*生成新结点 ap*/
(*ap)->ptr[0] = (*p)->ptr[s];           /*后一半移入 ap*/
for(i = s+1;i<= m;i++)
{
    (*ap)->data[i-s] = (*p)->data[i];
    if((*ap)->ptr[i-s])
        (*ap)->ptr[i-s]->parent = *ap;
}
(*ap)->keynum = m-s;
(*ap)->parent = (*p)->parent;
(*p)->keynum = s-1;                     /**p 的前一半保留,修改 keynum*/
}
```

4. B-树的删除操作

对于要在 B-树中删除一个关键字的操作,首先利用 B-树的查找算法,找到关键字所在的结点,然后将该关键字从该结点删除。如果删除该关键字后,该结点中的关键字个数仍然大于等于 $\lceil m/2 \rceil - 1$,则删除完成;否则,需要合并结点。

B-树的删除操作有以下 3 种可能:

(1) 要删除的关键字所在结点的关键字个数大于等于 $\lceil m/2 \rceil$,则只需要将关键字 K_i 和对应的指针 P_i 从该结点中删除即可。因为删除该关键字后,该结点的关键字个数仍然不小于 $\lceil m/2 \rceil - 1$。例如,图 8-27 显示了从结点 E 中删除关键字 35 的情形。

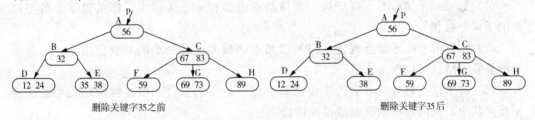

图 8-27 删除关键字 35 的过程

(2) 要删除的关键字所在结点的关键字个数等于 $\lceil m/2 \rceil - 1$,而与该结点相邻的兄弟结点(左兄弟或右兄弟)中的关键字个数大于 $\lceil m/2 \rceil - 1$,则删除关键字后,需要将其兄弟结点中最小(或最大)的关键字移动到双亲结点中,将小于(或大于)并且离移动的关键字最近的关键字移动到被删关键字所在的结点中。例如,将关键字 89 删除后,需要将关键字 73 向上移动到双亲结点 C 中,并将关键字 83 下移到结点 H 中,得到如图 8-28 所示的 B-树。

(3) 要删除的关键字所在结点的关键字个数等于 $\lceil m/2 \rceil - 1$,而与该结点相邻的兄弟结点(左兄弟或右兄弟)中的关键字个数也等于 $\lceil m/2 \rceil - 1$。假设该结点的兄弟结点(左兄弟或右兄弟)地址由指针 P_i 所指,则删除关键字后,它所在结点中剩余的关键字和指针,加上双亲结点中的关键字 K_i 一起,合并到 P_i 所指的兄弟结点(左兄弟或右兄弟)中。例如,将关键字 83 删除后,需要将关键字 83 的左兄弟结点的关键字 69 与其双亲结点中的关键字 73 合并到一起,得到如图 8-29 所示的 B-树。

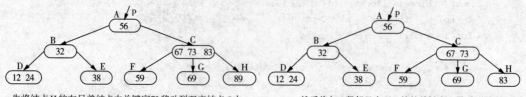

先将结点H的左兄弟结点中关键字73移动到双亲结点C中　　然后将与73紧邻且大于73的的关键字83移动到结点H中

图 8-28　删除关键字 89 的过程

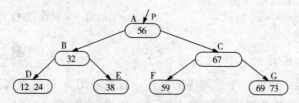

删除关键字83后，将其双亲结点与左兄弟结点中的关键字合并

图 8-29　删除关键字 83 的过程

8.4.2　B$^+$ 树

B$^+$ 树是 B-树的一种变型。它与 B-树的主要区别在于：

（1）如果一个结点有 n 棵子树，则该结点也必有 n 个关键字，即关键字个数与结点的子树个数相等；

（2）所有的非叶子结点包含子树的根结点的最大或者最小的关键字信息，因此所有的非叶子结点可以作为索引；

（3）叶子结点包含所有关键字信息和关键字记录的指针，所有叶子结点中的关键字按照从小到大的顺序依次通过指针链接。

由此可以看出，B$^+$ 树的存储方式类似于索引顺序表的存储结构，所有的记录存储在叶子结点中，非叶子结点作为一个索引表。图 8-30 为一棵 3 阶的 B$^+$ 树。

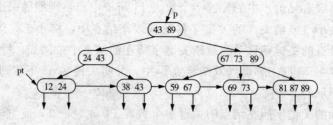

图 8-30　一棵 3 阶的 B$^+$ 树示意图

在图 8-30 中，B$^+$ 树有两个指针：一个指向根结点的指针，一个指向叶子结点的指针。因此，对 B$^+$ 树的查找可以从根结点开始也可以从指向叶子结点的指针开始。从根结点开始的查找是一种索引方式的查找，而从叶子结点开始的查找是顺序查找，类似于链表的访问。

从根结点对 B$^+$ 树进行查找给定的关键字，是从根结点开始，经过非叶子结点到叶子结点查找每一个结点，无论查找是否成功，都是走了一条从根结点到叶子结点的路径。在 B$^+$ 树上插入一个关键字和删除一个关键字都是在叶子结点中进行，在插入关键字时，要保证每个结点中的关键字个数不能大于 m，否则需要对该结点进行分裂。在删除关键字时，要保证每个结点中的关键字个数不能小于 $\lceil m/2 \rceil$，否则需要与兄弟结点合并。

8.5 哈希表

在前面讨论过的有关查找算法都经过了一系列与关键字比较的过程，这一类算法是建立在"比较"的基础上的，查找算法效率的高低取决于比较的次数。而比较理想的情况是不经过比较就能直接确定要查找元素的位置，这就必须在记录的存储位置和它的关键字之间建立一个确定的对应关系 f，使得每一个关键字和记录中的存储位置相对应，通过数据元素的关键字直接确定其存放的位置。这就是本节要介绍的哈希表。

8.5.1 哈希表的定义

如何在查找元素的过程中，不与给定的关键字进行比较，就能确定所查找元素的存放位置。这就需要在元素的关键字与元素的存储位置之间建立起一种对应关系，使得元素的关键字与唯一的存储位置对应。有了这种对应关系，在查找某个元素时，只需要利用这种确定的对应关系，由给定的关键字就可以直接找到该元素。用 key 表示元素的关键字，f 表示对应关系，则 $f(key)$ 表示元素的存储地址，将这种对应关系 f 称为哈希（Hash）函数，利用哈希函数可以建立哈希表。哈希函数也称为散列函数。

例如，一个班级有 30 名学生，将这些学生用各自的姓氏的拼音排序，其中姓氏首字母相同的学生放在一起。根据学生姓名的拼音首字母建立的哈希表如表 8-2 所示。

表 8-2 哈希表示例

序号	姓氏拼音	学生姓名
1	A	安紫衣
2	B	白小翼
3	C	陈立本、陈冲
4	D	邓华
5	E	
6	F	冯高峰
7	G	耿敏、弓宁
8	H	何山、郝国庆
⋮	⋮	⋮

这样，如在查找姓名为"冯高峰"的学生时，就可以从序号为 6 的一行直接找到该学生。这种方法比在一堆杂乱无章的姓名中查找要方便得多，但是，如果要查找姓名为"郝国庆"的学生时，拼音首字母为"H"的学生有多个，这就需要在该行中顺序查找。像这种不同的关键字 key 出现在同一地址上，即有 $key1 \neq key2$，$f(key1) = f(key2)$ 的情况称为哈希冲突。

在一般情况下，尽可能避免冲突的发生或者尽可能少发生冲突。元素的关键字越多，越容易发生冲突。只有少发生冲突，才能尽可能快的利用关键字找到对应的元素。因此，为了更加高效的查找集合中的某个元素，不仅需要建立一个哈希函数，还需要一个解决哈希函数冲突的方法。所谓哈希表，就是根据哈希函数和解决冲突的方法将元素的关键字映射在一个有限的且连续的地址上，并将元素存储在该地址的表上。

8.5.2 哈希函数的构造方法

构造哈希函数主要是为了使哈希地址尽可能地均匀分布以减少冲突的可能性，并使计算方法尽可能的简便以提高运算效率。哈希函数的构造方法有许多，常见的构造哈希函数的方法有以下几种。

1. 直接定址法

直接定址法就是直接取关键字的线性函数值作为哈希函数的地址。直接定址法可以表示如下：

$$h(key) = x \times key + y$$

其中 x 和 y 是常数。直接定址法的计算比较简单且不会发生冲突。但是，由于这种方法会使产生的哈希函数地址比较分散，造成内存的大量浪费。例如，如果任给一组关键字 {230, 125, 456, 46, 320, 760, 610, 109}，若令 $x=1$，$y=0$，则需要 714（最大的关键字减去最小的关键字）个内存单元存储这 8 个关键字。

2. 平方取中法

平方取中法就是将关键字平方后得到的值其中几位作为哈希函数的地址。由于一个数经过平方后，每一位数字都与该数的每一位相关，因此，采用平方取中法得到的哈希地址与关键字的每一位都相关，使哈希地址有了较好的分散性，从而避免冲突的发生。

例如，如果给定关键字 $key=3456$，则关键字取平方后即 $key^2=11943936$，取中间的 4 位得到哈希函数的地址，即 $h(key)=9439$。在得到关键字的平方后，具体取哪几位作为哈希函数的地址根据具体情况而定。

3. 折叠法

折叠法是将关键字平均分割为若干等分，最后一个部分如果不够可以空缺，然后将这几个等分叠加求和作为哈希地址。这种方法主要用在关键字的位数特别多且每一个关键字的位数分布大体相当的情况。例如，给定一个关键字 23478245983，可以按照 3 位数将该关键字分割为几个部分，其折叠计算方法如下：

$$\begin{array}{r} 234 \\ 782 \\ 459 \\ +)83 \\ \hline h(key)=1558 \end{array}$$

然后去掉进位，将 558 作为关键字 key 的哈希地址。

4. 除留余数法

除留余数法主要是通过对关键字取余，将得到的余数作为哈希地址。其主要方法为：设哈希表长为 m，p 为小于等于 m 的数，则哈希函数为 $h(key)=key\%p$。除留余数法是一种常用的求哈希函数方法。

例如，给定一组关键字 {75，150，123，183，230，56，37，91}，设哈希表长 m 为 14，取 $p=13$，则这组关键字的哈希地址存储情况为：

hash地址	0	1	2	3	4	5	6	7	8	9	10	11	12	13
		183				56		123	150		230	75	37		91

在求解关键字的哈希地址时，p 的取值十分关键，一般情况下，p 为质数或者不包含小于 20 的质因数的合数。

8.5.3 处理冲突的方法

在构造哈希函数的过程中，不可避免的会出现冲突的情况。所谓处理冲突就是在有冲突发生时，为产生冲突的关键字找到另一个地址存放该关键字。在解决冲突的过程中，可能会得到一系列哈希地址 h_i ($i=1,2,\cdots,n$)，也就是当冲突发生时，经过处理后得到一个新的地址，记作 h_1，如果 h_1 仍然会冲突，则处理后得到下一个地址 h_2，依次类推，直到 h_n 不产生冲突，将 h_n 作为关键字的存储地址。

比较常用的处理冲突的方法主要有：开放定址法、再哈希法和链地址法。

1. 开放定址法

开放定址法是解决冲突比较常用的方法。开放定址法是利用哈希表中的空地址存储产生冲突的关键字。当冲突发生时，按照下列公式处理冲突：

$$h_i=(h(key)+d_i)\%m \ (i=1,2,\cdots,m-1)$$

其中，$h(key)$ 为哈希函数，m 为哈希表长，d_i 为地址增量。地址增量 d_i 有以下 3 种方法获得。

(1) 线性探测再散列：在冲突发生时，地址增量 d_i 依次取自然数列 $1,2,\cdots,m-1$，即 $d_i=1,2,\cdots,m-1$；

(2) 二次探测再散列：在冲突发生时，地址增量 d_i 依次取自然数的平方，即 $d_i=1^2,-1^2,2^2,-2^2,\cdots,k^2,-k^2$；

(3) 伪随机数再散列：在冲突发生时，地址增量 d_i 依次取随机数序列。

例如，在长度为 14 的哈希表中，将关键字 183，123，230，91 存放在哈希表中的情况如图 8-31 所示。

hash地址	0	1	2	3	4	5	6	7	8	9	10	11	12	13
		183					123				230			91

图 8-31 哈希表冲突发生前

当要插入关键字 149 时，由哈希函数 $h(149)=149\%13=6$，而单元 6 已经存在关键字，冲突产生，利用线性探测再散列法解决冲突，即 $h_1 = (6+1)\%14 = 7$，将 149 存储在单元 7 中。如图 8-32 所示。

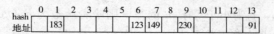

图 8-32 插入关键字 149 后

当要插入关键字 227 时，由哈希函数 $h(227) = 227\%13 = 6$，而单元 6 已经存在关键字，产生冲突，利用线性探测再散列法解决冲突，即 $h_1 = (6+1)\%14 = 7$，仍然冲突，继续利用线性探测法，即 $h_2 = (6+2)\%14 = 8$，单元 8 空闲，因此将 227 存储在单元 8 中。如图 8-33 所示。

图 8-33 插入关键字 227 后

当然，在冲突发生时，也可以利用二次探测再散列法解决冲突。在图 8-33 中，如果要插入关键字 227，因为冲突产生，利用二次探测再散列法解决冲突，即 $h_1 = (6+1)\%14 = 7$，冲突再次产生时，有 $h_2 = (6-1)\%14 = 5$，将 227 存储在单元 5 中。如图 8-34 所示。

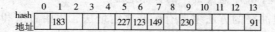

图 8-34 利用二次探测再散列法解决冲突

2. 再哈希法

再哈希法就是在冲突发生时，利用另外一个哈希函数再次求哈希函数的地址，直到冲突不再发生为止，即

$$h_i = rehash(key) \quad (i = 1, 2, \cdots, n)$$

其中，rehash 表示不同的哈希函数。这种再哈希法一般不容易再次发生冲突，但是需要事先构造多个哈希函数，这是一件不太容易也不现实的事情。

3. 链地址法

链地址法就是将具有相同散列地址的关键字用一个线性链表存储起来。每个线性链表设置一个头指针指向该链表。链地址法的存储表示类似于图的邻接表表示。在每一个链表中，所有的元素都是按照关键字有序排列。链地址法的主要优点是在哈希表中增加元素和删除元素很方便。

例如，一组关键字序列 {23, 35, 12, 56, 123, 39, 342, 90, 78, 110}，按照哈希函数 $h(key) = key\%13$ 和链地址法处理冲突，其哈希表如图 8-35 所示。

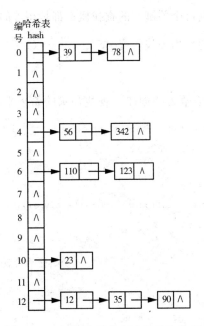

图 8-35 链地址法处理冲突的哈希表

8.5.4 哈希表应用举例

【例 8-2】 给定一组元素的关键字 hash [] = {23, 35, 12, 56, 123, 39, 342, 90}, 利用除留余数法和线性探测再散列法将元素存储在哈希表中, 并查找给定的关键字, 求解平均查找长度。

分析: 主要考察哈希函数的构造方法、冲突解决的办法。算法实现主要包括几个部分: 构建哈希表、在哈希表中查找给定的关键字、输出哈希表及求平均查找长度。关键字的个数是 8 个, 假设哈希表的长度 m 为 11, p 为 11, 利用除留余数法求哈希函数即 $h(key) = key \% p$, 利用线性探测再散列法解决冲突即 $h_i = (h(key) + d_i)$, 哈希表如图 8-36 所示。

hash地址	0	1	2	3	4	5	6	7	8	9	10
地址		23	35	12	56	123	39	342	90		
冲突次数		1	1	3	4	4	1	7	7		

图 8-36 哈希表

哈希表的查找过程就是利用哈希函数和处理冲突创建哈希表的过程。例如, 要查找 $key=12$, 由哈希函数 $h(12) = 12\%11 = 1$, 此时与第 1 号单元中的关键字 23 比较, 因为 $23 \neq 12$, 又 $h_1 = (1+1)\%11 = 2$, 所以将第 2 号单元的关键字 35 与 12 比较, 因为 $35 \neq 12$, 又 $h_2 = (1+2)\%11 = 3$, 所以将第 3 号单元中关键字 12 与 key 比较, 因为 $key=12$, 所以查找成功, 返回序号 2。

尽管利用哈希函数可以通过关键字直接找到对应的元素, 但是不可避免地冲突仍然会产生, 在查找的过程中, 比较仍会是不可避免的, 因此, 仍然以平均查找长度衡量哈希表查找效率的高低。假设每个关键字的查找概率都是相等的,则在图 8-37 中的哈希表中,查找某个元素成功时的平均查找长度 $ASL_{成功} = \frac{1}{8} (1 \times 3 + 3 + 4 \times 2 + 7 \times 2) = 3.5$。

1. 哈希表的操作

这部分主要包括包括哈希表的创建、查找与求哈希表平均查找长度。

```
void CreateHashTable(HashTable * H,int m,int p,int hash[],int n)
/*构造一个空的哈希表,并处理冲突*/
{
    int i,sum,addr,di,k = 1;
    ( * H).data = (DataType * )malloc(m * sizeof(DataType));    /*为哈希表分配存储空间*/
    if(!( * H).data)
        exit( - 1);
    for(i = 0;i<m;i + +)                     /*初始化哈希表*/
    {
        ( * H).data[i].key = - 1;
        ( * H).data[i].hi = 0;
    }
    for(i = 0;i<n;i + +)                     /*求哈希函数地址并处理冲突*/
    {
        sum = 0;                             /*冲突的次数*/
        addr = hash[i] % p;                  /*利用除留余数法求哈希函数地址*/
        di = addr;
        if(( * H).data[addr].key = = - 1)     /*如果不冲突则将元素存储在表中*/
        {
            ( * H).data[addr].key = hash[i];
            ( * H).data[addr].hi = 1;
        }
        else                                 /*用线性探测再散列法处理冲突*/
        {
            do
            {
                di = (di + k) % m;
                sum + = 1;
            } while(( * H).data[di].key! = - 1);
            ( * H).data[di].key = hash[i];
            ( * H).data[di].hi = sum + 1;
        }
    }
    ( * H).curSize = n;                       /*哈希表中关键字个数为n*/
    ( * H).tableSize = m;                     /*哈希表的长度*/
}
```

```c
int SearchHash(HashTable H,KeyType k)
/* 在哈希表 H 中查找关键字 k 的元素 */
{
    int d,d1,m;
    m = H.tableSize;
    d = d1 = k%m;                              /* 求 k 的哈希地址 */
    while(H.data[d].key! = -1)
    {
        if(H.data[d].key = = k)                /* 如果是要查找的关键字 k,则返回 k 的位置 */
            return d;
        else                                   /* 继续往后查找 */
            d = (d+1)%m;
        if(d = = d1)                           /* 如果查找了哈希表中的所有位置,没有找到则
                                                  返回 0 */
            return 0;
    }
    return 0;                                  /* 该位置不存在关键字 k */
}
void HashASL(HashTable H,int m)
/* 求哈希表的平均查找长度 */
{
    float average = 0;
    int i;
    for(i = 0;i<m;i + +)
        average = average + H.data[i].hi;
    average = average/H.curSize;
    printf("平均查找长度 ASL = %.2f",average);
    printf("\n");
}
```

2. 测试部分

```c
#include<stdlib.h>
#include<stdio.h>
#include<malloc.h>
typedef int KeyType;
typedef struct                                 /* 元素类型定义 */
{
    KeyType key;                               /* 关键字 */
    int hi;                                    /* 冲突次数 */
}DataType;
typedef struct                                 /* 哈希表类型定义 */
{
```

```c
        DataType * data;
        int tableSize;                      /*哈希表的长度*/
        int curSize;                        /*表中关键字个数*/
}HashTable;
void CreateHashTable(HashTable * H,int m,int p,int hash[],int n);
int SearchHash(HashTable H,KeyType k);
void DisplayHash(HashTable H,int m);
void HashASL(HashTable H,int m);
void DisplayHash(HashTable H,int m)
/*输出哈希表*/
{
    int i;
    printf("哈希表地址:");
    for(i = 0;i<m;i + +)
        printf("%-5d",i);
    printf("\n");
    printf("关键字key: ");
    for(i = 0;i<m;i + +)
        printf("%-5d",H.data[i].key);
    printf("\n");
    printf("冲突次数: ");
    for(i = 0;i<m;i + +)
        printf("%-5d",H.data[i].hi);
    printf("\n");
}
void main()
{
    int hash[] = {23,35,12,56,123,39,342,90};
    int m = 11,p = 11,n = 8,pos;
    KeyType k;
    HashTable H;
    CreateHashTable(&H,m,p,hash,n);
    DisplayHash(H,m);
    k = 123;
    pos = SearchHash(H,k);
    printf("关键字%d在哈希表中的位置为:%d\n",k,pos);
    HashASL(H,m);
}
```

程序运行结果如图 8-37 所示。

图 8-37 程序运行结果

小 结

　　查找就是在数据元素集合中查看是否存在与指定的关键字相等的元素。查找分为两种：静态查找与动态查找。静态查找是指在数据元素集合中查找与给定的关键字相等的元素；而动态查找是指在查找过程中，如果数据元素集合中不存在与给定的关键字相等的元素，则将该元素插入到数据元素集合中。

　　静态查找主要有顺序表、有序顺序表和索引顺序表的查找。对于有序顺序表的查找，在查找的过程中如果给定的关键字大于表的元素，就可以停止查找，说明表中不存在该元素（假设表中的元素按照关键字从小到大排列，并且查找从第 1 个元素开始比较）。索引顺序表的查找是为主表建立一个索引，根据索引确定元素所在的范围，这样可以有效地提高查找的效率。

　　动态查找主要包括二叉排序树、平衡二叉树、B-树和 B^+ 树。这些都是利用二叉树和树的特点对数据元素集合进行排序，通过将元素插入到二叉树或在树中建立二叉树或树，然后通过对二叉树或树的遍历从小到大输出元素的序列。其中，B-树和 B^+ 树又利用了索引技术，这样可以提高查找的效率。静态查找中顺序表的平均查找长度为 $O(n)$，折半查找的平均查找长度为 $O(\log_2 n)$；动态查找中的二叉排序树的查找类似于折半查找，其平均查找长度也为 $O(\log_2 n)$。

　　哈希表是利用哈希函数的映射关系直接确定要查找元素的位置，大大减少了与元素关键字的比较次数。建立哈希表的方法主要有：直接定址法、平方取中法、折叠法和除留余数法等。

　　在进行哈希查找过程中，解决冲突最为常用的方法主要有两个，开放定址法和链地址法。其中，开放定址法是利用哈希表中的空地址存储产生冲突的关键字，解决冲突可以利用地址增量解决，方法有两个：线性探测再散列和二次探测再散列。链地址法是将具有相同散列地址的关键字用一个线性链表存储起来。每个线性链表设置一个头指针指向该链表。在每一个链表中，所有的元素都是按照关键字有序排列。

练 习 题

选择题

1. 已知一个有序表为 (11, 22, 33, 44, 55, 66, 77, 88, 99)，则折半查找 55 需要比较 ( ) 次。
   A. 1　　　　B. 2　　　　C. 3　　　　D. 4

2. 设哈希表长 $m=14$，哈希函数 $H(key)=key \% 11$。表中已有 4 个结点：$addr(15)=4$，$addr(38)=5$，$addr(61)=6$，$addr(84)=7$，其余地址为空，如用二次探测再散列法处理冲突，则关键字为 49 的地址为 ( )。
   A. 8　　　　B. 3　　　　C. 5　　　　D. 9

3. 在散列查找中，平均查找长度主要与 ( ) 有关。
   A. 散列表长度　　B. 散列元素个数　　C. 装填因子　　D. 处理冲突方法

4. 采用折半查找法查找长度为 n 的线性表时，每个元素的平均查找长度为 ( )。
   A. $O(n^2)$　　B. $O(n\log_2 n)$　　C. $O(n)$　　D. $O(\log_2 n)$

5. 已知一个有序表为 (1, 3, 9, 12, 32, 41, 45, 62, 75, 77, 82, 95, 100)，当折半查找值为 82 的结点时，( ) 次比较后查找成功。
   A. 11　　　　B. 5　　　　C. 4　　　　D. 8

6. 下面关于 B-树和 B+ 树的叙述中，不正确的结论是 ( )。
   A. B-树和 B+ 树都能有效的支持顺序查找
   B. B-树和 B+ 树都能有效的支持随机查找
   C. B-树和 B+ 树都是平衡的多叉树
   D. B-树和 B+ 树都可用于文件索引结构

7. 以下说法错误的是 ( )。
   A. 散列法存储的思想是由关键字值决定数据的存储地址
   B. 散列表的结点中只包含数据元素自身的信息，不包含指针
   C. 负载因子是散列表的一个重要参数，它反映了散列表的饱满程度
   D. 散列表的查找效率主要取决于散列表构造时选取的散列函数和处理冲突的方法

8. 查找效率最高的二叉排序树是 ( )。
   A. 所有结点的左子树都为空的二叉排序树
   B. 所有结点的右子树都为空的二叉排序树
   C. 平衡二叉树
   D. 没有左子树的二叉排序树

9. 已知一个有序表为 (1, 3, 9, 12, 32, 41, 45, 62, 75, 77, 82, 95, 100)，当折半查找值为 82 的结点时，( ) 次比较后查找成功。
   A. 1　　　　B. 4　　　　C. 2　　　　D. 8

10. 在各种查找方法中，平均查找长度与结点个数 n 无关的查找方法是 ( )。
    A. 顺序查找　　B. 折半查找　　C. 哈希查找　　D. 分块查找

11. 下列二叉树中,不平衡的二叉树是( )。

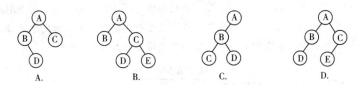

12. 对一棵二叉排序树按( )遍历,可得到结点值从小到大的排列序列。
    A. 先序　　　B. 中序　　　C. 后序　　　D. 层次
13. 解决散列法中出现的冲突问题常采用的方法是( )。
    A. 数字分析法、除余法、平方取中法　　B. 数字分析法、除余法、线性探测法
    C. 数字分析法、线性探测法、多重散列法　D. 线性探测法、多重散列法、链地址法
14. 对线性表进行折半查找时,要求线性表必须( )。
    A. 以顺序方式存储
    B. 以链接方式存储
    C. 以顺序方式存储,且结点按关键字有序排序
    D. 以链接方式存储,且结点按关键字有序排序

综合题

1. 选取哈希函数 $H(key)=key\%11$。用二次探测再散列处理冲突,试在 0—10 的散列地址空间中对关键字序列 {22,41,53,46,30,13,01,67} 构造哈希表,并求等概率情况下查找成功时的平均查找长度。

2. 设哈希表 HT 表长 m 为 13,哈希函数为 $H(key)=key\%m$,给定的关键字序列为 {19,14,23,10,68,20,84,27,55,11}。试求出用线性探测法解决冲突时所构造的哈希表,并求出在等概率的情况下查找成功的平均查找长度 ASL。

3. 设散列表容量为 7(散列地址空间 0—6),给定表 (30,36,47,52,34),散列函数 $H(key)=key\%6$,采用线性探测法解决冲突,要求:
   (1) 构造散列表;
   (2) 求查找数 34 需要比较的次数。

4. 已知下面二叉排序树的各结点的值依次为 1—9,请标出各结点的值。

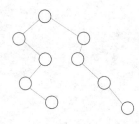

5. 设有一组关键字 {19,1,23,14,55,20,84,27,68,11,10,77},采用哈希函数 $H(key)=key\%13$,采用开放地址法的二次探测再散列方法解决冲突,试在 0—18 的散列空间中对关键字序列构造哈希表,画出哈希表,并求其查找成功时的平均查找长度。

6. 已知关键字序列 {11,2,13,26,5,18,4,9},设哈希表表长为 16,哈希函数 $H(key)=key\%13$,处理冲突的方法为线性探测法,请给出哈希表,并计算在等概率的条件下的平均查找长度。

7. 设散列表的长度为 $m=13$，散列函数为 $H(key) = key \% m$，给定的关键字序列为 {19, 14, 23, 1, 68, 20, 84, 27, 55, 11, 13, 7}，试写出用线性探测法解决冲突时所构造的散列表。

8. 给定一个递增有序的元素序列，利用折半查找算法查找值为 x 的元素的递归算法。

9. 以图 1 所示的索引顺序表为例，编写一个查找关键字为 52 的算法。

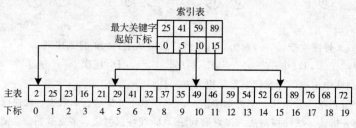

图 1 索引顺序表

10. 利用以下哈希函数 $h(key) = 3key \% 11$，采用链地址法处理冲突，对关键字集合 {22, 43, 53, 45, 30, 12, 2, 56} 构造一个哈希表，并求出每一个元素在查找时概率都相等的情况下的平均查找长度。

第9章 内排序

排序（Sorting）是计算机程序设计中的一种重要操作，它的作用是将一个数据元素（或记录）的任意序列重新排列成一个按关键字有序的序列。它的应用领域也非常广泛，在数据处理过程中，对数据进行排序是不可避免的。在元素的查找过程中就涉及对数据的排序，例如，排列有序的折半查找算法比顺序查找的效率要高许多。排序按照内存和外存的使用情况，可分为内排序和外排序。

9.1 排序的基本概念

在学习排序算法之前，先来介绍与排序相关的基本概念。

排序：把一个无序的元素序列按照元素的关键字递增或递减排列为有序的序列。设包含 n 个元素的序列 $(E_1, E_2, \cdots, E_n)$，其对应的关键字为 $(k_1, k_2, \cdots, k_n)$，为了将元素按照非递减（或非递增）排列，需要对下标 1，2，$\cdots$，n 构成一种能够让元素按照非递减（或非递增）的排列即 $p_1, p_2, \cdots, p_n$，使关键字呈非递减（或非递增）排列，即 $k_{p_1} \leqslant k_{p_2} \leqslant \cdots \leqslant k_{p_n}$，从而使元素构成一个非递减（或非递增）的序列，即 $(E_{p_1}, E_{p_2}, \cdots, E_{p_n})$。这样的一种操作就称为排序。

稳定排序和不稳定排序：在排列过程中，如果存在两个关键字相等即 $k_i = k_j$（$1 \leqslant i \leqslant n$，$1 \leqslant j \leqslant n$，$i \neq j$），在排序前对应的元素 E_i 在 E_j 之前。在排序之后，如果元素 E_i 仍然在 E_j 之前，则称这种排序采用的方法是稳定的。如果经过排序之后，元素 E_i 位于 E_j 之后，则称这种排序方法是不稳定的。无论是稳定的排序方法还是不稳定的排序方法，都能正确地完成排序。一个排序算法的好坏主要通过时间复杂度、空间复杂度和稳定性来衡量。

内排序和外排序：根据排序过程中，所利用的内存储器和外存储器的情况，将排序分为两类，内部排序和外部排序。内部排序也称为内排序，外部排序也称为外排序。所谓内排序是指需要排序的元素数量不是特别大，在排序的过程中完全在内存中进行的方法。所谓外排序是指需要排序的数据量非常大，在内存中不能一次完成排序，需要不断地在内存和外存中交替才能完成的排序。内排序的方法有许多，按照排序过程中采用的策略将排序分为几个大类：插入排序、选择排序、交换排序和归并排序。这些排序方法各有优点和不足，在使用时，可根据具体情况选择比较合适的方法。

在排序过程中，主要需要以下两种基本操作：

(1) 比较两个元素相应关键字的大小；

(2) 将元素从一个位置移动到另一个位置。

其中，第二种操作即移动元素通过采用链表存储方式可以避免，而比较关键字的大小，不管采用何种存储结构都是不可避免的。

待排序元素的存储结构有 3 种方式：

(1) 顺序存储。将待排序的元素存储在一组连续的存储单元中，这类似于线性表的顺序存储，元素 E_i 和 E_j 逻辑上相邻，其物理位置也相邻。在排序过程中，需要移动元素。

(2) 链式存储。将待排序元素存储在一组不连续的存储单元中，这类似于线性表的链式存储，元素 E_i 和 E_j 逻辑上相邻，其物理位置不一定相邻。在进行排序时，不需要移动元素，只需要修改相应的指针即可。

(3) 静态链表。元素之间的关系可以通过元素对应的游标指示，游标类似于链表中的指针。

为了方便描述，本章的排序算法主要采用顺序存储。相应的数据类型描述如下：

```
#define MaxSize 50
typedef int KeyType;
typedef struct          /*数据元素类型定义*/
{
    KeyType key;        /*关键字*/
}DataType;
typedef struct          /*顺序表类型定义*/
{
    DataType data[MaxSize];
    int length;
}SqList;
```

9.2 插入排序

插入排序的算法思想：在一个有序的元素序列中，不断地将新元素插入到已经有序的元素序列中，直到所有元素都插入到合适位置为止。

9.2.1 直接插入排序

直接插入排序的基本思想：假设前 $i-1$ 个元素已经有序，将第 i 个元素的关键字与前 $i-1$ 个元素的关键字进行比较，找到合适的位置，将第 i 个元素插入。按照类似的方法，将剩下的元素依次插入到已经有序的序列中，完成插入排序。

假设待排序的元素有 n 个，对应的关键字分别是 $a_1, a_2, \cdots, a_n$，因为第 1 个元素是有序的，所以从第 2 个元素开始，将 a_2 与 a_1 进行比较。如果 $a_2 < a_1$，则将 a_2 插入到 a_1 之前；否则，说明已经有序，不需要移动 a_2。

这样，有序的元素个数变为 2，然后将 a_3 与 a_2、a_1 进行比较，确定 a_3 的位置。首先将 a_3 与 a_2 比较，如果 $a_3 \geqslant a_2$，则说明 a_1、a_2、a_3 已经是有序排列。如果 $a_3 < a_2$，则继续将 a_3 与 a_1 比较，如果 $a_3 < a_1$，则将 a_3 插入到 a_1 之前，否则，将 a_3 插入到 a_1 与 a_2 之间，即完成了 a_1、a_2、a_3 的排列。依次类推，直到最后一个关键字 a_n 插入到前 $n-1$ 个有序排列中。

例如，给定一个含有 8 个元素的元素序列，其对应的关键字序列为 {45，23，56，12，97，76，29，68}，将这些元素按照关键字从小到大进行直接插入排序的过程如图 9-1 所示。

序号	1	2	3	4	5	6	7	8
初始状态	[45]	23	56	12	97	76	29	68
i=2	[23	45]	56	12	97	76	29	68
i=3	[23	45	56]	12	97	76	29	68
i=4	[12	23	45	56]	97	76	29	68
i=5	[12	23	45	56	97]	76	29	68
i=6	[12	23	45	56	76	97]	29	68
i=7	[12	23	29	45	56	76	97]	68
i=8	[12	23	29	45	56	68	76	97]

图 9-1 直接插入排序过程

直接插入排序算法描述如下。

```
void InsertSort(SqList * L)
/*直接插入排序*/
{
    int i,j;
    DataType t;
    for(i = 1;i<L->length;i + +)          /*前 i 个元素已经有序,从第 i+1 个元素开
                                            始与前 i 个有序的关键字比较*/
    {
        t = L->data[i + 1];               /*取出第 i+1 个元素,即待排序的元素*/
        j = i;
        while(j>-1&&t.key<L->data[j].key) /*寻找当前元素的合适位置*/
        {
            L->data[j+1] = L->data[j];
            j - - ;
        }
        L->data[j + 1] = t;               /*将当前元素插入合适的位置*/
    }
}
```

从上面的算法可以看出，直接插入排序算法简单且容易实现。在最好的情况下，即所有元素的关键字已经基本有序，直接插入排序算法的时间复杂度为 $O(n)$。在最坏的情况下，即所有元素的关键字都是按逆序排列，则内层 while 循环的比较次数均为 $i+1$，则整个比较次数为 $\sum_{i=1}^{n-1}(i+1) = \frac{(n+2)(n-1)}{2}$，移动次数为 $\sum_{i=1}^{n-1}(i+2) = (n+$

4) $(n-1)/2$,即在最坏情况下时间复杂度为 $O(n^2)$。如果元素的关键字是随机的,其比较次数和移动次数约为 $n^2/4$,此时直接插入排序的时间复杂度为 $O(n^2)$,其空间复杂度为 $O(1)$。

9.2.2 折半插入排序

由于插入排序是将待排序元素插入到已经有序的元素序列的正确位置,因此,在查找正确插入位置时,可以采用折半查找的思想寻找插入位置。这种插入排序算法称为折半插入排序。

对直接插入排序算法简单修改后,得到以下折半插入排序算法。

```
void BinInsertSort(SqList *L)
/*折半插入排序*/
{
    int i,j,mid,low,high;
    DataType t;
    for(i=1;i<L->length;i++)      /*前 i 个元素已经有序,从第 i+1 个元素开始与前 i
                                    个的有序的关键字比较*/
    {
        t = L->data[i+1];          /*取出第 i+1 个元素,即待排序的元素*/
        low = 1,high = i;
        while(low<=high)           /*利用折半查找思想寻找当前元素的合适位置*/
        {
            mid = (low+high)/2;
            if(L->data[mid].key>t.key)
                high = mid-1;
            else
                low = mid+1;
        }
        for(j=i;j>=low;j--)        /*移动元素,空出要插入的位置*/
            L->data[j+1] = L->data[j];
        L->data[low] = t;          /*将当前元素插入合适的位置*/
    }
}
```

折半插入排序算法与直接插入排序算法的区别在于查找插入的位置,折半插入排序减少了关键字间的比较次数,每次插入一个元素,需要比较的次数为判定树的深度,其平均比较的时间复杂度为 $O(n\log_2 n)$。但是,折半插入排序并没有减少移动元素的次数,因此,折半插入排序算法的整体平均时间复杂度为 $O(n^2)$。

9.2.3 希尔排序

希尔排序也称为缩小增量排序,它的基本思想:通过将待排序的元素分为若干个子序列,利用直接插入排序思想对子序列进行排序。然后将该子序列缩小,接着对子序列进行直接插入排序。按照这种思想,直到所有的元素都按照关键字有序排列。

假设待排序的元素有 n 个,对应的关键字为 $\{a_1, a_2, \cdots, a_n\}$,设距离(增量)为 $c_1=4$ 的元素为同一个子序列,则元素的关键字 $\{a_1, a_5, \cdots, a_i, a_{i+5}, \cdots, a_{n-5}\}$ 为一个子序列;同理,关键字 $\{a_2, a_6, \cdots, a_{i+1}, a_{i+6}, \cdots, a_{n-4}\}$ 为一个子序列…然后分别对同一个子序列的关键字利用直接插入排序进行排序。之后,缩小增量令 $c_2=2$,分别对同一个子序列的关键字进行插入排序。依次类推,最后令增量为 1,这时只有一个子序列,对整个元素进行排序。

例如,利用希尔排序的算法思想,对元素的关键字序列 $\{56,22,67,32,59,12,89,26,48,37\}$ 进行排序,其排序过程如图 9-2 所示。

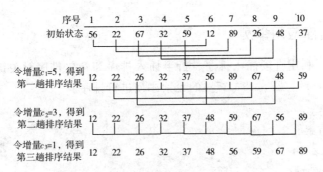

图 9-2 希尔排序过程

希尔排序的算法描述如下。

```
void ShellInsert(SqList * L,intc)
/* 对顺序表 L 进行一次希尔排序,c 是增量 */
{
    int i,j;
    DataType t;
    for(i = c + 1;i< = L->length;i + + )         /* 将距离为 c 的元素作为一个子序列进
                                                    行排序 */
    {
        if(L->data[i].key<L->data[i-c].key) /* 如果后者小于前者,则需要移动元素 */
        {
            t = L->data[i];
            for(j = i - c;j>0&&t.key<L->data[j].key;j = j-c)
                L->data[j + c] = L->data[j];
            L->data[j + c] = t;                   /* 依次将元素插入到正确的位置 */
        }
    }
}
```

```
    }
    void ShellInsertSort(SqList *L,int delta[],int m)
    /*希尔排序,每次调用算法 ShellInsert,delta 是存放增量的数组*/
    {
        int i;
        for(i = 0;i<m;i++)                          /*进行 m 次希尔插入排序*/
        {
            ShellInsert(L,delta[i]);
        }
    }
```

希尔排序的分析是一件非常复杂的事情,问题主要在于选择希尔排序的增量,但是经过大量的研究,当增量的序列为 $2^{m-k+1}-1$ 时,其中 m 为排序的次数,$1 \leqslant k \leqslant t$,其时间复杂度为 $O(n^{3/2})$。希尔排序的空间复杂度为 $O(1)$。希尔排序是一种不稳定的排序。

9.2.4 插入排序应用举例

【例 9-1】 利用直接插入排序、折半插入排序和希尔排序对关键字为 {56,22,67,32,59,12,89,26,48,37} 的元素序列进行排序。

```c
#include<stdio.h>
#include<stdlib.h>
#define MaxSize 50
typedef int KeyType;
typedef struct                                      /*数据元素类型定义*/
{
    KeyType key;                                    /*关键字*/
}DataType;
typedef struct                                      /*顺序表类型定义*/
{
    DataType data[MaxSize];
    int length;
}SqList;
void InitSeqList(SqList *L,DataType a[],int n);
void InsertSort(SqList *L);
void ShellInsert(SqList *L,int c);
void ShellInsertSort(SqList *L,int delta[],int m);
void BinInsertSort(SqList *L);
void DispList(SqList L,int n);
void main()
{
    DataType a[] = {56,22,67,32,59,12,89,26,48,37};
```

```
    int delta[] = {5,3,1};
    int n = 10,m = 3;
    SqList L;
    /* 直接插入排序 */
    InitSeqList(&L,a,n);
    printf("排序前:");
    DispList(L,n);
    InsertSort(&L);
    printf("直接插入排序结果:");
    DispList(L,n);
    /* 折半插入排序 */
    InitSeqList(&L,a,n);
    printf("排序前:");
    DispList(L,n);
    BinInsertSort(&L);
    printf("折半插入排序结果:");
    DispList(L,n);
    /* 希尔排序 */
    InitSeqList(&L,a,n);
    printf("排序前:");
    DispList(L,n);
    ShellInsertSort(&L,delta,m);
    printf("希尔排序结果:");
    DispList(L,n);
}
void InitSeqList(SqList * L,DataType a[],int n)
/* 顺序表的初始化 */
{
    int i;
    for(i = 1;i <= n;i++)
    {
        L->data[i] = a[i-1];
    }
    L->length = n;
}
void DispList(SqList L,int n)
/* 输出表中的元素 */
{
    int i;
    for(i = 1;i <= n;i++)
        printf(" %4d",L.data[i].key);
    printf("\n");
```

}

程序运行结果如图 9-3 所示。

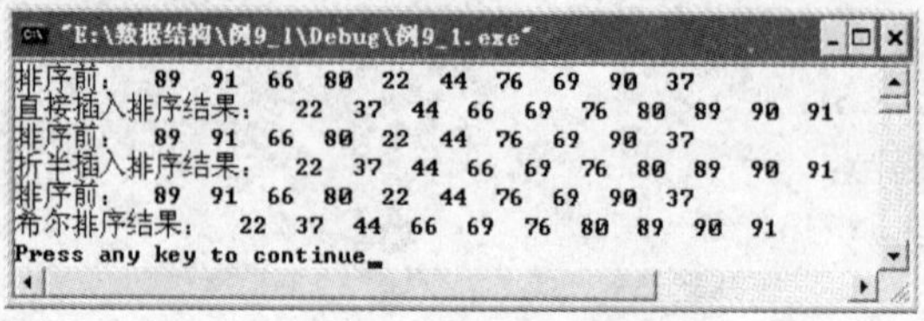

图 9-3 程序运行结果

9.3 选择排序

选择排序的基本思想：不断地从待排序的元素序列中选择关键字最小（或最大）的元素，将其放在已排序元素序列的最前面（或最后面），直到待排序元素序列中没有元素。

9.3.1 简单选择排序

简单选择排序的基本思想：假设待排序的元素有 n 个，第一趟排序经过 $n-1$ 次比较，从 n 个元素中选择关键字最小的元素，并将其放在元素序列的最前面即第 1 个位置；第二趟排序从剩余的 $n-1$ 个元素中，经过 $n-2$ 次比较，选择关键字最小的元素，将其放在第 2 个位置。依次类推，直到没有待比较的元素，简单选择排序算法结束。

简单选择排序的算法描述如下。

```
void SelectSort(SqList *L,int n)
/*简单选择排序*/
{
    int i,j,k;
    DataType t;      /*将第 i 个元素的关键字与后面[i+1..n]个元素的关键字比较,将关键字
                       最小的的元素放在第 i 个位置*/
    for(i=1;i<=n-1;i++)
    {
        j=i;
        for(k=i+1;k<=n;k++)         /*关键字最小的元素的序号为 j*/
            if(L->data[k].key<L->data[j].key)
                j=k;
        if(j!=i)                    /*如果序号 i 不等于 j,则需要将序号 i 和序号 j
                                       的元素交换*/
        {
            t=L->data[i];
            L->data[i]=L->data[j];
            L->data[j]=t;
        }
```

    }
}

给定一组元素序列，其元素的关键字为{56，22，67，32，59，12，89，26}，简单选择排序的过程如图 9-4 所示。

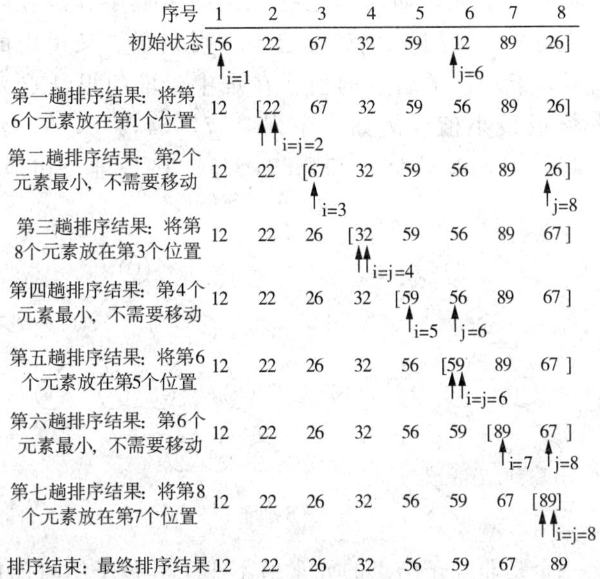

```
           序号              1    2    3    4    5    6    7    8
           初始状态          [56  22   67   32   59   12   89   26]
                             ↑i=1                 ↑j=6
第一趟排序结果：将第          12   [22  67   32   59   56   89   26]
6个元素放在第1个位置              ↑↑i=j=2
第二趟排序结果：第2个          12   22   [67  32   59   56   89   26]
元素最小，不需要移动                     ↑i=3                      ↑j=8
第三趟排序结果：将第          12   22   26   [32  59   56   89   67]
8个元素放在第3个位置                         ↑↑i=j=4
第四趟排序结果：第4个          12   22   26   32   [59  56   89   67]
元素最小，不需要移动                              ↑i=5  ↑j=6
第五趟排序结果：将第6          12   22   26   32   56   [59  89   67]
个元素放在第5个位置                                    ↑↑i=j=6
第六趟排序结果：第6个          12   22   26   32   56   59   [89  67]
元素最小，不需要移动                                        ↑i=7  ↑j=8
第七趟排序结果：将第8          12   22   26   32   56   59   67   [89]
个元素放在第7个位置                                                 ↑↑i=j=8
排序结束：最终排序结果 12      22   26   32   56   59   67   89
```

图 9-4 简单选择排序

简单选择排序的空间复杂度为 $O(1)$。简单选择排序在最好的情况下，其元素序列已经是非递减有序序列，则不需要移动元素。在最坏的情况下，其元素序列是按照递减排列，则在每一趟排序的过程中都需要移动元素，因此，需要移动元素的次数为 $3(n-1)$。而简单选择排序的比较次数与元素的关键字排列无关，在任何情况下，都需要进行 $n(n-1)/2$ 次。因此，综合以上考虑，简单选择排序的时间复杂度为 $O(n^2)$。

9.3.2 堆排序

堆排序的算法思想主要是利用二叉树的性质进行排序。

1. 堆的定义

排序的算法思想：堆排序主要是利用二叉树的树形结构，按照完全二叉树的编号次序，将元素序列的关键字依次存放在相应的结点。然后从叶子结点开始，从互为兄弟的两个结点中（没有兄弟结点除外），选择一个较大（或较小）者与其双亲结点比较，如果该结点大于（或小于）双亲结点，则将二者进行交换，使较大（或较小）者成为双亲结点。将所有的结点都做类似操作，直到根结点为止。这时，根结点的元素值的关键字最大（或最小）。这样就构成了堆，堆中的每一个结点都大于（或小于）其孩子结点。

堆的数学形式定义为:假设存在 n 个元素,其关键字序列为 $\{k_1, k_2, \cdots, k_i, \cdots, k_n\}$,如果有

$$\begin{cases} k_i \leqslant k_{2i} \\ k_i \leqslant k_{2i+1} \end{cases} \text{或} \begin{cases} k_i \geqslant k_{2i} \\ k_i \geqslant k_{2i+1} \end{cases} \quad (i=1, 2\cdots, \lfloor n/2 \rfloor)$$

则称此元素序列构成了一个堆。如果将这些元素的关键字存放在一维数组中,将此一维数组中的元素与完全二叉树一一对应起来,则完全二叉树中的每个非叶子结点的值都不小于(或不大于)孩子结点的值。在堆中,堆的根结点元素值一定是所有结点元素值的最大值或最小值。例如,序列 {87, 64, 53, 51, 23, 21, 48, 32} 和 {12, 35, 27, 46, 41, 39, 48, 55, 89, 76} 都是堆,相应的完全二叉树如图 9-5 所示。

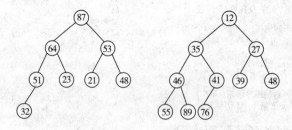

图 9-5 堆

在图 9-5 中,一个是非叶子结点的元素值不小于其孩子结点的值,这样的堆称为大顶堆;另一个是非叶子结点的元素值不大于其孩子结点的元素值,这样的堆称为小顶堆。

如果将堆中的根结点(堆顶)输出之后,将剩余的 $n-1$ 个结点的元素值重新建立一个堆,则新堆的堆顶元素值是次大(或次小)值,将该堆顶元素输出。然后将剩余的 $n-2$ 个结点的元素值重新建立一个堆,反复执行以上操作,直到堆中没有结点,就构成了一个有序序列,这样的重复建堆并输出堆顶元素的过程称为堆排序。

2. 建堆

堆排序的过程就是建立堆和不断调整堆使剩余结点构成新堆的过程。假设将待排序的元素的关键字存放在数组 a 中,第 1 个元素的关键字 $a[1]$ 表示二叉树的根结点,剩下的元素的关键字 $a[2..n]$ 分别与二叉树中的结点按照层次从左到右一一对应。例如,根结点的左孩子结点存放在 $a[2]$ 中,右孩子结点存放在 $a[3]$ 中,$a[i]$ 的左孩子结点存放在 $a[2i]$ 中,右孩子结点存放在 $a[2i+1]$ 中。

如果是大顶堆,则有 $a[i].key \geqslant a[2i].key$ 且 $a[i].key \geqslant a[2i+1].key$ ($i=1, 2, \cdots, \lfloor n/2 \rfloor$)。如果是小顶堆,则有 $a[i].key \leqslant a[2i].key$ 且 $a[i].key \leqslant a[2i+1].key$ ($i=1, 2, \cdots, \lfloor n/2 \rfloor$)。

建立一个大顶堆就是将一个无序的关键字序列构建为一个满足条件 $a[i] \geqslant a[2i]$ 且 $a[i] \geqslant a[2i+1]$ ($i=1, 2, \cdots, \lfloor n/2 \rfloor$) 的序列。

建立大顶堆的算法思想:从位于元素序列中的最后一个非叶子结点即第 $\lfloor n/2 \rfloor$ 个元素开始,逐层比较,直到根结点为止。假设当前结点的序号为 i,则当前元素为 $a[i]$,

其左、右孩子结点元素分别为 $a[2i]$ 和 $a[2i+1]$。将 $a[2i].key$ 和 $a[2i+1].key$ 的较大者与 $a[i]$ 比较，如果孩子结点元素值大于当前结点值，则交换二者；否则，不进行交换。逐层向上执行此操作，直到根结点，这样就建立了一个大顶堆。建立小顶堆的算法与此类似。

例如，给定一组元素，其关键字序列为 {21, 47, 39, 51, 39, 57, 48, 56}，建立大顶堆的过程如图 9-6 所示。结点旁边的数字为对应的序号。

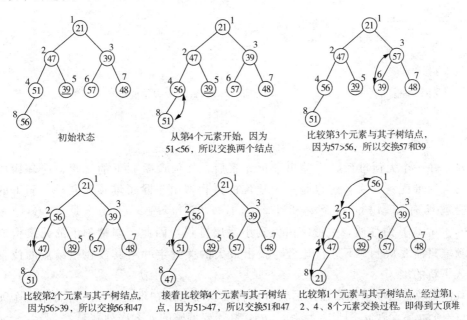

图 9-6 建立大顶堆的过程

从图 9-6 容易看出，建立后的大顶堆，其非叶子结点的元素值均不小于左、右子树结点的元素值。

建立大顶堆的算法描述如下。

```
void CreateHeap(SqList *H,int n)
/*建立大顶堆*/
{
    int i;
    for(i = n/2;i> = 1;i - -)          /*从序号 n/2 开始建立大顶堆*/
        AdjustHeap(H,i,n);
}
void AdjustHeap(SqList *H,int s,int m)
/*调整 H.data[s..m]的关键字,使其成为一个大顶堆*/
{
    DataType t;
    int j;
    t = (*H).data[s];                  /*将根结点暂时保存在 t 中*/
```

```
        for(j = 2 * s;j< = m;j * = 2)
        {
            if(j<m&&( * H).data[j].key<( * H).data[j + 1].key)    /* 沿关键字较大的孩子结点
                                                                      向下筛选 */
                j + + ;                              /* j为关键字较大的结点的下标 */
            if(t.key>( * H).data[j].key)    /* 如果孩子结点的值小于根结点的值,则不进行交
                                                    换 */
                break;
            ( * H).data[s] = ( * H).data[j];
            s = j;
        }
        ( * H).data[s] = t;                          /* 将根结点插入到正确位置 */
}
```

3. 调整堆

建立好一个大顶堆后,当输出堆顶元素后,如何调整剩下的元素,使其构成一个新的大顶堆呢?其实,这也是一个建堆的过程,由于除了堆顶元素外,剩下的元素本身就具有 $a[i].key \geqslant a[2i].key$ 且 $a[i].key \geqslant a[2i+1].key$ ($i=1$,2,…,$\lfloor n/2 \rfloor$)的性质,关键字由大到小逐层排列,因此,调整剩下的元素构成新的大顶堆只需要从上到下进行比较,找出最大的关键字并将其放在根结点的位置就又构成了新的堆。

具体实现:当堆顶元素输出后,可以将堆顶元素放在堆的最后,即将第1个元素与最后一个元素交换 $a[1]<->a[n]$,则需要调整的元素序列就是 $a[1..n-1]$。从根结点开始,如果其左、右子树结点元素值大于根结点元素值,选择较大的一个进行交换。即如果 $a[2]>a[3]$,则将 $a[1]$ 与 $a[2]$ 比较,如果 $a[1]>a[2]$,则将 $a[1]$ 与 $a[2]$ 交换,否则不交换。如果 $a[2]<a[3]$,则将 $a[1]$ 与 $a[3]$ 比较,如果 $a[1]>a[3]$,则将 $a[1]$ 与 $a[3]$ 交换,否则不交换。重复执行此类操作,直到叶子结点不存在,就完成了堆的调整,构成了一个新堆。

例如,一个大顶堆的关键字序列为 {87,64,53,51,23,21,48,32},当输出87后,调整剩余的关键字序列为一个新的的大顶堆的过程如图9-7所示。

如果重复地输出堆顶元素,即将堆顶元素与堆的最后一个元素交换,然后重新调整剩余的元素序列使其构成一个新的大顶堆,直到没有需要输出的元素为止。重复地执行以上操作,就会把元素序列构成一个有序的序列,即完成了一个排序的过程。

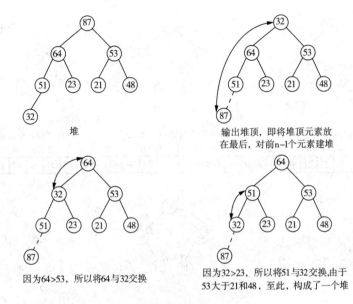

图 9-7 输出堆顶元素后，调整堆的过程

```
void HeapSort(SqList * H)
/*对顺序表 H 进行堆排序*/
{
    DataType t;
    int i;
    CreateHeap(H,H->length);        /*创建堆*/
    for(i = (*H).length;i>1;i--)    /*将堆顶元素与最后一个元素交换,重新调整堆*/
    {
        t = (*H).data[1];
        (*H).data[1] = (*H).data[i];
        (*H).data[i] = t;
        AdjustHeap(H,1,i-1);        /*将(*H).data[1..i-1]调整为大顶堆*/
    }
}
```

例如，一个大顶堆元素的关键字序列为 {87，64，49，51，49，21，48，32}，其相应地完整的堆排序过程如图 9-8 所示。

堆排序是一种不稳定的排序。堆排序的时间主要耗费在建立堆和不断调整堆的过程中。一个深度为 h，元素个数为 n 的堆，其调整算法的比较次数最多为 $2(h-1)$ 次；而建立一个堆，其比较次数最多为 $4n$。一个完整的堆排序过程总共的比较次数为 $2(\lfloor \log_2(n-1) \rfloor + \lfloor \log_2(n-2) \rfloor + \cdots + \log_2 2)) < 2n\log_2 n$，因此，堆排序在最坏的情况下时间复杂度为 $O(n\log_2 n)$。堆排序适合应用于待排序的数据量较大的情况。

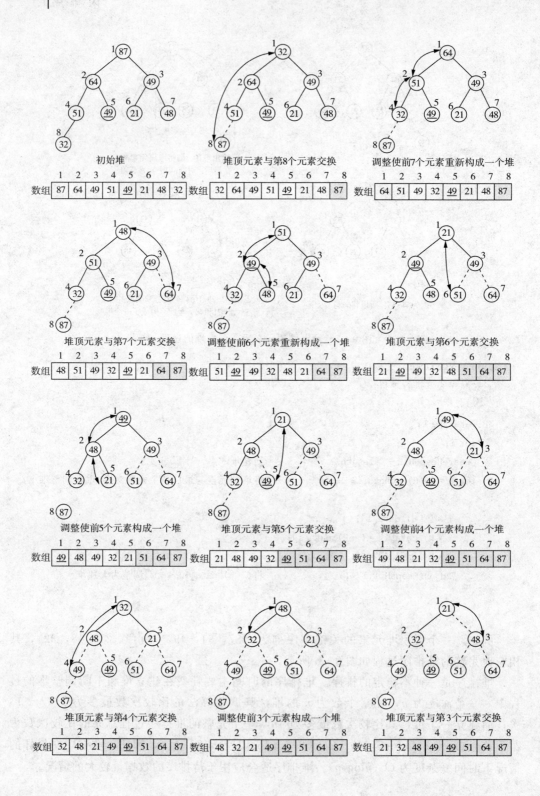

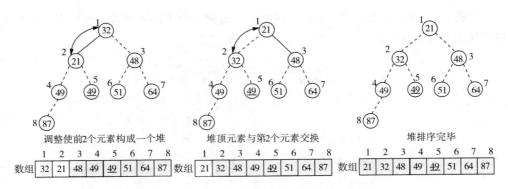

图 9-8 一个完整的堆排序过程

9.4 交换排序

交换排序的基本思想：通过依次交换逆序的元素实现排序。

9.4.1 冒泡排序

冒泡排序的基本思想：从第 1 个元素开始，依次比较两个相邻的元素，如果两个元素逆序，则进行交换，即如果 $L.data[i].key > L.data[i+1].key$，则交换 $L.data[i]$ 与 $L.data[i+1]$。假设元素序列中有 n 个待比较的元素，在第 1 趟排序结束时，就会将元素序列中关键字最大的元素移到序列的末尾，即第 n 个位置；在第 2 趟排序结束时，就会将关键字次大的元素移动到第 $n-1$ 个位置。依次类推，经过 $n-1$ 趟排序后，元素序列构成一个有序的序列。这样的排序类似于气泡慢慢向上浮动，因此称为冒泡排序。

例如，一组元素序列的关键字为 {56，22，67，32，59，12，89，26，48，37}，对该关键字序列进行冒泡排序，第 1 趟排序过程如图 9-9 所示。

序号	1	2	3	4	5	6	7	8
初始状态	[56	22	67	32	59	12	89	26]
第1趟排序：将第1个元素与第2个元素交换	[22	56	67	32	59	12	89	26]
第1趟排序：a[2].key<a[3].key，不需要交换	[22	56	67	32	59	12	89	26]
第1趟排序：将第3个元素与第4个元素交换	[22	56	32	67	59	12	89	26]
第1趟排序：第4个元素与第5个元素交换	[22	56	32	59	67	12	89	26]
第1趟排序：将第5个元素与第6个元素交换	[22	56	32	59	12	67	89	26]
第1趟排序：a[6].key<a[7].key，不需要交换	[22	56	32	59	12	67	89	26]
第1趟排序：将第7个元素与第8个元素交换	[22	56	32	59	12	67	26	89]
第1趟排序结果	22	56	32	59	12	67	26	[89]

图 9-9 第 1 趟排序过程

从图 9-9 容易看出，第 1 趟排序结束后，关键字最大的元素被移动到序列的末尾。按照这种方法，冒泡排序的全过程如图 9-10 所示。

```
序号          1    2    3    4    5    6    7    8
初始状态     [56   22   67   32   59   12   89   26]
第1趟排序结果： 22   56   32   59   12   67   26  [89]
第2趟排序结果： 22   32   56   12   59   26  [67   89]
第3趟排序结果： 22   32   12   56   26  [59   67   89]
第4趟排序结果： 22   12   32   26  [56   59   67   89]
第5趟排序结果： 12   22   26  [32   56   59   67   89]
第6趟排序结果： 12   22  [26   32   56   59   67   89]
第7趟排序结果： 12  [22   26   32   56   59   67   89]
最后排序结果：  12   22   26   32   56   59   67   89
```

图 9-10 冒泡排序的全过程

从图 9-10 中不难看出，在第 5 趟排序结束后，其实该元素已经有序，第 6 趟和第 7 趟排序就不需要进行比较了。因此，在设计算法时，可以设置一个标志为 flag，如果在某一趟循环中，所有元素已经有序，则令 flag＝0，表示该序列已经有序，不需要再进行后面的比较了。

冒泡排序的算法实现如下。

```
void BubbleSort(SqList *L,int n)
/*冒泡排序*/
{
    int i,j,flag;
    DataType t;
    for(i=1;i<=n-1&&flag;i++)         /*需要进行 n-1 趟排序*/
    {
        flag=0;
        for(j=1;j<=n-i;j++)            /*每一趟排序需要比较 n-i 次*/
            if(L->data[j].key>L->data[j+1].key)
            {
                t=L->data[j];
                L->data[j]=L->data[j+1];
                L->data[j+1]=t;
                flag=1;
            }
    }
}
```

容易看出，冒泡排序的空间复杂度为 $O(1)$。在进行冒泡排序过程中，假设待排序的元素序列为 n 个，则需要进行 $n-1$ 趟排序，每一趟需要进行 $n-i$ 次比较，其中 $i=1, 2, \cdots, n-1$。因此整个冒泡排序需要比较次数为 $\sum_{i=1}^{n-1} i = \frac{n(n-1)}{2}$，移动次数为

$\dfrac{3n(n-1)}{2}$,冒泡排序的时间复杂度为 $O(n^2)$。冒泡排序是一种稳定的排序算法。

9.4.2 快速排序

快速排序算法是冒泡排序的一种改进,与冒泡排序类似,只是快速排序是将元素序列中的关键字与指定的元素进行比较,将逆序的两个元素进行交换。快速排序的基本算法思想:设待排序的元素序列的个数为 n,分别存放在数组 $data[1..n]$ 中,令第 1 元素作为枢轴元素,即将 $a[1]$ 作为参考元素,令 $pivot=a[1]$。初始时,令 $i=1$,$j=n$,然后按照以下方法操作。

(1) 从序列的 j 位置往前,依次将元素的关键字与枢轴元素比较。如果当前元素的关键字大于等于枢轴元素的关键字,则将前一个元素的关键字与枢轴元素的关键字比较;否则,将当前元素移动到位置 i。即比较 $a[j].key$ 与 $pivot.key$,如果 $a[j].key \geqslant pivot.key$,则连续执行 $j--$ 操作,直到找到一个元素使 $a[j].key < pivot.key$,则将 $a[j]$ 移动到 $a[i]$ 中,并执行一次 $i++$ 操作;

(2) 从序列的 i 位置开始,依次将该元素的关键字与枢轴元素比较。如果当前元素的关键字小于枢轴元素的关键字,则将后一个元素的关键字与枢轴元素的关键字比较;否则,将当前元素移动到位置 j。即比较 $a[i].key$ 与 $pivot.key$,如果 $a[i].key < pivot.key$,则连续执行 $i++$,直到找到一个元素使 $a[i].key \geqslant pivot.key$,则将 $a[i]$ 移动到 $a[j]$ 中,并执行一次 $j--$ 操作;

(3) 循环执行步骤 (1) 和 (2),直到出现 $i \geqslant j$,则将元素 pivot 移动到 $a[i]$ 中。此时整个元素序列在位置 i 被划分成两个部分,前一部分的元素关键字都小于 $a[1].key$,后一部分元素的关键字都大于等于 $a[1].key$。即完成了一趟快速排序。如果按照以上方法,在每一个部分继续进行以上划分操作,直到每一个部分只剩下一个元素不能继续划分为止,这样整个元素序列就构成了以关键字非递增的排列。

例如,一组元素序列的关键字为 $\{37, 19, 43, 22, \underline{22}, 89, 26, 92\}$,根据快速排序算法思想,第一次划分的过程如图 9-11 所示。

	序号	1	2	3	4	5	6	7	8
第1个元素作为枢轴元素pivot.key=a[1].key 初始状态		[37	19	43	22	22	89	26	92]
		↑i=1							↑j=8
因为pivot.key>a[7].key,所以将a[7]保存到a[1]		[26	19	43	22	22	89	□	92]
		↑i=1							↑j=7
因为a[3].key>pivot.key,所以将a[3]保存到a[7]		[26	19	□	22	22	89	43	92]
				↑i=3				↑j=7	
因为pivot.key>a[5].key,所以将a[5]保存在a[3]		[26	19	22	22	□	89	43	92]
				↑i=3		↑j=5			
因为low=high,将pivot.key保存到a[low]即a[5]中		[26	19	22	22	37	89	43	92]
						↑i=5↑j=5			
第1趟排序结果:以37为枢轴将序列分为两段		[26	19	22	22]	37	[89	43	92]

图 9-11 第 1 趟快速排序过程

从图 9-11 容易看出，当一趟快速排序完毕之后，整个元素序列被枢轴的关键字 37 划分为两个部分，前一个部分的关键字都小于 37，后一部分元素的关键字都大于等于 37。其实，快速排序的过程就是以枢轴为中心将元素序列划分的过程，直到所有的序列被划分为单独的元素，快速排序完毕。快速排序的过程如图 9-12 所示。

	序号	1	2	3	4	5	6	7	8
第1个元素作为枢轴元初始素pivot.key=a[1].key	状态	[37	19	43	22	22	89	26	92]
		↑i=1							↑j=8
第1趟排序结果：		[26	19	22	22]	37	[89	43	92]
第2趟排序结果：		[22	19	22]	26	37	[43]	89	[92]
第3趟排序结果：		[19]	22	[22]	26	37	43	89	92
最终排序结果：		19	22	22	26	37	43	89	92

图 9-12 快速排序过程

进行一趟快速排序，即将元素序列进行一次划分的算法描述如下。

```
int Partition(SqList * L,int low,int high)
/* 对顺序表 L.r[low..high]的元素进行一趟排序,使枢轴前面的元素关键字小于枢轴元素的关键
   字,枢轴后面的元素关键字大于等于枢轴元素的关键字,并返回枢轴位置 */
{
    DataType t;
    KeyType pivotkey;
    pivotkey = ( * L).data[low].key;        /* 将表的第 1 个元素作为枢轴元素 */
    t = ( * L).data[low];
    while(low<high)                          /* 从表的两端交替地向中间扫描 */
    {
        while(low<high&&( * L).data[high].key> = pivotkey)  /* 从表的末端向前扫描 */
            high - - ;
        if(low<high)                         /* 将当前 high 指向的元素保存在 low 位置 */
        {
            ( * L).data[low] = ( * L).data[high];
            low + + ;
        }
        while(low<high&&( * L).data[low].key< = pivotkey)  /* 从表的始端向后扫描 */
            low + + ;
        if(low<high)                         /* 将当前 low 指向的元素保存在 high 位置 */
        {
            ( * L).data[high] = ( * L).data[low];
            high - - ;
        }
    }
    ( * L).data[low] = t;                    /* 将枢轴元素保存在 low = high 的位置 */
    return low;                              /* 返回枢轴所在位置 */
}
```

快速排序算法通过多次递归调用一次划分算法即一趟排序算法,可实现快速排序,其算法描述如下。

```
void QuickSort(SqList * L,int low,int high)
/* 对顺序表 L 进行快速排序 */
{
    int pivot;
    if(low<high)                    /* 如果元素序列的长度大于 1 */
    {
        pivot = Partition(L,low,high);  /* 将待排序序列 L.r[low..high]划分为两部分 */
        QuickSort(L,low,pivot-1);       /* 对左边的子表进行递归排序,pivot 是枢轴位置 */
        QuickSort(L,pivot+1,high);      /* 对右边的子表进行递归排序 */
    }
}
```

容易看出,快速排序是一种不稳定的排序算法,其空间复杂度为 $O(\log_2 n)$。

在最好的情况下,每趟排序均将元素序列正好划分为相等的两个子序列,这样快速排序的划分过程就将元素序列构成一个完全二叉树的结构,分解的次数等于树的深度即 $\log_2 n$,因此快速排序总的比较次数为 $T(n) \leqslant n + 2T(n/2) \leqslant n + 2(n/2 + 2T(n/4)) = 2n + 4T(n/4) \leqslant 3n + 8T(n/8) \leqslant \cdots \leqslant n\log_2 n + nT(1)$。因此,在最好的情况下,时间复杂度为 $O(n^2)$。

在最坏的情况下,待排序的元素序列已经是有序序列,则第 1 趟需要比较 $n-1$ 次,第 2 趟需要比较 $n-2$ 次,依次类推,共需要比较 $n(n-1)/2$ 次,因此时间复杂度为 $O(n^2)$。

在平均情况下,快速排序的时间复杂度为 $O(n\log_2 n)$。

9.4.3 交换排序应用举例

【例 9-2】 一组元素的关键字序列为 {37,22,43,32,19,12,89,26,48,92},使用冒泡排序和快速排序对该元素进行排序,并输出冒泡排序和快速排序的每趟排序结果。

```
#include<stdio.h>
#include<stdlib.h>
#define MaxSize 50
typedef int KeyType;
typedef struct           /* 数据元素类型 */
{
    KeyType key;         /* 关键字 */
}DataType;
typedef struct           /* 顺序表类型 */
{
    DataType data[MaxSize];
```

```c
    int length;
}SqList;
void InitSeqList(SqList *L,DataType a[],int n);
void DispList(SqList L);
void DispList2(SqList L,int pivot,int count);
void DispList3(SqList L,int count);
void HeapSort(SqList *H);
void BubbleSort(SqList *L,int n);
void QuickSort(SqList *L);
void DispList2(SqList L,int pivot,int count)
{
    int i;
    printf("第%d趟排序结果:[",count);
        for(i=1;i<pivot;i++)
    printf("%-4d",L.data[i].key);
    printf("]");
    printf("%3d ",L.data[pivot].key);
        printf("[");
    for(i=pivot+1;i<=L.length;i++)
        printf("%-4d",L.data[i].key);
    printf("]");
    printf("\n");
}
void DispList3(SqList L,int count)
/*输出表中的元素*/
{
    int i;
    printf("第%d趟排序结果:",count);
    for(i=1;i<=L.length;i++)
        printf("%4d",L.data[i].key);
    printf("\n");
}
void main()
{
    DataType a[]={37,22,43,32,19,12,89,26,48,92};
    int n=10;
    SqList L;
    /*冒泡排序*/
    InitSeqList(&L,a,n);
    printf("冒泡排序前:");
    DispList(L);
    BubbleSort(&L,n);
```

```
        printf("冒泡排序结果:");
        DispList(L);
        /*快速排序*/
        InitSeqList(&L,a,n);
        printf("快速排序前:");
        DispList(L);
        QuickSort(&L);
        printf("快速排序结果:");
        DispList(L);
}
void InitSeqList(SqList *L,DataType a[],int n)
/*顺序表的初始化*/
{
        int i;
        for(i=1;i<=n;i++)
        {
                L->data[i]=a[i-1];
        }
        L->length=n;
}
void DispList(SqList L)
/*输出表中的元素*/
{
        int i;
        for(i=1;i<=L.length;i++)
                printf(" %4d",L.data[i].key);
        printf("\n");
}
/*冒泡排序算法*/
void BubbleSort(SqList *L,int n)
/*冒泡排序*/
{
        int i,j,flag;
        DataType t;
        static int count=1;
        for(i=1;i<=n-1&&flag;i++)              /*需要进行n-1趟排序*/
        {
                flag=0;
                for(j=1;j<=n-i;j++)             /*每一趟排序需要比较n-i次*/
                        if(L->data[j].key>L->data[j+1].key)
                        {
                                t=L->data[j];
```

```c
                L->data[j] = L->data[j+1];
                L->data[j+1] = t;
                flag = 1;
                }
            DisplList3(*L,count);
            count++;
        }
}
/*快速排序算法*/
void QSort(SqList *L,int low,int high)
/*对顺序表L进行快速排序*/
{
    int pivot;
    static count = 1;
    if(low<high)                        /*如果元素序列的长度大于1*/
    {
        pivot = Partition(L,low,high);  /*将待排序序列L.r[low..high]划分为两部分*/
        DispList2(*L,pivot,count);      /*输出每次划分的结果*/
        count++;
        QSort(L,low,pivot-1);           /*对左边的子表进行递归排序,pivot是枢轴位置*/
        QSort(L,pivot+1,high);          /*对右边的子表进行递归排序*/
    }
}
void QuickSort(SqList *L)
/*对顺序表L作快速排序*/
{
    QSort(L,1,(*L).length);
}
int Partition(SqList *L,int low,int high)
/*对顺序表L.r[low..high]的元素进行一趟排序,使枢轴前面的元素关键字小于枢轴元素的关键
字,枢轴后面的元素关键字大于等于枢轴元素的关键字,并返回枢轴位置*/
{
    DataType t;
    KeyType pivotkey;
    pivotkey = (*L).data[low].key;      /*将表的第1个元素作为枢轴元素*/
    t = (*L).data[low];
    while(low<high)                     /*从表的两端交替地向中间扫描*/
    {
        while(low<high&&(*L).data[high].key >= pivotkey)  /*从表的末端向前扫描*/
            high--;
        if(low<high)                    /*将当前high指向的元素保存在low位置*/
        {
```

```
            (*L).data[low] = (*L).data[high];
            low++;
        }
        while(low<high&&(*L).data[low].key<=pivotkey)   /*从表的始端向后扫描*/
            low++;
        if(low<high)                    /*将当前low指向的元素保存在high位置*/
        {
            (*L).data[high] = (*L).data[low];
            high--;
        }
        (*L).data[low] = t;             /*将枢轴元素保存在low=high的位置*/
    }
    return low;                         /*返回枢轴所在位置*/
}
```

程序运行结果如图 9-13 所示。

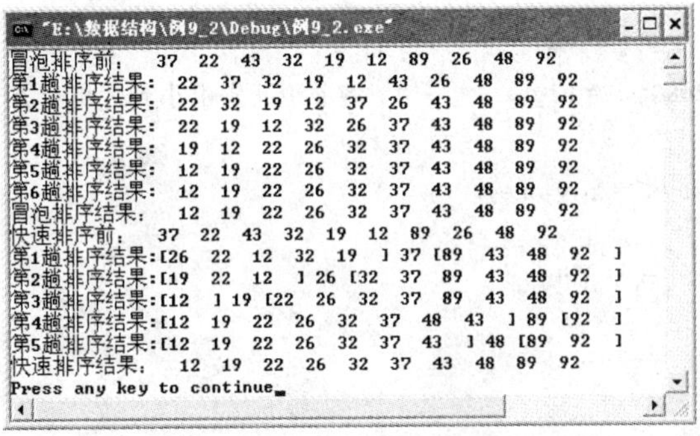

图 9-13 程序运行结果

9.5 归并排序

归并排序的基本思想：将两个或两个以上的元素有序组合，使其成为一个有序序列。其中最为常用的是 2-路归并排序。

2-路归并排序的主要思想：假设元素的个数是 n，将每个元素作为一个有序的子序列，然后将相邻的两个子序列两两合并，得到 $\lceil n/2 \rceil$ 个长度为 2 或 1 的有序子序列；继续将相邻的两个有序子序列两两合并，得到 $\lceil n/4 \rceil$ 个长度为 4 或 3 或 2 或 1 的有序子序列。依次类推，重复执行以上操作，直到有序序列合并为 n 个为止。这样就得到了一个有序序列。

一组元素序列的关键字序列为 {37，19，43，22，57，89，26，92}，2-路归并排序的过程如图 9-14 所示。

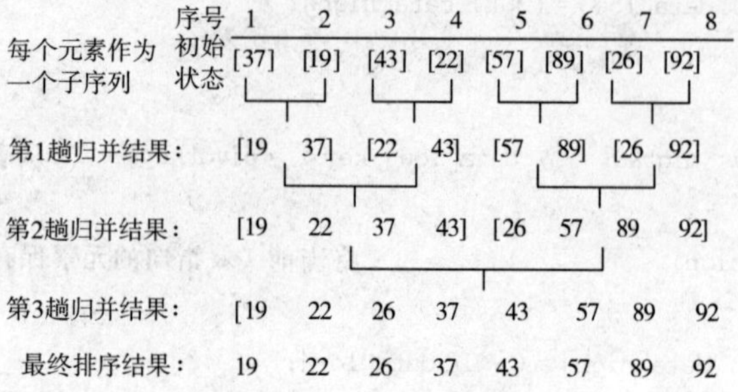

```
              序号  1    2    3    4    5    6    7    8
每个元素作为   初始
一个子序列     状态 [37] [19] [43] [22] [57] [89] [26] [92]

第1趟归并结果:    [19   37] [22   43] [57   89] [26   92]

第2趟归并结果:    [19   22   37   43] [26   57   89   92]

第3趟归并结果:    [19   22   26   37   43   57   89   92]

最终排序结果:     19   22   26   37   43   57   89   92
```

图 9-14 2-路归并排序过程

容易看出，2-路归并排序的过程其实就是不断地将两个相邻的子序列合并为一个子序列的过程。其合并算法如下所示。

```
void Merge(DataType s[],DataType t[],int low,int mid,int high)
/*将有序的s[low..mid]和s[mid+1..high]归并为有序的t[low..high]*/
{
    nt i,j,k;
    i = low,j = mid + 1,k = low;
    while(i< = mid&&j< = high)        /*将s中元素由小到大地合并到t*/
    {
        if(s[i].key< = t[j].key)
        {
            t[k] = s[i + +];
        }
        else
            {
            t[k] = s[j + +];
        }
        k + +;
    }
    while(i< = mid)                    /*将剩余的s[i..mid]复制到t*/
        t[k + +] = s[i + +];
    while(j< = high)                   /*将剩余的s[j..high]复制到t*/
        t[k + +] = s[j + +];
}
```

以上是合并两个子表的算法，可通过递归调用以上算法合并所有子表，从而实现 2-路归并排序。其 2-路归并算法描述如下。

```
void MergeSort(DataType s[],DataType t[],int low, int high)
/*2-路归并排序,将s[low..high]归并排序并存储到t[low..high]中*/
{
    int mid;
    DataType t2[MaxSize];
```

```
            if(low = = high)
                t[low] = s[low];
            else
            {
                mid = (low + high)/2;              /*将 s[low..high]分为 s[low..mid]和
                                                     s[mid + 1..high]*/
                MergeSort(s,t2,low,mid);           /*将 s[low..mid]归并为有序的 t2[low..mid]*/
                MergeSort(s,t2,mid + 1,high);     /*将 s[mid + 1..high]归并为有序的
                                                     t2[mid + 1..high]*/
                Merge(t2,t,low,mid,high);          /*将 t2[low..mid]和 t2[mid + 1.high]
                                                     归并到 t[low..high]*/
            }
        }
```

归并排序的空间复杂度为 $O(n)$。由于 2-路归并排序过程中所使用的空间过大，因此，它主要被用在外部排序中。2-路归并排序算法需要多次递归调用自己，其递归调用的过程可以构成一个二叉树的结构，它的时间复杂度为 $T(n) \leqslant n + 2T(n/2) \leqslant n + 2(n/2 + 2T(n/4)) = 2n + 4T(n/4) \leqslant 3n + 8T(n/8) \leqslant \cdots \leqslant n\log_2 n + nT(1)$，即 $O(n\log_2 n)$。2-路归并排序是一种稳定的排序算法。

9.6 基数排序

基数排序是一种与前面各种排序方法完全不同的方法，前面的排序方法是通过对元素的关键字进行比较，然后移动元素实现的。而基数排序是不需要对关键字进行比较的一种排序方法。

9.6.1 基数排序算法

基数排序主要是利用多个关键字进行排序，在日常生活中，扑克牌按牌面次序摆放就是一种多关键字的排序问题。扑克牌有 4 种花色即红桃、方块、梅花和黑桃，每种花色从 A 到 K 共 13 张牌。这 4 种花色就相当于 4 个关键字，而每种花色的 A 到 K 张牌就相当于对不同的关键字进行排序。

基数排序正是借助这种思想，对不同类的元素进行分类，然后对同一类中的元素进行排序，通过这样一种过程，完成对元素序列的排序。在基数排序中，通常将不同元素的分类称为分配，排序的过程称为收集。

具体算法思想：假设第 i 个元素 a_i 的关键字 key_i，key_i 由 d 位十进制组成，即 $key_i = k_i^d k_i^{d-1} \cdots k_i^1$，其中 k_i^1 为最低位，k_i^d 为最高位。关键字的每一位数字都可作为一个子关键字。首先将元素序列按照最低的关键字进行排序，然后从低位到高位直到最高位依次进行排序，这样就完成了排序过程。

例如，一组元素序列的关键字为 {334, 285, 21, 467, 821, 562, 342, 45}。这组关键字位数最多的是 3 位，在排序之前，首先将所有的关键字都看作是一个 3 位数

字组成的数,即{334,285,021,467,821,562,342,045}。对这组关键字进行基数排序需要进行3趟分配和收集。首先需要对该关键字序列的最低位进行分配和搜集,然后对十位数字进行分配和收集,最后是对最高位的数字进行分配和收集。一般情况下,采用链表实现基数排序。对最低位进行分配和收集的过程如图9-15所示。其中,数组$f[i]$保存第i个链表的头指针,数组$r[i]$保存第i个链表的尾指针。

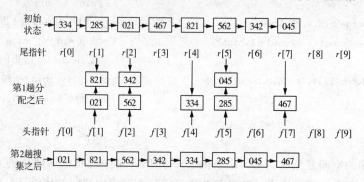

图9-15 第1趟分配和收集过程

对十位数字分配和收集的过程如图9-16所示。

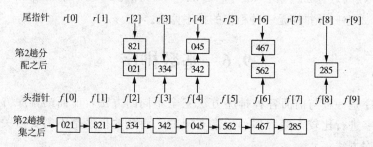

图9-16 第2趟分配和收集过程

对百位数字分配和收集的过程如图9-17所示。

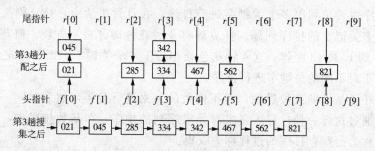

图9-17 第3趟分配和收集过程

经过第1趟排序即以个位数字作为关键字进行分配后,关键字被分为9类,个位数字相同的数被划分为一类,然后对分配后的关键字进行收集,得到以个位数字非递减排序的序列。同理,经过第2趟分配和收集后,得到以十位数字非递减排序的序列;经过第3趟分配和收集后,得到最终的排序结果。

基数排序的算法主要包括分配和收集。静态链表类型描述如下：

```
#define MaxNumKey 6        /*关键字项数的最大值*/
#define Radix 10           /*关键字基数,此时是十进制整数的基数*/
#define MaxSize 1000
typedef int KeyType;
typedef struct
{
    KeyType key[MaxNumKey]; /*关键字*/
    int next;
}SListCell;                /*静态链表的结点类型*/
typedef struct
{
    SListCell data[MaxSize]; /*存储元素,data[0]为头结点*/
    int keynum;             /*每个元素的当前关键字个数*/
    int length;             /*静态链表的当前长度*/
}SList;                    /*静态链表类型*/
typedef int addr[Radix];   /*指针数组类型*/
```

基数排序的分配算法实现如下。

```
void Distribute(SListCell data[],int i,addr f,addr r)
/*为data中的第i个关键字key[i]建立Radix个子表,使同一子表中元素的key[i]相同*/
/*f[0..Radix-1]和r[0..Radix-1]分别指向各个子表中第1个和最后一个元素*/
{
    int j,p;
    for(j=0;j<Radix;j++)              /*将各个子表初始化为空表*/
        f[j]=0;
    for(p=data[0].next;p;p=data[p].next)
    {
        j=trans(data[p].key[i]);      /*将对应的关键字字符转化为整数类型*/
        if(!f[j])                      /*f[j]是空表,则f[j]指向第1个元素*/
            f[j]=p;
        else
            data[r[j]].next=p;
        r[j]=p;                        /*将p所指的结点插入第j个子表中*/
    }
}
```

其中，数组 $f[j]$ 和数组 $r[j]$ 分别存放第 j 个子表第 1 个元素的位置和最后一个元素的位置。基数排序的收集算法实现如下。

```
void Collect(SListCell data[],addr f,addr r)
/*按key[i]将f[0..Radix-1]所指各子表依次链接成一个静态链表*/
{
```

```
int j,t;
for(j=0;! f[j];j++);              /*找第1个非空子表*/
data[0].next=f[j];
t=r[j];                           /*r[0].next指向第1个非空子表中第1个结点*/
while(j<Radix)
{
    for(j=j+1;j<Radix-1&&! f[j];j++);   /*找下一个非空子表*/
    if(f[j])                      /*将非空链表连接在一起*/
    {
        data[t].next=f[j];
        t=r[j];
    }
}
data[t].next=0;                   /*t指向最后一个非空子表中的最后一个结点*/
}
```

基数排序通过多次调用分配算法和收集算法,从而实现排序,其算法实现如下。

```
void RadixSort(SList *L)
/*对L进行基数排序,使得L成为按关键字非递减的静态链表,L.r[0]为头结点*/
{
    int i;
    addr f,r;
    for(i=0;i<(*L).keynum;i++)    /*由低位到高位依次对各关键字进行分配和收集*/
    {
        Distribute((*L).data,i,f,r);  /*第i趟分配*/
        Collect((*L).data,f,r);       /*第i趟收集*/
    }
}
```

容易看出,基数排序需要 $2 \times Radix$ ($2rd$) 个队列指针,分别指向每个队列的队头和队尾。假设待排序的元素为 n 个,每个元素的关键字为 d 个,则基数排序的时间复杂度为 $O(d(n+rd))$。

9.6.2 基数排序应用举例

【例9-3】 一组元素序列的关键字为 {268,126,63,730,587,184},使用基数排序对该元素序列排序,并输出每一趟基数排序的结果。

分析:主要考察基数排序的算法思想。基数排序就是利用多个关键字先进行分配,然后再对每趟排序结果进行收集,通过多趟分配和收集后,得到最终的排序结果。十进制数有0-9共十个数字,利用10个链表分别存放每个关键字各个位上为0-9的元素,然后通过收集,将每个链表连接在一起,构成一个链表,通过3次(因为最大关键字是3位数)分配和收集就完成了排序。

基数排序采用静态链表实现,算法的完整实现包括3个部分:基数排序的分配和收集算法、静态链表的初始化、测试代码部分。

1. 分配和收集算法

这部分主要包括基数排序的分配、收集。由于关键字中最大的是 3 位数，因此需要进行 3 趟分配和收集。其中分配和收集算法见 9.6.1 节，并将 RadixSort 函数增加输出功能，代码如下：

```c
void RadixSort(SList * L)
/*对L进行基数排序,使得L成为按关键字非递减的静态链表,L.r[0]为头结点*/
{
    int i;
    addr f,r;
    for(i=0;i<(*L).keynum;i++)  /*由低位到高位依次对各关键字进行分配和收集*/
    {
        Distribute((*L).data,i,f,r);  /*第 i 趟分配*/
        Collect((*L).data,f,r);       /*第 i 趟收集*/
        printf("第%d趟收集后:",i+1);
        PrintList2(*L);
    }
}
```

2. 静态链表的初始化

这部分主要包括静态链表的初始化，主要包括以下功能：（1）求出关键字最大的元素，并通过该元素值得到子关键字的个数，通过对数函数实现；（2）将每个元素的关键字转换为字符类型，不足的位数用字符'0'补齐，子关键字即元素关键字的每个位上的值存放在 key 域中；（3）将每个结点通过链域链接起来，构成一个链表。

静态链表的初始化代码如下。

```c
void InitList(SList *L,DataType a[],int n)
/*初始化静态链表L*/
{
    char ch[MaxNumKey],ch2[MaxNumKey];
    int i,j,max=a[0].key;
    for(i=1;i<n;i++)                        /*将最大的关键字存入max*/
        if(max<a[i].key)
            max=a[i].key;
    (*L).keynum=(int)(log10(max))+1;        /*求子关键字的个数*/
    (*L).length=n;                          /*待排序个数*/
    for(i=1;i<=n;i++)
    {
        itoa(a[i-1].key,ch,10);             /*将整型转化为字符,并存入ch*/
        for(j=strlen(ch);j<(*L).keynum;j++) /*如果ch的长度<max的位数,则在ch
                                              前补'0'*/
```

```
            {
                strcpy(ch2,"0");
                strcat(ch2,ch);
                strcpy(ch,ch2);
            }
            for(j=0;j<(*L).keynum;j++)           /*将每个关键字的各个位上的数存入
                                                                 key*/
                (*L).data[i].key[j]=ch[(*L).keynum-1-j];
    }
    for(i=0;i<(*L).length;++i)                   /*初始化静态链表*/
        (*L).data[i].next=i+1;
    (*L).data[(*L).length].next=0;
}
```

3. 测试代码

```
#include<stdio.h>
#include<malloc.h>
#include<math.h>
#define MaxNumKey 6          /*关键字项数的最大值*/
#define Radix 10              /*关键字基数,此时是十进制整数的基数*/
#define MaxSize 1000
#define N 6
typedef int KeyType;          /*定义关键字类型为字符型*/
typedef struct
{
    KeyType key[MaxNumKey];   /*关键字*/
    int next;
}SListCell;                    /*静态链表的结点类型*/
typedef struct
{
    SListCell data[MaxSize];  /*存储元素,data[0]为头结点*/
    int keynum;               /*每个元素的当前关键字个数*/
    int length;               /*静态链表的当前长度*/
}SList;                        /*静态链表类型*/
typedef int addr[Radix];      /*指针数组类型*/
typedef struct
{
    KeyType key;              /*关键字*/
}DataType;
void PrintList(SList L);
void PrintList2(SList L);
void InitList(SList *L,DataType d[],int n);
```

```c
int trans(char c);
void Distribute(SListCell data[],int i,addr f,addr r);
void Collect(SListCell data[],addr f,addr r);
void RadixSort(SList *L);
int trans(char c)
/*将字符c转化为对应的整数*/
{
    return c-'0';
}
void main()
{
    DataType d[N] = {268,126,63,730,587,184};
    SList L;
    int *adr;
    InitList(&L,d,N);
    printf("待排序元素个数是%d个,关键字个数为%d个\n",L.length,L.keynum);
    printf("排序前的元素:\n");
    PrintList2(L);
    printf("排序前的元素的存放位置:\n");
    PrintList(L);
    RadixSort(&L);
    printf("排序后元素的存放位置:\n");
    PrintList(L);
}
void PrintList(SList L)
/*按数组序号形式输出静态链表*/
{
    int i,j;
    printf("序号 关键字 地址\n");
    for(i = 1;i<= L.length;i++)
    {
        printf(" %2d    ",i);
        for(j= L.keynum-1;j>= 0;j--)
            printf(" %c",L.data[i].key[j]);
        printf("    %d\n",L.data[i].next);
    }
}
void PrintList2(SList L)
/*按链表形式输出静态链表*/
{
    int i = L.data[0].next,j;
    while(i)
    {
```

```
        for(j = L.keynum - 1;j >= 0;j - -)
            printf("%c",L.data[i].key[j]);
        printf(" ");
        i = L.data[i].next;
    }
    printf("\n");
}
```

程序运行结果如图 9-18 所示。

图 9-18 基数排序运行结果

小 结

在计算机的非数值处理中，排序是一种非常重要且最为常用的操作。根据排序使用内存储器和外存储器的情况，可将排序分为内排序和外排序。在待排序的数据量不是特别大的情况下，一般采用内排序；反之，则采用外排序。一个排序算法的好坏主要通过时间复杂度、空间复杂度和稳定性来衡量。

根据排序所采用的方法，内排序可分为插入排序、选择排序、交换排序、归并排序和基数排序。其中，插入排序可以分为直接插入排序、折半插入排序和希尔排序。直接插入排序的算法实现最为简单，其算法的时间复杂度在最好、最坏和一般情况下都是 $O(n^2)$，空间复杂度为 $O(1)$，是一种稳定的排序算法。希尔排序的平均时间复杂度是 $O(n^{1.5})$，空间复杂度为 $O(1)$，是一种不稳定的排序算法。

选择排序可分为简单选择排序、堆排序。简单选择排序算法的时间复杂度在最好、最坏和一般情况下都是 $O(n^2)$，而堆排序的时间复杂度在最好、最坏和一般情况下都是 $O(n\log_2 n)$，二者的空间复杂度都是 $O(1)$，都是不稳定的排序算法。

交换排序可分为冒泡排序和快速排序。冒泡排序在最好的情况下，即在已经有序的情况下，时间复杂度为 $O(n)$，在其他情况下时间复杂度为 $O(n^2)$，空间复杂度为 $O(1)$，是一种稳定的排序算法。快速排序在最好和一般情况下，时间复杂度都为

$O(n\log_2 n)$，在最坏情况下时间复杂度为 $O(n^2)$，其空间复杂度为 $O(\log_2 n)$，是一种不稳定的排序算法。

归并排序是将两个或两个以上的元素有序组合，使其成为一个有序序列。其中最为常用的是 2-路归并排序。归并排序在最好、最坏和一般情况下，时间复杂度均为 $O(n\log_2 n)$，其空间复杂度为 $O(n)$，是一种稳定的排序算法。

基数排序是一种与前面各种排序方法完全不同的排序方法，前面的排序方法是通过对元素的关键字进行比较，然后移动元素实现的。而基数排序则是不需要对关键字进行比较的一种排序方法。基数排序在任何情况下，时间复杂度均为 $O(d(n+rd))$，空间复杂度为 $O(rd)$，也是一种稳定的排序算法。

各种排序算法的综合性能比较如表 9-1 所示。

表 9-1　各种排序算法的性能比较

排序方法	平均时间复杂度	最坏时间复杂度	空间复杂度	稳定性
直接插入排序	$O(n^2)$	$O(n^2)$	$O(1)$	稳定
希尔排序	$O(n^{1.5})$	—	$O(1)$	不稳定
冒泡排序	$O(n)$	$O(n^2)$	$O(1)$	稳定
快速排序	$O(n\log_2 n)$	$O(n^2)$	$O(\log_2 n)$	不稳定
简单选择排序	$O(n^2)$	$O(n^2)$	$O(1)$	不稳定
堆排序	$O(n\log_2 n)$	$O(n\log_2 n)$	$O(1)$	不稳定
归并排序	$O(n\log_2 n)$	$O(n\log_2 n)$	$O(n)$	稳定
基数排序	$O(d(n+rd))$	$O(d(n+rd))$	$O(rd)$	稳定

从时间耗费上来看，快速排序、堆排序和归并排序最佳，但是快速排序在最坏情况下耗费的时间多于堆排序和归并排序所耗费的时间。归并排序需要使用大量的存储空间，比较适合于外部排序。堆排序适合于数据量较大的情况，直接插入排序和简单选择排序适合于数据量较小的情况。基数排序适合于数据量较大，但关键字的位数较小的情况。

从稳定性上来看，直接插入排序、冒泡排序、归并排序和基数排序是稳定的，希尔排序、快速排序、简单选择排序、堆排序都是不稳定的。稳定性主要取决于排序的具体算法，通常情况下，对两个相邻关键字进行比较的排序方法都是稳定的；反之，则是不稳定的。

每种排序方法都有各自的适用范围，在选择排序算法时，要根据具体情况进行选择。

练 习 题

选择题

1. 若需要在 $O(n\log_2 n)$ 的时间内完成对数组的排序，且要求排序是稳定的，则可选择的排序方法是（　　）。
   A. 快速排序　　　B. 堆排序　　　C. 归并排序　　　D. 直接插入排序

2. 下列排序方法中（　）方法是不稳定的。
   A. 冒泡排序　　　B. 选择排序　　　C. 堆排序　　　D. 直接插入排序
3. 一个序列中有 10000 个元素，若只想得到其中前 10 个最小元素，则最好采用（　）方法。
   A. 快速排序　　　B. 堆排序　　　C. 插入排序　　　D. 归并排序
4. 一组待排序序列为 {46，79，56，38，40，84}，则利用堆排序的方法建立的初始堆为（　）。
   A. 79，46，56，38，40，80　　　　B. 84，79，56，38，40，46
   C. 84，79，56，46，40，38　　　　D. 84，56，79，40，46，38
5. 快速排序方法在（　）情况下最不利于发挥其长处。
   A. 要排序的数据量太大　　　　B. 要排序的数据中有多个相同值
   C. 要排序的数据已基本有序　　D. 要排序的数据个数为奇数
6. 排序时扫描待排序记录序列，顺次比较相邻的两个元素的大小，逆序时就交换位置，这是（　）排序的基本思想。
   A. 堆排序　　　B. 直接插入排序　　　C. 快速排序　　　D. 冒泡排序
7. 在任何情况下，时间复杂度均为 $O(n\log_2 n)$ 的不稳定的排序方法是（　）。
   A. 直接插入　　　B. 快速排序　　　C. 堆排序　　　D. 归并排序
8. 如果将所有中国人按照生日来排序，则使用（　）算法最快。
   A. 归并排序　　　B. 希尔排序　　　C. 快速排序　　　D. 基数排序
9. 在对 n 个元素的序列进行排序时，堆排序所需要的附加存储空间是（　）。
   A. $O(\log_2 n)$　　　B. $O(1)$　　　C. $O(n)$　　　D. $O(n\log_2 n)$
10. 用某种排序方法对线性表（25，84，21，47，15，27，68，35，20）进行排序时，元素序列的变化情况如下：
    (1) 25，84，21，47，15，27，68，35，20
    (2) 20，15，21，25，47，27，68，35，84
    (3) 15，20，21，25，35，27，47，68，84
    (4) 15，20，21，25，27，35，47，68，84

    则所采用的排序方法是（　）。
    A. 选择排序　　　B. 希尔排序　　　C. 归并排序　　　D. 快速排序
11. 设有 1024 个无序的元素，希望用最快的速度挑选出其中前 5 个最大的元素，最好选用（　）。
    A. 冒泡排序　　　B. 选择排序　　　C. 快速排序　　　D. 堆排序

综合题

1. 用直接插入排序对关键字序列 {54，23，89，48，64，50，25，90，34} 进行排序，写出排序过程中的每一趟结果。
2. 设待排序序列为 {10，18，4，3，6，12，1，9，15，8}，请写出希尔排序每一趟的结果。（取增量为 5，3，2，1）
3. 已知关键字序列 {418，347，289，110，505，333，984，693，177}，按递增排序，求初始堆。（画出初始堆的状态）
4. 有一关键字序列 {265，301，751，129，937，863，742，694，076，438}，写出希尔排序的每趟排序结果。（取增量为 5，3，1）
5. 对关键字序列 {72，87，61，23，94，16，05，58} 进行堆排序，使之按关键字递减次序排列（最小堆），请写出排序过程中得到的初始堆和前三趟的序列状态。

6. 给定两个有序表 A=（4，8，34，56，89，103）和 B=（23，45，78，90），编写一个算法，将其合并为一个有序表 C。

7. 采用链表作为存储结构，请编写冒泡排序算法，对元素的关键字序列 {25，67，21，53，60，103，12，76} 进行排序。

8. 采用非递归算法实现快速排序算法，对元素的关键字序列 {34，92，23，12，60，103，2，56} 进行排序。

9. 利用链表对给定元素的关键字序列 {45，67，21，98，12，39，81，53} 进行选择排序。

10. 利用链表对给定元素的关键字序列 {87，34，22，93，102，56，39，21} 进行插入排序。

参考文献

[1] 严蔚敏. 数据结构[M]. 北京：清华大学出版社，2001.
[2] 耿国华. 数据结构[M]. 北京：高等教育出版社，2005.
[3] 陈明. 实用数据结构（第2版）[M]. 北京：清华大学出版社，2010.
[4] Sedgewich R. 算法：C语言实现（第1~4部分）基础知识、数据结构、排序及搜索[M]. 霍红卫，译. 北京：机械工业出版社，2009.
[5] 吴仁群. 数据结构简明教程[M]. 北京：机械工业出版社，2011.
[6] 朱站立. 数据结构[M]. 西安：西安电子科技大学出版社，2003.
[7] 徐塞红. 数据结构考研辅导[M]. 北京：邮电大学出版社，2002.
[8] 陈锐. 零基础学数据结构[M]. 北京：机械工业出版社，2010.
[9] 陈锐. C语言从入门到精通[M]. 北京：电子工业出版社，2010.
[10] 冼镜光. C语言名题百则[M]. 北京：机械工业出版社，2005.
[11] 夏宽理. C程序设计实例详解[M]. 上海：复旦大学出版社，1996.
[12] 李春葆，曾慧，张植民. 数据结构程序设计题典[M]. 北京：清华大学出版社，2002.
[13] 杨明，杨萍. 研究生入学考试要点、真题解析与模拟考卷[M]. 北京：电子工业出版社，2003.
[14] 唐发根. 数据结构（第二版）[M]. 北京：科学出版社，2004.
[15] 杨峰. 妙趣横生的算法[M]. 北京：清华大学出版社，2010.
[16] Horowitz E, Sahni S, Anderson-Freed S. 数据结构（C语言版）[M]. 李建中，张岩，李治军，译. 北京：机械工业出版社，2006.
[17] 陈锐. C语言入门与提高[M]. 北京：北京希望电子出版社，2011.
[18] 陈锐. C/C++常用函数与算法速查手册[M]. 北京：中国铁道出版社，2011.
[19] 陈守礼，胡潇琨，李玲. 算法与数据结构考研试题精析[M]. 北京：机械工业出版社，2007.
[20] 李春葆，尹为民，蒋晶珏. 数据结构联考辅导教程[M]. 北京：清华大学出版社，2011.
[21] Cormen T H, Leiserson C E, Rivest R L, et al. 算法导论（原书第2版）[M]. 潘金贵，顾铁成，李成法，等，译. 北京：机械工业出版社，2006.
[22] Knuth D E. 计算机程序设计艺术卷1：基本算法（英文版第3版）[M]. 北京：人民邮电出版社，2010.